中铁设计集团隧道及地下工程技术丛书

基坑设计与工程实例

陈　健　刘建友　沈志文　孙汉贵　陈　慧　陈俊林　著

中国建筑工业出版社

图书在版编目（CIP）数据

基坑设计与工程实例/陈建等著. —北京：中国
建筑工业出版社，2023.4
（中铁设计集团隧道及地下工程技术丛书）
ISBN 978-7-112-28395-8

Ⅰ. ①基… Ⅱ. ①陈… Ⅲ. ①基坑工程 Ⅳ.
①TU46

中国国家版本馆CIP数据核字（2023）第033287号

责任编辑：李笑然　毕凤鸣
责任校对：赵　菲

中铁设计集团隧道及地下工程技术丛书
基坑设计与工程实例

陈　健　刘建友　沈志文　孙汉贵　陈　慧　陈俊林　著

*

中国建筑工业出版社出版、发行（北京海淀三里河路9号）
各地新华书店、建筑书店经销
霸州市顺浩图文科技发展有限公司制版
临西县阅读时光印刷有限公司印刷

*

开本：787毫米×1092毫米　1/16　印张：18½　字数：460千字
2023年4月第一版　　2023年4月第一次印刷
定价：**180.00**元
ISBN 978 - 7 - 112 - 28395 - 8
（40839）

版权所有　翻印必究
如有印装质量问题，可寄本社图书出版中心退换
（邮政编码100037）

编 审 委 员 会

主　　任：陈　健　刘建友

副 主 任：沈志文　孙汉贵　陈　慧　陈俊林

编　　委：孟　超　郭　磊　岳　岭　郭挑明　张振义　张志敏

　　　　　刘淑芬　李　力　张矿三　刘　方　张　延　于　伟

　　　　　文　军　刘　洋　杨甲豹　郑军锋　韩　涛　陈　爽

　　　　　谢永康　李光耀　刘　磊　周海华　赵林军　倪　派

　　　　　覃洪州　李　敏　赵振华　韩　琳　郭晓炜　金张澜

　　　　　马　锴　雷思遥　角志达　张宇宁　张　斌　王　婷

　　　　　康　佩　王林琳　夏梦然　仲崇海

主　　审：吕　刚　马福东　张振义

主编单位：中铁工程设计咨询集团有限公司

　　　　　中国铁路广州局集团有限公司

　　　　　深圳地铁集团有限公司

　　　　　呼和浩特城市交通投资建设集团有限公司

　　　　　北京市机械施工集团有限公司

　　　　　中铁五局集团有限公司

　　　　　中铁十一局集团有限公司

　　　　　中铁十二局集团有限公司

　　　　　中铁十四局集团有限公司

　　　　　中铁二十四局集团有限公司

前　言

　　基坑工程支护技术是岩土工程领域深基础和地下工程施工中的一个重要课题。随着我国对城市地下空间的不断开发利用，基坑开挖的深度越来越深，开挖的面积也越来越大；同时由于高层建筑、地铁和地下综合体等大都集中在城市中心，紧邻已有建（构）筑物和地下管线建造的情况屡见不鲜，周边环境越来越复杂，对基坑变形控制的要求愈加严格。基坑工程支护技术是影响城市基坑施工安全、变形控制和施工进度的决定性因素。国内外岩土工程专家紧密结合工程实践，成功地开发了一系列具有创新意义的基坑支护技术，在诸多复杂地质及困难环境条件下确保了工程建设的安全，取得了令人瞩目的成就。

　　本书节选了深圳市福田区益田地下停车场基坑、京张高铁东花园明挖隧道基坑、北京K11新景商务楼深大基坑和北京地铁房山线樊羊路站基坑等代表性基坑，全面系统阐述了基坑工程中的主要支护技术。本书分为15章，第1章介绍了基坑工程相关概念、发展现状、类型、特点、施工要求、基坑支护技术方案、基坑支护技术的作用和要求；第2章～第11章，分别详细介绍了放坡开挖技术、悬臂式围护结构、水泥土搅拌桩围护结构、内撑式支护技术、桩锚式支护技术、土钉支护技术、地下连续墙支护技术、加筋水泥土墙支护技术、渠式切割水泥土连续墙支护技术和全套管灌注咬合桩支护技术。第12章～第15章收录了深圳市福田区益田地下停车场基坑、东花园明挖隧道基坑等4个深大基坑工程实例。

　　本书在编写过程中得到了华北理工大学、北京工业大学、西安交通大学等单位及同行的关心和大力支持，郭雪源、李鹏飞、许领等做了大量工作。引用了国内外许多专家学者的研究成果和经验总结，在参考文献中已尽量注明，但难免有遗漏，在此向所有作者表示衷心感谢。

　　由于编者水平有限，编写过程中难免存在疏漏和错误，敬请读者不吝指正，以便及时修改和完善。

目　　录

第1章 ▶▶

绪论

1.1 基坑工程相关概念

为了进行高层建筑地下室、地下铁道、地下停车场、地下商场、地下仓库、变电站及市政排水与污水处理系统等地下工程的施工，需要从地表向下开挖土体，挖出相应的地下空间。为进行地下建（构）筑物建设，由地表向下开挖出的空间就是基坑。基坑开挖造成周围地层应力和地下水状态发生改变，对周边建（构）筑物、地下管线、道路等造成一定影响。与基坑开挖相互影响的周边建（构）筑物、地下管线、道路、岩土体及地下水等，称为基坑周边环境。

在地下工程建造时，为确保基坑土方开挖安全，控制施工对周边环境的影响，对基坑采取临时性支挡、加固与地下水控制等一系列施工保护措施，称为基坑支护技术。基坑支护结构是指用于支挡或加固基坑侧壁、承受侧向水土压力荷载的结构，其使用功能主要分为两种：一种是基坑支护结构作为临时性结构，地下工程施工完成后，即失去作用；另一种是基坑支护结构在地下工程施工期间起支护作用，在地下建（构）筑物建成后的正常使用期间，作为永久性构件继续使用。

早期，我国基坑工程规模小，主要采用放坡、简易木桩、钢板桩等支护形式。近年来，随着基坑工程朝"深、大、紧、近"等特征方向发展，基坑工程技术在原有基础上，有了很大发展和突破。工程实践中已发展多种支护结构，如支挡式结构、双排桩、土钉墙、复合土钉墙、重力式水泥土墙，以及上述方式的各类组合支护结构。

1.2 基坑工程发展现状

随着城市建设的发展，愈益要求开发三维城市空间。目前各类用途的地下空间已在世界各大中城市中得到开发利用，诸如高层建筑多层地下室、地下铁道及地下车站、地下停车库、地下街道、地下商场、地下医院、地下仓库、地下民防工事以及多种地下民用和工业设施等。国外著名的地下工程有法国巴黎中央商场、美国明尼苏达大学土木工程系的办公大楼和实验室、日本东京八重洲地下街等。我国近年来也兴建了大量的高层建筑，以北京、天津、上海、广州、深圳等地的高层建筑密度最大，由此而产生了大量深基坑工程，且规模和深度不断加大。

在基坑工程领域，我国已迈入了跨越式发展阶段。一方面，基坑工程的规模越来越大，例如上海西岸传媒港的上海梦中心项目，由9个地块组成"九宫格"，基坑总面积约

15万 m²;南京江北新区 CBD 工程,包含24个地块,基坑总面积30万 m²。另一方面,基坑工程向超深方向发展,例如上海国际金融中心,基坑普遍区域挖深26~28m,最大挖深达33m;上海苏州河深隧调蓄工程设8个工作竖井,挖深达45~72m。与此同时,城市环境条件日趋复杂,基坑周边建筑物密集、地铁纵横交错、管线繁多,基坑工程需满足严格的变形控制要求。

伴随着一系列规模庞大、复杂度大、难度高的基坑工程的顺利实施,近年来我国深大基坑工程施工技术水平取得了长足的进步。诸如土钉墙和复合土钉墙、钢板桩、桩排、地下连续墙、钢筋混凝土支撑、土层锚杆等一系列支护技术,为各类基坑工程安全实施提供了有力的保障。另外,深基坑工程是一个复杂的动态系统工程,它需要面对的岩土工程条件、环境条件、施工条件存在着诸多不确定性、多元性和时域性,如岩土材料的非均匀性、各向异性,外力和环境条件的不确定性、可变性。在工程实践中,存在着实践超前于理论,理论又不能正确反映实际施工过程和环境效应的问题。施工不当会导致深基坑工程事故发生,甚至造成重大经济损失。

1.3 基坑工程类型

基坑工程是为安全施工地下结构和地下空间而施作的一项临时性支护工程,是地下空间开发的前提条件。无论是高层建筑基础埋置、地铁车站建设,还是市政综合管廊开发等,都涉及大量的基坑开挖问题;同时,由于地下工程结构特点及周边环境差异,各类基坑工程也呈现出不同的特点。

1.3.1 建筑基坑工程

为满足高层建筑物地基承载力、变形和稳定性要求以及地下停车、消防、人防等功能建设需求,建筑物基础通常埋置在自然地面以下一定深度。为此,需要进行一定范围地下空间开挖,形成高层建筑基坑工程。高层建筑通常由主楼、裙楼等部分组成,且一般整体设置多层地下室,因此,高层建筑的基坑多为深、大基坑。国内自2006年左右,开始掀起高层建筑建设热潮,面积超过2万 m²的基坑不在少数,开挖深度也普遍超过20m,甚至达到30m左右。

1.3.2 城市地下交通

城市地下交通主要开发形式包括地铁、城市隧道、地下停车场及地下人行通道等,其在改善城市交通拥堵、环境污染等方面发挥着重要作用,是当前我国城市地下空间大规模开发的主要动因。以地铁交通为例,截至2020年底,我国城市轨道交通运营总里程约7978km,通车城市43个,通车线路共246条。目前,我国已成为世界上地铁运营规模最大的国家。与此同时,以穿越城市障碍物的越江、越湖城市隧道建设规模也在不断增长。如武汉市两湖隧道,线路总长近20km。由于结构整体埋置于地表以下,地下交通建设过程涉及大量的基坑开挖,如地铁车站、盾构工作井的开挖以及地铁区间、城市隧道明挖段施工等,且因工程多位于人口稠密、建筑物密集地段,基坑周边环境复杂。

1.3.3　地下综合体

城市地铁等轨道交通的快速发展，也带动了地下综合体、地下商业街及文娱设施等大型地下公共服务设施的发展建设。特别是城市地下综合体，由于其考虑了地上、地下协调发展，又综合交通、市政、商业及文化等多种功能，已成为引领城市地下空间开发的风向标，其基坑工程规模巨大。

1.3.4　地下市政设施及地下污水传输系统

由于以地铁、城市隧道为主的地下交通设施占据了中、浅层地下空间大部分的可用容量，地下污水传输系统、地下变电站、地下垃圾处理厂等地下市政场站设施通常只能在深层地下空间建设，由此导致其基坑工程具有埋深大、地层地质条件复杂的特点。以城市深层调蓄工程为例，武汉大东湖隧道工程基坑开挖深度50m；上海苏州河深层排水调蓄工程最大挖深更是达到了70m。与此同时，为便于调蓄，场站大多位于江河附近，导致存在临近地表大型水体的基坑工程，地下水控制问题突出。

1.3.5　地下综合管廊

与前述地下工程相反，由于开发较早，以供水、排水、燃气、电力、通信等为主的地下管网系统，大多敷设于城市浅层地下空间，埋深以0~5m为主。考虑到目前综合管廊建设形式，埋深也大多在10m以内，因此主要采用明挖法施工基坑。一般的，地下管网工程基坑开挖较浅、长度长，整体呈狭长状，基坑可能跨越几个地貌单元，地质条件复杂。例如，武汉市江南中心绿道武九线综合管廊工程，基坑总长近3km，穿越长江一级、二级、三级阶地，基坑开挖深度9~15m。

1.4　基坑工程的特点

1.4.1　安全储备小、风险大

一般情况下，基坑工程作为临时性措施，基坑围护体系在设计计算时有些荷载，如地震荷载不加考虑，相对于永久性结构而言，在强度、变形、防渗、耐久性等方面的要求较低一些，安全储备要求可小一些，加上建设方对基坑工程认识上的偏差，为降低工程费用，对设计提出一些不合理的要求，实际的安全储备可能会更小一些。因此，基坑工程具有较大的风险性，必须要有合理的应对措施。

1.4.2　制约因素多

基坑工程与自然条件的关系较为密切，设计施工中必须全面考虑气象、工程地质及水文地质条件及其在施工中的变化，充分了解工程所处的工程地质及水文地质、周围环境与基坑开挖的关系及相互影响。基坑工程作为一种岩土工程，受工程地质和水文地质条件的影响很大，区域性强。我国幅员辽阔，地质条件变化很大，有软土、砂性土、砾石土、黄土、膨胀土、红土、风化土、岩石等，不同地层中的基坑工程所采用的围护结构体系差异很大，即使是在同一个城市，不同的区域也有差异，因此，围护结构体系设计、基坑施工均要根据具体的地质条件因地制宜，不同地区的经验可以参考借鉴，但不可照搬照抄。

另外，基坑工程围护结构体系除受地质条件制约以外，还会受到相邻建（构）筑物和地下管线等的影响，周边环境的容许变形量、重要性等也会成为基坑工程设计和施工的制约因素，甚至成为决定基坑工程成败的关键。因此，基坑工程的设计和施工应根据基本的原理和规律灵活应用，不能简单引用。基坑支护开挖所提供的空间是为主体地下结构施工所用，在满足基坑安全及周围环境保护的前提下，要合理地满足施工的易操作性和工期要求。

1.4.3　计算理论不完善

基坑工程作为地下工程，所处的地质条件复杂，影响因素众多，人们对岩土力学性质的了解还不深入，很多设计计算理论，如岩土压力、岩土的本构关系等，还不完善，还是一门发展中的学科。基坑工程具有明显的时空效应，基坑的深度和平面形状对基坑围护体系的稳定性和变形有较大影响，土体所具有的流变性对作用于围护结构上的土压力、土坡的稳定性和围护结构变形等有很大影响。这种规律尽管已被初步地认识和利用，但离完善还有较大的差距。基坑工程的设计计算理论的不完善，直接导致了工程中的许多不确定性，因此要和监测、监控相配合，更要有相应的应急措施。

1.4.4　综合性知识经验要求高

基坑工程的设计和施工不仅需要岩土工程方面的知识，也需要结构工程方面的知识。同时，基坑工程中设计和施工是密不可分的，设计计算的工况必须和施工实际的工况一致才能确保设计的可靠性。所有设计人员必须了解施工，施工人员必须了解设计。设计计算理论的不完善和施工中的不确定因素会增加基坑工程失效的风险，所以，需要设计施工人员具有丰富的现场实践经验。

1.5　基坑工程施工要求

1.5.1　环境保护

基坑开挖卸载带来地层的沉降和水平位移，会给周围建筑物、构筑物、道路、管线及地下设施带来影响。因此，在基坑围护结构、支撑及开挖施工时，必须对周围环境进行周密调查，采取措施将基坑施工对周围环境的影响限制在允许范围内。

1.5.2　风险管理

在地下结构施工的过程中，存在着各种风险。必须在施工前进行风险界定、风险辨识、风险分析、风险评价，对各种等级的风险分别采取风险消除、风险降低、风险转移和风险自留的处置方式解决。在施工中进行动态风险评估、动态跟踪、动态处理。

1.5.3　安全控制

在施工过程中，可以采用安全监控手段、安全管理体系、应急处置措施来确保基坑工程的安全，为地下结构的施工创造一个安全的施工环境，减少工程事故。

1.5.4 工期保证

采用合理的施工组织设计，提高施工效率，协调与主体结构的施工关系，满足主体地下结构施工工期要求。

1.6 基坑支护技术方案

基坑支护技术总体方案的选择直接关系到工程造价、施工进度及周围环境的安全。总体方案主要有顺作法和逆作法两种基本形式，它们具有各自的特点。在同一个基坑工程中，顺作法和逆作法也可以在不同的基坑区域组合使用，从而在特定条件下满足工程的技术经济性要求。逆作法一般只在某些特殊情况下使用，比如严格控制周围环境变形时采用，本书主要讲解顺作法施工。

所谓顺作法，是指先施工周边围护结构，然后由上而下分层开挖，并依次设置水平支撑（或锚杆系统），开挖至坑底后，再由下而上施工主体地下结构基础底板、竖向墙柱构件及水平楼板构件，并按一定的顺序拆除内支撑，进而完成地下结构施工的过程。当不设支护结构而直接采用放坡开挖时，则是先直接放坡开挖至坑底，然后自下而上依次施工地下结构。顺作法是基坑工程的传统开挖施工方法，施工工艺成熟，支护结构体系与主体结构相对独立，相比逆作法，其设计、施工均比较便捷。由于是传统工艺，对施工单位的管理和技术水平的要求相对较低，施工单位的选择面较广。另外，顺作法相对于逆作法而言，其基坑支护结构的设计与主体设计关联性较低，受主体设计进度的制约小，基坑工程有条件可以尽早开工。

顺作法常用的支护技术方案包括放坡开挖、直立式围护体系和板式支护体系。其中直立式围护体系又可分为水泥土墙重力式围护、土钉墙支护和悬臂板式支护，板式支护体系又包括竖向支护体结合内支撑系统和竖向支护体结合锚杆系统两种形式。

1.6.1 放坡开挖

放坡开挖（图1-1）一般适用于土层条件较好的浅基坑。由于基坑敞开施工，工艺简便、造价节约、施工进度快，但这种施工方式要求具有足够的施工场地。采用大放坡后，将明显增加土方开挖量，对土方的堆放也提出更高要求，土方回填量相比有支护的基坑大

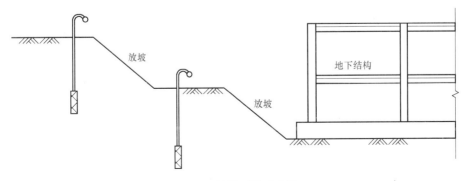

图1-1 放坡开挖示意图

幅度增加，也要保证回填土的密实度。

1.6.2 直立式围护体系

1. 水泥土墙重力式支护和土钉墙支护

采用水泥土墙重力式支护和土钉墙支护的直立式支护体系经济性较好，由于基坑内部没有支撑杆件，土方开挖和地下结构的施工都比较方便。但直立式支护结构需要占用较宽的场地空间，比如水泥土墙往往比较厚，土钉墙中的土钉有一定长度，因此施工时应考虑红线的限制。另外，水泥土墙重力式支护和土钉墙支护的开挖深度有限，对地层有较高要求。

2. 悬臂板式支护

悬臂板式支护指采用具有一定刚度的板式支护体，如钻孔灌注桩、地下连续墙或者钢板桩。单排悬臂灌注桩支护一般用于浅基坑，在工程实践中，由于其顶部变形较大，材料性能难以充分发挥，经济性不高，用在基坑支护上比较少。

1.6.3 板式支护

板式支护体系由支护桩墙和内支撑、锚杆等组成，主要形式包括地下连续墙、一字形排列的灌注桩、型钢水泥土搅拌墙、钢板桩及钢筋混凝土板桩等。内支撑可采用钢筋混凝土支撑和钢支撑。

1. 围护结构结合内支撑体系

在基坑周边环境条件复杂、开挖深度较大、变形控制要求高的软土地区，围护结构结合内支撑系统是常用的支护形式。

2. 围护结构结合锚杆系统

围护结构结合锚杆系统，利用锚杆抗拔力来抵抗作用在围护结构上的水土压力。锚杆依赖锚固区土体强度来提供锚固力，因此土体的强度越大，锚固效果越好，反之越差，这种支护方式不适用于软弱地层。

1.7 基坑支护技术的作用与要求

基坑支护技术可为基坑土方开挖和地下结构工程施工提供作业空间，并控制土方开挖和地下结构工程施工对周围环境可能造成的不良影响。为满足上述效用，对基坑支护体系有如下要求：

（1）要保证基坑边坡的稳定性，满足使地下结构工程施工有足够空间的要求，也就是说，基坑围护结构要能起到"挡土"的作用，这是土方开挖和地下结构施工的必要条件。

（2）通过降水、止水、排水等措施，对地下水进行合理控制，保证基坑工程地下结构施工作业面在地下水位以上，同时保证基坑工程周围地层地下水位的变化不会影响基坑相邻建（构）筑物和地下管线的安全及正常使用。

（3）要保证基坑四周相邻建（构）筑物和地下管线在基坑工程施工期间不受损害。这要求在围护体系施工、土方开挖及地下室施工过程中，控制土体的变形，使基坑周围地面沉降和水平位移控制在容许范围以内。

对基坑工程支护体系的这三个方面的具体要求，应视工程具体情况确定。一般说来，每一个基坑工程的支护体系都要满足第一和第二方面的要求。第三方面要求视周围建（构）筑物及地下管线的位置、承受变形的能力、重要性和被损害后果来确定其具体要求。

若部分或全部围护结构需要作为地下主体结构的一部分，实行"两墙合一"，则围护结构还应满足作为地下主体结构一部分的要求，主要是提高在强度、变形、防渗和耐久性等方面的要求。

参考文献

［1］龚晓离. 深基坑工程设计施工手册［M］. 北京：中国建筑工业出版社，1998.

［2］刘国彬，王卫东. 基坑工程手册（第二版）［M］. 北京：中国建筑工业出版社，2009.

［3］中国土木工程学会土力学及岩土工程分会. 深基坑支护技术指南［M］. 北京：中国建筑工业出版社，2012.

［4］黄梅. 基坑支护工程设计施工实例图解［M］. 北京：化学工业出版社，2015.

［5］吴绍升，毛俊卿. 软土区地铁深基坑研究与实践［M］. 北京：中国铁道出版社，2017.

［6］马海龙，梁发云. 基坑工程［M］. 北京：清华大学出版社，2018.

［7］龚晓南. 深基坑工程设计施工手册［M］. 北京：中国建筑工业出版社，2018.

［8］徐杨青，江强. 城市地下空间基坑工程技术发展综述［J］. 建井技术，2020，41（6）：1-9+23.

［9］王卫东，丁文其，杨秀仁，等. 基坑工程与地下工程——高效节能、环境低影响及可持续发展新技术［J］. 土木工程学报，2020，53（7）：78-98.

第 2 章 ▶▶

基坑工程放坡开挖技术

2.1　概述

　　无支护开挖基坑工程包括竖向开挖和放坡开挖两种形式，当基坑超过一定深度时，竖向开挖基坑稳定将无法维持地层自稳，出现滑塌破坏，此时可采用放坡开挖方式。在基坑不深、周边工程环境对基坑开挖要求不高或有可靠防护措施的情况下，选择安全合理的基坑边坡坡度，不采取人为支护措施，仅依靠地层的自稳能力来维持基坑稳定，并满足预定工程环境要求的基坑施工过程，称为基坑工程放坡开挖施工技术。

　　基坑工程放坡开挖施工的工程造价低，施工工期短，可以为主体结构的施工提供较宽敞的工作空间，涉及的主要施工技术仅有土方开挖，很容易进行组织和实施。放坡开挖被广泛用于土质均匀稳定、没有地下水或地下水位低于基坑底的新开发区建设中，具有良好的经济效益。为保持能自稳的边坡坡度，放坡开挖较竖直开挖增加了基坑的挖方及回填土工程量，并且扩大了基坑顶面开口的范围，常常会超出工程用地所许可的条件。当工程所在地建筑物密集、地下水位较高时，可以满足边坡稳定的坡度很小。即使基坑不深，想采用放坡开挖，也会因无法提供大范围建筑工地条件而难以实现，而且降低地下水位会引起地表沉降，影响相邻建筑物或市政道路管线的正常安全使用。

　　对放坡开挖基坑稳定性的评价，可采用工程类比法和理论分析法。其中，工程类比法是通过全面分析比较拟开挖基坑和已有的放坡开挖基坑工程，在场地岩土性质、地下水特征、邻近环境、施工条件等方面的相似性，从而对拟开挖基坑边坡的稳定性做出评价及预测，并依此选定合理安全的边坡坡度，但只有在施工条件基本一致的情况下才能采用。理论分析方法发展已比较成熟，有很多实用的简化方法和数值计算程序可以被用于放坡开挖基坑的稳定状态分析。但对边坡稳定性的定量分析和计算，只局限于较简单的情况。边坡设计中的简化假设通常与工程的实施状况不同。例如，在施工期间，很难避免降水侵入对边坡的抗剪强度的削弱。此外，通常只能考虑所选定的边坡坡度和土层抗剪强度，无法计入土体所固有的不连续性、非均质、非线性等复杂特性的影响。工程施工安全更要取决于对工程环境特性的了解、对基坑周边土层物理力学特性和变化规律的认识、相应的施工组织技术措施等因素。

　　边坡稳定性失控引起的事故涉及面大，特别是在软土及地质复杂、挖深较大的基坑场地，一旦发生边坡失稳，补救困难，危害巨大。因此，放坡开挖基坑稳定控制问题需要得到特别关注。为了保持基坑边坡的稳定性，边坡土体潜在滑动面上的抗滑力必须始终大于此滑动面上的滑动力。在设计和施工中，除了采取良好的排水和降水措施，以及有效控制产生滑移力的外部荷载外，还应考虑到施工期间季节气候变化的影响。仅靠工程类比法和理论分析法尚无法对放坡开挖基坑稳定性予以完全控制。因此，在边坡的设计和施工中，虽然不采用刚性支护结构，仍需采取适当的防护措施来保护边坡表面。

2.2 放坡开挖施工准备

放坡开挖的施工准备工作包括：搜集工程技术资料、场地测量放线、道路修整、确定施工方法、场地平面布置、场地清理等内容。

2.2.1 搜集工程技术资料

搜集基坑场地实测地形图、工程概况、水文地质资料、基坑开挖施工图、施工场区内地下管线图、建筑物基础技术资料和气候气象条件等工程技术资料，编制施工组织设计及实施细则。

2.2.2 场地测量放线

根据城市规划部门测放的建筑物边界线、街道控制桩和基准点，开展基坑平面测放工作。施工中要注意对测放点的保护。

2.2.3 道路修整

对工程机械进场经过的道路和桥梁进行必要的拓宽和加固，规划场区内机械开行所需道路和工作面。

2.2.4 确定施工方法

从土方开挖、土方运输、场地降水和排水措施等多个角度，比较多种施工方案，选择有利于边坡稳定的施工方法，合理安排施工程序，确保施工工期和施工安全。

2.2.5 场地平面布置

结合项目整体施工的要求，安排施工用水、电力和材料的供应，以及办公、生活临时设施，做好施工现场的平面布置。

2.2.6 场地清理

根据施工场区的布局和排水要求，完成场地平整和清理工作。

2.3 放坡开挖施工要求

（1）土方开挖施工宜在保持开挖面干燥的条件下进行。当地下水水位高于基坑开挖深度时，根据水文地质条件，合理选择井点降水、明沟、截水沟、集水井等降排水措施。为了防止从基坑内排出的水和地面雨水渗回到基坑，在施工期间，应保持基坑周边地表排水畅通，边坡保护区域内地面不应有积水。

（2）基坑开挖过程中应反复检测平面控制桩、水准点、基坑平面位置、水平高度和边坡坡度等。

（3）应选择合适的工程机械、开挖程序和开挖路线。建议使用反铲机进行挖掘，采用自卸汽车进行土方运输。当基坑开挖深度较大时，必须预留坡道以满足机械和土方车辆进出基坑的要求。当基坑较深时，应采用对称分层开挖法，始终保持一定的坡度来排水，避免挖土速度太快、排水不协调或坡度太陡，防止造成基坑底部涌土、涌水及边坡失稳坍塌。

（4）当开挖基坑到接近坑底高度时，应注意避免超挖。如果出现超挖，应将基础垫层混凝土增厚，或者回填砂石夯实。如果在基坑内施作了工程桩，且桩的顶部高于基坑底部，则应在基坑底部标高处留不小于0.3m厚度的余土，防止桩身受开挖机械撞击而损坏。对于不便于使用大型机械施工的基坑拐角位置，应人工或使用小型机械对边坡进行修整，并清除基坑底残留土。使用箱形基础和筏板基础的基坑，机械开挖时，应在基坑底部保留一层0.2~0.3m厚度的土层，保持基坑底部土层的原始结构，并在施作坑底混凝土垫层时人工挖除。

（5）在基坑开挖过程中，不宜在基坑的附近堆积弃土或放置重型施工机械设备，以尽可能减少地面超载。如堆土堆物不可避免，应对弃土堆边缘到基坑的距离加以控制。一般地层条件下该距离不宜小于1.2m，对竖向开挖基坑该距离不应小于3m，对于软土基坑切勿将弃土堆积在基坑旁边。

（6）基坑开挖后，应根据设计要求及时进行边坡防护，并浇筑垫层以封闭基坑。此时，仍需要继续进行人工挖掘桩的施工时，应首先施作混凝土面层，以保护坡脚。条件允许的情况下，坑底周边部分土体应暂时保留，在施工主体地下结构前再行清除。对于先施工工程桩再开挖基坑的工程，应制定适当的开挖程序和时间安排，以避免在开挖过程中，由于土体的侧向压力而导致工程桩倾斜或断裂。

2.4 放坡开挖基坑防护

2.4.1 基坑边坡变形原理

基坑开挖是一个卸荷过程，边坡侧面土体失去了侧向约束，原土层的地应力平衡被打破，在新的力的平衡体系下土体产生瞬时变形。此外，由于软土具有流变特性，软土基坑边坡土层会产生长期且缓慢的变形。基坑边坡的变形及稳定性控制是相互作用的。当地下水位较高时，基坑开挖切断了土体含水层，改变了地下水的原始渗流路径。若地下水的水量较大或水头差较大，基坑周边土层在渗流作用下被潜蚀，有可能导致基坑塌陷。所以，放坡开挖基坑时，常采取井点降水等措施来降低地下水位，维持基坑稳定。然而，降低地下水位的同时会导致抽水影响半径内的土层排水固结，造成地表沉降。放坡开挖基坑变形可能引起邻近地下管线和建（构）筑物开裂，总结其产生原因如下：

1. 土方开挖

在基坑边坡土体充分发挥自身抗剪强度，达到新的地应力平衡之前，地应力变化同时产生相应边坡变形，短时间内或最终变形过大均会引起基坑周边地层变形过大，发生不均匀沉降。

2. 周边地层内地下水位下降

长期大幅度人工降水或地下水大量流入基坑，会导致基坑周边地层地下水位降低，土体失水固结，造成大范围地表沉降。

土方开挖及地下水变化引起地层变形及地表沉降过大，是导致不良工程环境影响的主要原因，严重时还可能造成基坑边坡发生局部破坏或整体滑移，引起破坏区及滑移区地下管线断裂，建（构）筑物严重倾斜甚至倒塌。

2.4.2　基坑边坡防护要求

对放坡开挖基坑的防护需要牢固掌握工程地质条件，确保严格按照技术要求实施设计、施工、监测和维护等环节。

（1）对于特殊工程环境条件下的基坑边坡，应估计可能发生的变形，并进行有效控制。

（2）当基坑开挖深度大于5m时，确保基坑深度的两倍范围内没有主要道路、生命线工程和重要建（构）筑物，将重要设施设置在基坑开挖影响范围之外。

（3）最小化基坑边坡暴露时间。对于已经暴露了半年以上的边坡，在施工期间必须采取保护措施，可使用水泥砂浆或混凝土对两倍坑深范围内的周边地表做硬化处理。

（4）针对可能受影响的建筑物和设施，采取适当的预防性加固措施。

2.4.3　基坑边坡防护方法

放坡开挖基坑防护方法包括：塑料薄膜覆盖，水泥砂浆抹面，挂网砂浆抹面，砂袋、砌石压坡和喷浆等。

（1）塑料薄膜覆盖：在坡脚处设排水沟，并在开挖的边坡上铺设塑料膜，用装有砖石、土块的编织袋在坡顶和坡脚压边固定。

（2）水泥砂浆抹面：边坡坡面上应留有排水孔，排水沟设在边坡坡脚。将水泥砂浆铺抹在边坡表面上，厚度为20~25mm。为了加强连接，可以将直径6~8mm、长度300~400mm的锚筋插入边坡坡面土层一定深度。

（3）挂网砂浆抹面：边坡坡面上设置泄水孔，坡顶和坡脚处留设排水沟。垂直于边坡坡面插入钢筋，钢筋直径10~12mm，长度400~600mm，其垂直和水平布置间距均为1m。边坡坡面覆盖200mm×200mm铁丝网格并喷浆，或将25~35mm厚度的M5水泥砂浆均匀铺涂在铺好的铁丝网上。在边坡坡顶和坡脚放置砖石、土块填充的编织袋，压紧铁丝网并封边。

（4）砂袋、砌石压坡：边坡坡顶处设置挡水堤或排水沟拦截地表水入坡，边坡坡脚处设置排水沟，并叠筑砂石编织袋或砌石，以提高边坡稳定性。该基坑边坡防护方法有利于坡面的防水和排水，并可通过反压增加边坡稳定，适用于各种土质放坡开挖基坑工程。

2.5　施工风险管控

2.5.1　施工监测

放坡开挖基坑施工过程中，受岩土性质的复杂性和隐蔽性影响，通过勘察获得的相关技术参数通常具有较大的离散性，无法全面反映地层条件。实际施工作业中也可能出现基坑超挖和排水不良等情况，这些不利于边坡稳定的因素无法在理论分析和设计时加以考量。因此，为了有效防止基坑失稳事故的发生，除了合理的边坡开挖设计和选择合适的施工方法以外，还需要开展严格而系统的现场监测工作，实施动态信息化施工。定期监测所得的数据信息可作为调整施工进度和施工工艺的参考。

正式施工前，要综合考察选定施工监测方案。全面考量诸如基坑地质条件、现场工程环境、施工条件和工程安全性要求等因素，以综合选定监测对象、项目、方法和要求。详细调查邻近建（构）筑物和地下管线的现状，标记损坏迹象并记录存档，分析确定适当的防护措施。

施工监测通常包括土体变形监测、周边地层变形监测、地下水动态监测和应力应变监测。其中，基坑变形监测内容为边坡滑移变形和坡底土体变形等；周边地层变形监测内容为地表沉降、地下管线和周边建（构）筑物变形等；地下水动态监测内容为地下水位、孔隙水压力、排水量和含砂量等。对监测所得的数据加以整理分析，绘制图表作为工程验收文件归档。

1. 土体变形监测

对于安全性要求较高的基坑边坡，除了边坡土体位移为必监测项目以外，还应监测边坡土体的沉降，并辅以边坡土体内部的分层沉降监测。按照相关规范要求，采用精密水准仪开展土体变形量测工作，基准点不少于2个，观测点不少于6个，基准点要稳固设置在受开挖或降水影响以外的区域。

2. 周边地层变形监测

监测邻近建（构）筑物及地下管线的沉降、倾斜、水平位移，以及因其沉降、倾斜而产生的裂缝变化情况。

3. 地下水动态监测

当放坡开挖基坑工程需实施深层降水或重力排水，导致上层滞水的补给发生了较大变化时，应开展地下水动态监测来控制浸润线。

4. 降水影响监测

通常，需对距基坑坡顶边缘30~50m宽度范围内地层的降水影响，进行重点监测。对采取深层降水的基坑，其降水监测范围要进一步扩大，具体数值根据基坑开挖深度及地下水条件计算确定。

5. 监测频率

综合考虑施工进度、气象条件、地层特性和已测得数据的变化趋势，确定并时时调整各项监测工作的监测频率和持续时间。

（1）根据气象条件和施工工况调整监测频率，土方开挖工况下监测频率一般不大于3~5d，基坑边坡维护工况下监测时间间隔可取到10~15d。

（2）根据前期施工监测数据的变化规律动态调整监测频率，当监测数据变化速率较大或总量超过控制要求时，应实施24h的连续监测，以避免险情发生。

（3）对软土地层放坡开挖，应适当加密基坑周边建筑物与地下管线沉降和水平位移监测频率，监测工作应持续到基坑回填后4~6个月。

（4）随基坑降水过程，协调安排地下水动态监测的时间点和次数。

2.5.2　应急防护方法

1. 施工风险源

基坑开挖及主体结构施工期间，可能出现降雨、渗流、冲刷和侵蚀作用。边坡土体变得疏松，土层含水率增大、自重增加，导致土体剪应力增加、抗剪强度降低。超出工程类比法和边坡稳定设计的条件，引起地面开裂、边坡土体变形超限或滑坡等危险情形。所以，在整个基坑及主体结构工程施工期间，要把抢险工作所需的设备、材料和人员安排，以及应对风险的防护方案准备好。需注意施工风险源：

（1）施工期间雨水较多或排水不畅，导致边坡土体含水量增加、土体自重增大、动水力提高，引起荷载效应增大。此外，孔隙水压力的增加也会削弱土体的抗剪强度。

（2）工程桩施工扰动、爆破振动和软土蠕变的影响。

（3）边坡上堆置的弃土弃料、施工材料或施工设备所引起的坡面超载过大。

2. 应急防护措施

放坡开挖基坑工程中，存在边坡开裂、变形甚至滑动失稳的施工风险，究其原因，是最不利潜在滑动面上的土体抗剪强度小于剪应力。常见应急防护措施的制定本着两个思路：一是通过削坡、坡顶减载、坡脚压载、增设防滑桩体，降低边坡土体中的剪应力；二是通过降低地下水位或加强表面排水，提高土体抗剪强度。具体包括：

（1）削坡防护

在原有土坡基础上进一步切削挖除表面土体，减缓边坡坡度，从而降低边坡土体中的剪应力。削坡防护不仅增加了土方开挖及回填土的工作量，还会增大施工场地范围，会受到实际场地条件限制。

（2）坡顶减载防护

通过清除堆积在基坑周围地面上的建筑材料和施工设备，或挖除基坑边坡顶部土体，降低边坡滑动力，维持边坡稳定。

（3）坡脚压载防护

在潜在滑动曲面垂线下侧的斜坡面或坡脚，堆置土、砂包、石块或砌体，增加边坡抗滑力，提高边坡的稳定系数。

（4）降水防护

利用预留的降排水设施加大地表排水或应急降水，减少边坡内动水力影响。

（5）抗滑桩防护

当出现浅层滑动险情时，在坡脚增设抗滑桩，使之下穿边坡潜在滑动面，辅助潜在滑动面上的土体抗滑力，维持边坡稳定。潜在滑动面以下桩体长度宜不小于5倍桩径，且不小于2m。

参考文献

[1]　刘国彬，王卫东. 基坑工程手册［M］. 第二版. 北京：中国建筑工业出版社，2009.

[2]　中国土木工程学会土力学及岩土工程分会. 深基坑支护技术指南［M］. 北京：中国建筑工业出版社，2012.

［3］ 建筑基坑支护技术规程JGJ 120—2012［S］. 北京：中国建筑工业出版社，2012.

［4］ 建筑地基基础设计规范GB 50007—2011［S］. 北京：中国建筑工业出版社，2012.

［5］ 黄梅. 基坑支护工程设计施工实例图解［M］. 北京：化学工业出版社，2015.

［6］ 吴绍升，毛俊卿. 软土区地铁深基坑研究与实践［M］. 北京：中国铁道出版社，2017.

［7］ 龚晓南. 深基坑工程设计施工手册［M］. 北京：中国建筑工业出版社，2018.

第 3 章 ▶▶
悬臂式围护结构

3.1 概述

仅以挡土构件为主的支护结构称为悬臂式围护结构。基坑工程中的挡土构件是指围护桩和地下连续墙等，支挡在基坑侧面，承担侧向水土压力，并嵌入坑底一定深度的竖向构件。采用悬臂式围护结构的基坑支护技术，不施加任何支撑或锚杆，基坑底以上围护结构呈悬臂状态，仅靠插入基坑底以下一定深度达到嵌固和稳定。由于坑底以上挡土构件完全处于悬臂状态，作用的基坑主动侧土压力，全部要靠挡土构件嵌固段上作用的被动土压力来平衡，类似于悬臂梁结构。与有内支撑或外支撑的支护体系相比，支挡构件的桩顶位移和弯矩值均较大。根据支挡构件的材料、结构形式不同，悬臂式围护结构可分为板桩式结构、排桩式结构和桁架式结构。

3.2 受力状态及变形、破坏模式

3.2.1 受力及变形耦合规律

正常支护状态下，悬臂式围护结构的受力和变形间相互影响。随基坑内土体开挖，支挡构件一侧失去了水土压力载荷，在单侧水土压力作用下产生以弯矩和剪力为主的结构内力，维持基坑外地层的地应力平衡。在坑外水土压力作用下，支挡构件向基坑内弯曲变形，并绕基坑开挖深度之下某一个点转动，顶部位移最大。基坑外地层随之发生朝向基坑方向的移动。基坑底以下一定深度的土层，随桩底向远离基坑方向移动。支挡构件所受基坑外侧水土压力，由静止土压力转变为主动土压力；嵌固段作用的基坑内侧水土压力由静止土压力变为被动土压力。随开挖深度的增加，支挡构件在指向基坑方向的水平位移不断增大，支挡构件上作用的水土压力大小和分布形态也在不断变化。

3.2.2 破坏形式

由于悬臂式围护结构破坏原因的多样性，有很多破坏形式，从承载力极限状态和正常使用极限状态角度可划分为以下几种：

1. 倾覆破坏

当支挡构件嵌固深度范围内作用的被动土压力合力，小于整个支挡构件长度上作用的主动土压力时，即会发生倾覆破坏。

2. 踢脚破坏

由于冠梁和相邻支挡构件间的共同作用，若支挡结构向基坑内发生较大位移，支挡结构所嵌入土层会因变形过大导致支挡失效，发生踢脚破坏。

3. 整体失稳

由于土体的抗剪强度较低，或者支挡构件的嵌入深度不够，支挡结构和地层会沿着穿过桩底的曲面整体滑动，发生基坑整体失稳破坏。

4. 支挡构件折断

由于支挡构件设计强度不足或施工质量问题，构件截面不足以抵抗实际水土压力产生的弯剪作用，导致构件折断后基坑边坡倒塌。

5. 周边道路及建（构）筑物的开裂和不均匀沉降

由于支挡结构抗弯刚度较小，基坑变形较大，引起周边道路及建（构）筑物的开裂和不均匀沉降。

6. 渗流稳定破坏

当砂性地层基坑进行快速降水时，地下水的渗流作用，会引起基坑周边道路、地下管线和建（构）筑物的不均匀沉降、开裂或倾斜损坏，影响其正常使用，发生渗流稳定破坏。

以上6种破坏形式中，前3种属于承载力极限状态中结构和土体的稳定性问题；第4种属于承载力极限状态中的构件强度问题；第5和第6种属于正常使用极限状态问题。

3.3　板桩式支挡结构

采用木板、钢板或钢筋混凝土板作为挡土构件的支挡结构称为板桩式支挡结构。板桩式支挡结构的板单元之间采用专门设计的连接锁扣搭接或用榫接连接，形成连续的挡土挡水板墙。根据采用建筑材料不同，包括木板桩、钢板桩、钢筋混凝土板桩和组合型钢板桩等。在大规模使用地下连续墙、钻孔灌注桩和排桩式挡土墙之前，木板桩、钢板桩和钢筋混凝土板桩作为基坑挡土结构的应用最为普遍。

3.3.1　钢板桩

钢板桩是基坑工程中一种必不可少的支护材料，可以满足传统水利工程、土木工程、道路交通工程、环境污染整治和突发性灾害控制等许多工程领域的施工需要。自从在欧洲率先应用钢板桩以来，已作为基础和地下工程领域的建筑材料，拥有百年应用历史。按生产工艺不同，钢板桩可分为热轧钢板桩和冷弯钢板桩。

1. 热轧钢板桩

热轧钢板桩由开坯机，联合轨梁轧机或万能轧机高温轧制而成，分为U形钢板桩、Z形钢板桩、直线形钢板桩、H形钢板桩和管形钢板桩等。热轧钢板桩可采用不同断面类型的组合应用，具有尺寸标准、性能优越、截面合理和质量高等优点，是钢板桩在工程应用中的优选形式。

其中，U形钢板桩在国内外应用最为广泛。其结构对称、生产工艺简单、拉杆及配件安装方便、耐腐蚀性好。可以在工厂预组装成"组合桩"，从而大大提高打桩效率。Z

形钢板桩和直线形钢板桩的生产及施工工艺较复杂，价格昂贵且交货周期长，在欧洲和美国较为流行，亚洲地区应用较少。我国热轧钢板桩的生产与应用起步较晚，但随着近年大量基础设施建设的开展，热轧钢板桩，尤其是热轧U形钢板桩，逐渐在堤防加固、截流围堰、船坞码头、挡水墙、挡土墙、山体护坡和基坑支护等各类工程中得到广泛应用。

2. 冷弯钢板桩

冷弯钢板桩是采用冷弯成型机组对薄钢板进行冷弯加工而成，板材常见厚度为8~14mm。简易的生产设备、加工工艺和低廉的成本，致使其价格比热轧钢板桩更便宜，定尺控制也更灵活。同时，受冷弯设备及加工工艺制约，只能生产强度级别较低、厚度较薄的产品。此外，无法根据钢板桩受力特点对桩体各部位厚度进行精准控制，只能生产全截面等厚钢板桩，用钢量随之增加。由于难以精确控制锁口部位形状，桩单元间连接卡扣易松动，止水效果不佳。此外，冷弯加工工艺会引起钢板桩内部产生较大初始应力。在基坑支护工程中，容易在较大初始应力位置产生撕裂破坏。因此，相较热轧钢板桩，冷弯钢板桩在板桩式支挡结构基坑支护中应用局限性较大，多数情况下只作为局部补充材料采用。

3.3.2 钢筋混凝土板桩

沉桩过程中，将若干片独立的长条形钢筋混凝土板桩单元依次排列，形成的连续的板桩墙体称为钢筋混凝土板桩。与钢板桩相比，钢筋混凝土板桩强度高、刚度大、取材方便、施工简易，且不必考虑拔桩问题，在板桩式基坑支护工程中占有重要地位。

1. 结构组成及分类

钢筋混凝土板桩单元形状可根据需要灵活设计，截面包括矩形、T形和I形等形式，也可采用圆管形或组合型。

矩形钢筋混凝土板桩单元间可通过槽榫接头连接，接缝处可防水。板桩转角根据其封闭形式可分为矩形转角、T形转角和扇形转角。该桩单元组装方式实现了钢筋混凝土板桩的工厂化生产和装配化施工。

I形钢筋混凝土板桩的腹板和两翼板均为预制构件，在施工现场现浇连接构成I形截面。板桩单元间没有槽榫连接节点，通过导向架定位并控制沉桩垂直度。I形钢筋混凝土板桩还可与搅拌桩组合构成类似SMW工法桩墙的复合支护形式。

根据是否为板桩内钢筋施加预应力可分为非预应力钢筋混凝土板桩和预应力钢筋混凝土板桩。非预应力钢筋混凝土板桩适用于桩长不大于20m的情况，预应力钢筋混凝土板桩桩长一般在20m以上。

2. 工程应用领域

（1）开挖深度小于10m的中小型基坑工程。

（2）"坑中坑"工程中避免坑内拔桩，降低作业难度。

（3）较复杂环境下的管道沟槽支护工程中替代不便拔除的钢板桩。

（4）水利工程中的临水基坑工程，包括：内河驳岸、小港码头、港口航道、船坞船闸、河口防汛墙、防浪堤及其他河道海塘治理工程等。

（5）船坞及码头工程宜采用预应力钢筋混凝土板桩。

3. 工程应用及发展

钢筋混凝土板桩截面刚度较大，挤土少、易打入，工程造价低。其工程应用及发展受到沉桩设备的严重影响和制约。早期钢筋混凝土板桩的沉桩方法限于锤击沉桩。锤击沉桩设备能力有限，桩的截面形状、尺寸和长度也受到很大限制，仅在地质条件良好且深度较小基坑工程中得以应用。随着液压沉桩、高压水沉桩和搅拌后插桩等众多沉桩工艺的广泛采用，钢筋混凝土板桩的工程应用得到了极大扩展。目前，板桩的厚度已达到50cm，长度达到20m。配筋方式有普通钢筋及预应力配筋，截面形式由单一的矩形截面发展到薄壁工字形截面等多种形式。通过与深层搅拌桩及地下连续墙的结合，弥补了钢筋混凝土板桩在较深基坑支护中的缺陷。钢筋混凝土板桩以其独特的优越性而受到广泛青睐。

3.3.3　组合型钢板桩

钢板桩具有成本低廉、质量稳定、综合性能好和可重复利用等优点，广泛应用于各类基坑支护工程中。但是，大量城市基坑工程应用实践显示，单一的钢板桩构件刚度偏弱，变形较大。为适应城市基坑工程中更严格的变形控制要求，采用工字钢或槽钢等抗弯刚度较大的型钢作为悬臂杆件，热轧钢板桩作为挡土板，钢板桩之间或钢板桩与型钢之间相互组合，刚度更大的组合型钢板桩登上了历史舞台。悬臂杆件和挡土板协同工作，均能最大程度度发挥各自材料性能，目前工程应用中已出现双排钢板桩、HZ/AZ组合钢板桩、CAZ组合箱形钢板桩、CAZ+AZ组合桩、U形组合桩、钢管钢板组合桩和型钢组合钢板桩等众多组合型钢板桩形式。

组合型钢板桩的钢板桩部分和型钢部分需要分开布置，并独立施工，这导致施工工艺变得复杂，施工过程难以精准控制。于是，具有更大尺寸的热轧宽幅帽型钢板桩被引入，与H型钢焊接，组合构成施工更加便捷的H＋Hat组合型钢板桩。

3.4　排桩式支挡结构

排桩式支挡结构是深基坑支护的一个重要组成部分。所谓排桩式支挡结构是指呈一定间隔排列或连续咬合排布形成的围护桩结构，具有刚度大、抗弯承载力强、施工方便和对周围环境影响小等特点。因其结构简单、易于施工，且对各种地质条件的适应性强，施工设备投入较少，是我国应用最广泛的支挡结构形式之一。常见排桩类型有钢筋混凝土人工挖孔桩、钻孔灌注桩、沉管灌注桩和预制桩等。当挡土桩和工程桩都为灌注桩时，可以同时施工，有利于施工组织安排，施工周期短。

根据整个支护体系结构形式的不同，排桩式支挡结构可分为悬臂式排桩结构、桩撑式支护结构和桩锚式支护结构。其中，悬臂式排桩结构可采用大型机械开挖，具有结构简单和施工方便的优点。但在相同开挖深度下，悬臂式排桩结构的变形和内力更大，要求排桩构件的截面更大、嵌固深度更深。当开挖深度较大或对边坡变形要求严格时，需与锚杆、锚索结合形成桩锚式支护结构，或与钢支撑、混凝土支撑等结合形成桩撑式支护结构。

悬臂式排桩结构依靠其截面抗弯承载力来抵抗水土压力，依靠坑底以下土体为嵌入桩体提供反力，维持基坑稳定，其施工安全和基坑稳定的可靠度低。施工过程中一旦出现支护设计时未能考虑的超挖或地质异常等情形，就可能发生局部垮塌事故。选择悬臂式排桩结构需综合评价地质条件、开挖深度和周边环境复杂程度。悬臂式排桩结构适用于开挖深度较浅、场地土质较好，且周边环境对基坑变形要求不严格的基坑。对以黏土地层为主的基坑，开挖深度一般不超过8m，砂性土层开挖深度不超过5m，淤泥质土层开挖深度不超过4m。当地下水位高于开挖深度，或存在强透水层时，需配合降水及止水帷幕隔水（图3-1）。

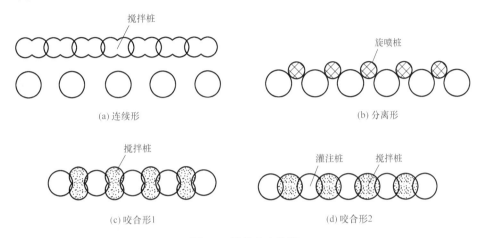

图3-1　排桩止水帷幕

3.5　桁架式支挡结构

当单排悬臂式排桩结构难以满足承载力、基坑变形和工程造价等要求，锚杆（索）、土钉和支撑等内外撑结构受到一定条件限制而无法实施时，可采用双排桩或桁架式支挡结构代替实心或空心单排悬臂式排桩结构。桁架式支挡结构抵抗水土压力的能力强于一榀刚架结构的双排桩，是一种受力上更加合理的选择。

与单排悬臂式排桩结构、双排桩、桩锚式支护结构和内撑式支护结构相比，桁架式支挡结构具有一系列优势。

1. 内力分布合理，抗侧移刚度大

桁架式支挡结构和双排桩、单排悬臂桩相比，内力分布更合理，抗侧移刚度更大。在相同材料用量条件下，其桩顶位移要小于双排桩，更是远小于单排悬臂式排桩结构，更加安全可靠、经济合理。

2. 造价经济、施工便捷

桁架式支挡结构与内撑式支护结构相比，无须耗费钢支撑或混凝土支撑材料，省去了支撑架设和拆除过程，基坑内作业空间更大，基坑开挖和地下结构施工更加快捷便利、节省工期，在浅大基坑中更能体现其经济性。

3. 弥补桩锚式支护结构的应用局限

桁架式支挡结构可弥补一系列桩锚式支护结构的应用局限：

（1）基坑周边紧邻已建地下建（构）筑物、障碍物或密集的地下管线。

（2）打设锚杆需穿过高水头强透水土层。

（3）打设锚杆需穿过软土土层，不能提供足够的锚固力。

（4）可占用地下空间有限，打设锚杆会超出规定的用地红线范围。

在结构受力和基坑开挖施工等方面，桁架式支挡结构都体现了很大的优势。桁架式支挡结构的工程应用中，存在着水土压力向桁架节点的定点荷载传递，桁架成桩施工空间的合理安排，桁架结构的预制装配、回收利用等问题，需不断践行由创新思维向技术实现的持续转化，完善施工技术。

3.6 适用范围

悬臂式围护结构适用于坑底土质条件好，开挖深度小于5m，或深度大于5m但坡顶具有可放坡卸土的空间的二、三级基坑。当基坑底部为软土层，基坑的开挖深度大于5m，基坑周边2倍开挖深度范围内存在浅基础建（构）筑物或重要管线时，要慎重选用。

3.7 基坑变形控制措施

3.7.1 放坡及加固卸荷

放坡卸荷可减少来自支挡结构挡土侧的荷载，并缩短支挡结构长度，节约围护桩的材料和施工费用。

放坡卸荷的坡度设计在很大程度上取决于场地工程环境和土体性质。软土地区能满足边坡稳定的坡度很小，即使开挖不深的基坑，挖方及回填土方工程量也会大大增加，扩大基坑顶面开口的范围，容易超出工程用地所许可的条件。所以，一般当浅部土层抗剪强度较好，土的灵敏度较小时，才采用放坡后的悬臂支护形式。此外，加固主动区土体来提高土体抗剪强度，减小主动土压力，也是一种有效卸荷方式。

3.7.2 增加嵌固深度

随着基坑开挖，支挡结构悬臂部分向基坑内的水平位移不断增加。坑外土压力由静止土压力逐步减小，直至等于主动土压力；坑内土压力由静止土压力逐步增大，直至等于被动土压力。当悬臂式围护结构有足够大的嵌固深度时，支护结构上作用的主、被动土压力达到新的平衡。当被动区土质较好时，适当增加支挡结构的嵌固深度可较好地减少支挡结构的位移。在软土基坑中，增加嵌固深度的变形控制效果不明显，而且有很大的边界效应。

3.7.3 提高截面抗弯刚度

采用大截面薄壁灌注桩、工字形截面桩和双排门式刚架桩等支挡构件形式，增加支挡构件截面抗弯刚度，可有效减少支挡结构的位移，经济性也较好。

3.7.4 基坑内被动区土体加固

基坑内被动区土体加固，就是改良被动区范围内的软弱土体，改善其力学性质，提高抗剪强度，减少压缩变形量，从而减小支挡结构水平位移、地面沉降及坑底隆起，防止被动区土体破坏及流土的发生。加固被动区土体的方法有：坑内降水、水泥土搅拌桩、高压旋喷桩、压力注浆和化学加固等。坑内降水适用于坑底土为砂性土或粉质黏土的情况；水泥土搅拌桩法在坑底土为软土时较为常用；高压旋喷桩在 $N<10$ 的砂土和 $N<5$ 的黏性土地层中适用性强；压力注浆更适用于粉性土和砂性土地层加固。

3.7.5 设置围檩和角撑

悬臂式围护结构的各支挡单元均单独承受一定区域的水土压力作用。支挡单元间的连接较为薄弱，相互间传力和共同工作效果非常有限。一旦局部地质条件发生突变，或支挡结构局部承载力不足而发生破坏，就有可能导致类似多米诺骨牌式的连续破坏。为加强支挡单元间的整体性，通常会在支护桩或墙的顶部加一道围檩，并在基坑转角处加设角撑。从而，提高悬臂式围护结构的系统冗余度，减少支护结构的水平位移。

3.7.6 采用倾斜桩作为支挡结构

为改善支挡构件的受力特性，寻求更合理的支护形式，将直立的悬臂式支挡构件绕底端向挡土侧旋转一定的角度，形成倾斜式支挡构件。该方法可缩短主动土压力的作用区域，增大被动土压力的作用范围，并以支挡构件的自重抵消一部分主动土压力，从而减少其变形和内力。

参考文献

[1] 赵志缙，应惠清. 简明深基坑工程设计施工手册 [M]. 北京：中国建筑工业出版社，1999.

[2] 刘国彬，王卫东. 基坑工程手册（第二版）[M]. 北京：中国建筑工业出版社，2009.

[3] 中国土木工程学会土力学及岩土工程分会. 深基坑支护技术指南 [M]. 北京：中国建筑工业出版社，2012.

[4] 建筑基坑支护技术规程 JGJ 120—2012 [S]. 北京：中国建筑工业出版社，2012.

[5] 建筑地基基础设计规范 GB 50007—2011 [S]. 北京：中国建筑工业出版社，2012.

[6] 黄梅. 基坑支护工程设计施工实例图解 [M]. 北京：化学工业出版社，2015.

[7] 吴绍升，毛俊卿. 软土区地铁深基坑研究与实践 [M]. 北京：中国铁道出版社，2017.

[8] 龚晓南. 深基坑工程设计施工手册 [M]. 北京：中国建筑工业出版社，2018.

第4章 ▶▶

水泥土搅拌桩围护结构

4.1 概述

水泥土搅拌桩围护结构是以水泥系材料为固化剂，通过双轴水泥土搅拌机、三轴水泥土搅拌机和高压喷射注浆机等搅拌机械，采用喷浆施工，将固化剂和原状土强行搅拌，形成连续搭接的水泥土柱状挡墙。通过固化剂对土体进行加固后，形成有一定厚度和嵌固深度的重力墙体，以承受墙后水土压力。

水泥土搅拌桩围护结构最大限度利用了原状地层，并可根据基坑开挖深度合理调整自身强度；搅拌时无侧向挤出、无振动、无噪声、无污染，可在密集建筑群中进行施工，对周围建筑物及地下管道影响很小；与钢筋混凝土桩相比，可节省钢材并降低造价；不需内支撑，便于地下结构施工；可同时起到止水和挡土的双重作用。总之，水泥土搅拌桩围护结构具有施工操作简便、工程效率高、工期短、成本低廉、施工中无振动、无噪声、无泥浆污染等特点。

水泥土搅拌桩围护结构广泛适用于淤泥、淤泥质土、含水量高的翻土、粉质黏土、粉土和砂土等各种软硬地质条件下的基坑支护。在泥炭土及有机质土地层基坑工程中应谨慎选用。用于软土基坑时，开挖深度一般不超过6m，而对非软土基坑的支护深度可达10m，作止水帷幕使用时需注意垂直度控制的要求。

根据搅拌机械的搅拌轴数不同，主要有单轴搅拌桩、双轴搅拌桩、三轴搅拌桩和五轴搅拌桩等。根据围护结构的需要，可灵活地采用柱状、壁状、格栅状和块状等结构形式。按平面布置方式不同，可以有满膛、格栅形和宽窄结合的锯齿形布置等形式，常见的布置形式为格栅形布置。根据固化剂状态的不同，分为两种水泥土搅拌法。当使用水泥浆作为固化剂时，称为深层搅拌法；当使用水泥粉作为固化剂时，称为粉体喷搅法。

水泥土搅拌桩可直接作为基坑开挖重力式围护结构，依靠墙体自重、墙底摩阻力和墙前基坑开挖面以下土体的被动土压力稳定桩体，以满足围护桩的整体稳定、抗倾覆稳定、抗滑稳定和控制墙体变形等要求，同时起到隔水作用。此外，还可以与其他类型围护桩、型钢等组成组合式结构，例如：型钢水泥土工法，以及水泥土结合钢筋混凝土预制板桩、钻孔灌注桩、型钢、斜向或竖向土锚等结构形式。除了用于挡土结构和止水帷幕，水泥土搅拌桩还可用于坑底土体加固和基坑外侧土体加固，提高围护结构内侧被动土压力，降低围护结构外侧主动土压力，减小基坑变形。

4.2 国内外研究及应用现状

搅拌法原是我国及古罗马、古埃及等文明古国，以石灰为拌合材料，应用最早而且流传最广泛的一种加固地基土的方法。例如：我国房屋或道路建设中传统的灰土垫层，就是将石灰与土按一定比例拌合、铺筑、碾压或夯实而成；万里长城和西藏佛塔以及古罗马的加普亚军用大道、古埃及的金字塔和尼罗河的河堤等，都是用灰土加固地基的范例。应用水泥土较早的一些国家，如日本约始于1915年，美国约始于1917年。随后，更多国家纷纷将水泥土用于道路和水利等工程中。

20世纪50年代，水泥土搅拌桩法率先在美国研制成功，通过设备的翼片不停地搅动土体，并向土体内部不断喷射水泥浆液形成复合地基，该方法称为MIP法。1953年日本引入MIP法。1967年瑞典人Kjeld Paus经过实验研究提出了粉喷法，即通过石灰系材料作为固化剂，形成石灰搅拌桩，进行地基加固。同年，日本港湾技术研究所开始投入对石灰搅拌施工机械设备的研制。1971年Kjeld Paus制成第一根石灰与软土拌合形成的搅拌桩，并于1972年进行了石灰搅拌桩的载荷试验。日本在1973—1974年间研制成功了水泥搅拌固化法，此后日本又陆续根据机械、施工效率的不同，形成了多种施工方法，如DCCM法、DCM法、DIM法、DLM法等。

1977年，我国冶金部建筑研究总院和交通部水运规划设计院开始对华东、华北等地的多种冲填土和软黏土进行研究，进行水泥土搅拌法的机械研制和室内试验，并于1978年成功制造第一台双搅拌轴中心管输浆方式的SJB-1型深层搅拌机。1979年，交通部第一航务局科研所开始分别用水泥和石灰，针对天津塘沽新港淤泥质软土地层，开展室内试验，研究不同外加剂、掺入比等因素对加固的影响。在1980年上海宝钢加固地基工程中，水泥土搅拌桩第一次得到实际工程应用并取得了良好效果。1983年，铁道部第四勘测设计院开始对粉体喷射搅拌桩加固地基进行了试验研究。1986年，杭州地基基础公司和铁道部第四勘测设计院，将以水泥作为固化主剂的技术进行运用与推广。1987年，铁道部第四勘测设计院联合上海探矿机械厂研制成功了加固深度达12.5m、桩径达到0.5m的GPF-5型步履式粉体搅拌机。20世纪90年代，国内陆续制造出双搅拌轴和可变轴距搅拌机。1998年，上海隧道工程公司研制出成桩深度达到28m、厚度0.7~1.2m的四轴深层搅拌机。1999年，四轴深层搅拌机开始在上海陆家嘴5号车站的地基工程与上海地铁明珠线宝兴站承台工程得到实际应用，通过实际工程应用发现，四轴深层搅拌机性能明显优于双轴搅拌机。水泥土搅拌桩在我国应用40余年来，应用的范围逐渐扩大至铁路、公路、工业与民用建筑、码头、基坑支护等方面，并根据我国国情开发出符合我国实际需要的搅拌机械。

将搅拌桩用于基坑工程，虽在其发展初期已有成功的实例，但大量应用则是20世纪90年代初随着我国各地高层建筑和地下设施大量兴建而迅速兴起的，其中以北京、上海和新兴沿海城市应用最多。与此同时，在设计中利用弹塑性有限元分析、土工离心模拟试验等方法，结合基坑开挖现场监测，对搅拌桩重力式围护墙的稳定和变形特性进行了深入研究。何开胜等分析了由于现场施工环境影响对水泥土拌制过程产生干扰，所导致的拌合效果与实验室所得到的参数差异。认为施工过程中采用现场水泥拌制强度，能够有效地避免实验室数据和现场数据不一致的问题。章兆熊等对工程中遇到的超深三轴水泥搅拌桩的施作工艺、关键控制点及监测要求等进行了分析，表明在深度超过25m基坑中，三轴搅拌桩能够较好地解决承压水问题。冯大为详述了超过18m长度的搅拌桩处理方法。

水泥土搅拌桩在国内起步较晚，但通过长年的应用与研究，水泥土搅拌桩围护结构的结构构造和设计计算等均有了较大的发展，做出了较多的革新，如钉形桩、双向搅拌桩、五轴搅拌桩等技术都在逐渐成熟，较原有搅拌桩在力学性能上有了较大的提升，也出现了一些水泥土与其他受力构件相结合的新型结构形式。

4.3　结构方案及构造措施

（1）水泥土搅拌桩顶部宜设置钢筋混凝土压顶梁，压顶梁与水泥土搅拌桩间用插筋连接（图4-1）。

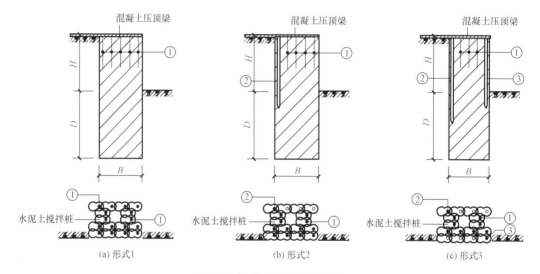

图4-1　搅拌桩间用插筋形式

（2）在水泥土搅拌桩的两侧间隔插入型钢或钢筋，或在其两侧间隔设置钢筋混凝土桩，提高其抗弯能力。

（3）连续或局部加固围护结构前的被动土压力区，提高水泥土搅拌桩围护结构的安全度，减小其变形。

（4）采用变截面的结构形式，加大水泥土搅拌桩围护结构自重的力臂。发挥结构自重的优势，提高水泥土搅拌桩围护结构抗倾覆力矩，如图4-2所示。

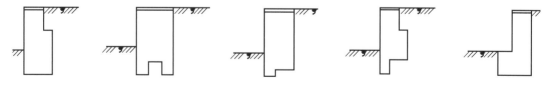

图4-2　变截面水泥土搅拌桩

（5）水泥土搅拌桩按照板壁形、格栅形或宽窄结合的锯齿形布置等形式，构成水泥土重力式围护墙结构。双轴搅拌桩水泥土重力式围护墙平面布置形式如图4-3所示。

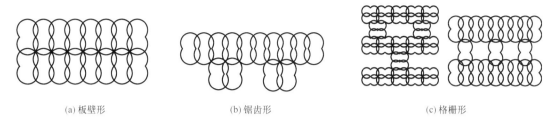

(a) 板壁形　　　　　　　(b) 锯齿形　　　　　　　(c) 格栅形

图4-3　双轴搅拌桩水泥土重力式围护墙平面布置形式

4.4　施工机械

4.4.1　单轴搅拌机

1. GZB-600深层搅拌机

国内首台深层搅拌机是由交通部一航局科研所等单位利用进口螺旋钻机改制而成。其特点为：由两台30kW电机各连接一台2K-H行星齿轮减速器组成驱动系统，驱动功率较大，水泥浆由中空搅拌轴经搅拌头叶片沿着旋转方向输入土中，且搅拌轴轴身有多片叶片，易于将水泥浆与原状土搅拌均匀。

2. DSJ单轴深层搅拌机

DSJ单轴深层搅拌机由浙江大学与浙江临海建筑工程公司共同研制，现已有多种型号，在我国南方软土地区广泛使用。该大功率搅拌机，最大加固深度可达23m。这种机型配有成桩质量自动监测仪，可连续监测记录成桩过程中的成桩质量、提升速度、水灰比、水泥掺入比和搅拌次数等参数。当成桩过程中产生质量缺陷时会报警，使成桩质量得到严密监控。此外，由福建省建筑科学研究院研制成功的深层搅拌机，主要由一台55kW电动机驱动一根搅拌轴，可用于非软弱黏性土中深层搅拌，特别适用于在砂性土中的止水帷幕施工。

4.4.2　双轴深层搅拌机

1. SJ系列双轴深层搅拌机

SJ系列双轴深层搅拌机（图4-4）由原冶金部建筑研究总院和交通部水运规划院于1978年合作开始研制，1984年开始批量生产。其特点是采用中心管集中供浆方式，可适用于多种固化剂，除纯水泥浆外，还可用水泥砂浆，甚至工业废料等粗粒固化剂。

2. DSJ型双轴深层搅拌机

根据DSJ型单轴深层搅拌机改制而成，由二台电动机分别驱动二根搅拌轴，搅拌轴间距可根据桩中心距需要进行调整，水泥浆通过各自的搅拌轴从叶片上的喷浆口喷出，独立喷浆，其余辅助设备同DSJ型单轴深层搅拌机。

4.4.3　粉体喷射搅拌机

粉体喷射搅拌机由搅拌主机、粉体固化材料输送机、空气压缩机、压力储料罐等组成。

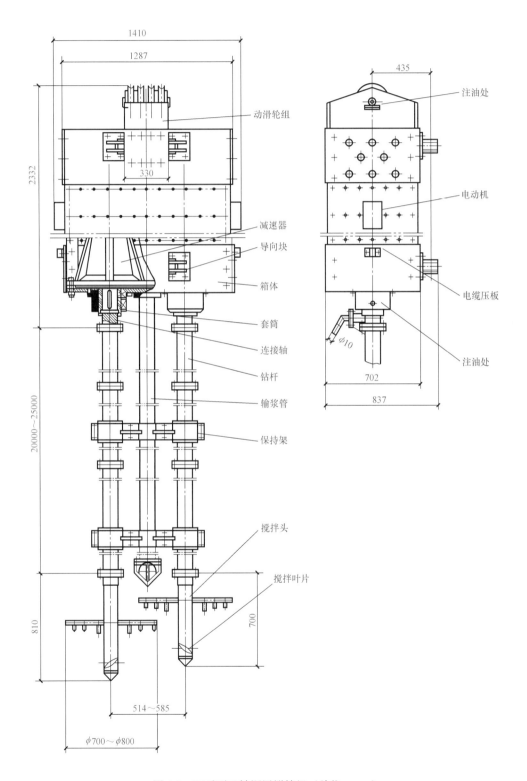

图4-4 SJ系列双轴深层搅拌机（单位：mm）

目前，我国粉体喷射搅拌机主要有GPP型和YPP型。GPP型粉喷搅拌机由原铁道部第四勘测设计院研制；YPP型粉喷搅拌机由上海探矿机械厂生产。

4.5 施工工艺

水泥土搅拌桩围护结构按固化剂的状态不同分为浆液输入搅拌桩和粉体喷射搅拌桩，两种搅拌桩的施工工艺流程相近。以浆液输入搅拌桩为例，说明水泥土搅拌桩围护结构施工工艺如下：

（1）开启走位卷扬机，将深层搅拌机移到指定桩位并对中。

（2）配制水灰比为0.45~0.55的水泥浆液，充分拌合均匀，并加入适量的外加剂，改善其和易性。

（3）将制备好的水泥浆经筛过滤，倒入贮浆桶，开动灰浆泵，将浆液送至搅拌头。

（4）待浆液从喷嘴喷出并具有一定压力后，启动桩机搅拌头向下旋转钻进搅拌，随钻进连续喷入水泥浆液。

（5）将搅拌头自桩端反转匀速提升搅拌，喷入水泥浆液直至地面。

（6）重复第（4）步钻进喷浆搅拌。

（7）重复第（5）步提升搅拌，直至成桩。

（8）清理搅拌叶片上包裹的土块及喷浆口。

（9）桩机移至另一桩位后，重复（1）~（8）步。

浆液输入搅拌桩施工过程中，需注意如下施工参数要求，具体取值由设计计算、成桩试验和验收标准确定。包括：搅拌钻杆的钻进、提升速度，搅拌钻杆的转速，钻进、提升次数，施工桩径，施工桩长，水泥浆液配合比，灰浆搅拌机内每次投料量，每根桩水泥浆液用量，灰浆泵压力档位，垂直度偏差限值和桩位偏差限值等。

粉体喷射搅拌桩施工工艺流程与浆液输入搅拌桩相近，不同之处在于：

（1）粉喷钻机钻进直至加固深度过程中，连续不断喷出压缩空气，不喷射加固材料。

（2）粉喷钻机从桩底设计标高反向旋转提升过程中，连续喷射粉体固化材料。

（3）搅拌钻头提升距地面0.3~0.5m时，关闭粉体发送器，防止粉体溢出地面污染环境。

（4）粉体喷射搅拌桩施工还需另外关注输送轮转数、输送空气压力大小、输送空气流量等施工参数。

4.6 施工工序

施工工序：平整场地→桩位放样→开挖导槽→施工机械就位→制备水泥浆或水泥干粉→钻进喷浆搅拌（或无粉预搅）→提升喷浆（粉）搅拌至孔口→施工机械移位→桩身插筋。双轴搅拌桩施工工艺流程如图4-5所示。

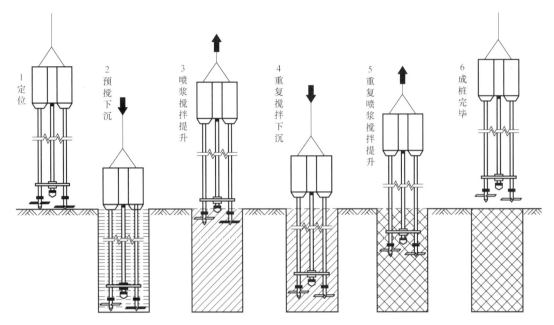

图 4-5　双轴搅拌桩施工工艺流程示意图

4.7　施工质量控制措施

4.7.1　施工准备

（1）水泥土搅拌桩围护结构施工前，需同有关设计人员进行设计图纸会审和技术交底。

（2）正式施工搅拌前，应进行现场采集土样的室内水泥土配比试验。当场地存在成层土时应取得各层土样，至少应取得最软弱层的土样。通过室内水泥配比试验，测定各水泥土试块不同龄期、不同水泥掺入量、不同外加剂的抗压强度，为深层搅拌施工寻求满足设计要求的最佳水灰比、水泥掺入量及外加剂品种、掺量。

（3）正式施工前，应利用室内水泥土配比试验结果进行现场成桩试验，以确定满足设计要求的施工工艺和施工参数。

（4）正式施工前编制施工组织设计，包括：场区工程地质、水文地质概况；基坑周边环境、地下障碍物情况，施工场地总平面布置图；根据成桩试验结果确定的搅拌桩施工工艺和施工参数；基坑支护水泥土搅拌桩施工方案和施工顺序；机械设备的型号、数量和动力；各工种材料的数量、质量、规格、品种和使用计划；工程技术人员、管理人员和关键岗位人员的配置；施工中的关键问题、技术难点、技术质量要求标准和保证措施；施工工期、质量、安全控制方案；施工期间的质量监控、抢险应急措施等。

4.7.2　浆液输入搅拌桩施工控制

（1）打桩前复核建筑物轴线、水准基点和场地标高，桩位对中偏差不得超过20mm，桩身垂直度偏差不得超过1%。

（2）地表及浅层障碍物必须挖除，对埋深3m以下障碍物，需与设计人员沟通后酌情处理。

（3）水泥进场须有出厂质保单及出厂合格证，若发现水泥有受潮、结硬块，严禁投料使用。

（4）使用水泥搅拌桩专用测试仪，在成桩全过程中对成桩质量进行跟踪监测。

（5）严格控制水泥浆液的配合比和拌制过程。水灰比一般控制在0.45~0.5；采用经过核准的定量容器加水拌制；适量加入减水剂增加水泥浆的稠度，改善水泥浆的和易性，防止浆液泵送时发生堵管；分次拌合必须连续进行，每次投料后拌合时间不少于3min，确保拌合均匀、供浆连续；水泥浆在经筛过滤后才能倒入贮浆桶，以防出浆口堵塞；保持贮浆桶内水泥浆液量充足，防止浆液供应不足而断桩；按时搅动贮浆桶内水泥浆，防止沉淀引起浆液不均匀；停置时间超过2h的水泥浆不得使用，或试验后降低标号使用。

（6）采用二次搅拌喷浆工艺时，搅拌轴钻进提升速度不宜大于0.5m/min，钻头每转一圈的钻进或提升量不应超过10~15mm。成桩过程中如果出现反土或冒浆现象，须在一定深度内增加一次搅拌。

（7）必须待水泥浆从喷浆口喷出并具有一定压力后，方可开始钻进喷浆搅拌操作。

（8）钻进喷浆必须到达设计深度，误差不超过50mm。

（9）搅拌钻头钻进搅拌时，如果遇到较硬土层而钻进困难时，应增加搅拌机头自重，启动加压卷扬机，或适当更改搅拌头叶片。

（10）桩机操作者应与制浆施工人员保持密切联系，保证搅拌机喷浆时供浆连续。因故停浆时，须立即通知桩机操作者，并从地面重新开始钻进喷浆。

（11）施工过程中停工1h以上时，须进行全面冲洗，防止水泥在设备用管中结块；沿挡墙纵向走机，搭接桩之间的搭接时间不应超过24h。

4.7.3　粉体喷射搅拌桩施工控制

（1）粉体输送器必须有喷粉量的计量装置，并在喷粉成桩过程中随时监测其喷粉量。

（2）完成一根粉体喷射搅拌桩后，应立即打开料罐，测量用粉量，对喷粉量达不到设计要求的桩立即复搅复喷。

（3）采用二次喷粉搅拌工艺成桩时，钻头每转一圈的提升量宜为10~15mm。

（4）对地下水位以上的桩，施工时或施工完成后应从地面浇入适量水，以保证水泥水解水化反应充分。

4.7.4　成桩质量检测

水泥土搅拌桩围护结构施工质量检测项目包括：桩位、桩长、桩顶标高、桩身垂直度、水泥用量、钻进提升速度、水灰比、外加剂掺量、灰浆泵压力档位、搅拌次数、搭接桩施工间歇时间、施工机械性能、材料质量和配合比试验结果等。此外，在成桩达到相当数量后，须选取一定数量的桩体进行开挖，检查桩身的外观质量、搭接质量、整体性等。从开挖外露桩体中凿取试块，或采用岩芯钻孔取样制成试块，检查桩身的均匀性，并与室内制作的试块进行强度比较。

基坑开挖前，需复核水泥土搅拌桩的桩位、桩数，并采用钻孔取芯检验桩长和桩身强度。基坑开挖过程中，对开挖桩体的质量及墙体和坑底渗漏水情况进行检查，并对围护结构及周围建（构）筑物进行位移监测，如不能满足设计要求应立即采取必要的补救措施。

4.8　典型破坏形式

水泥土搅拌桩围护结构是无支撑自立式挡土结构。可近似看作插入地层的刚性墙体，其变形主要表现为围护结构水平平移、桩顶前倾、桩底前滑以及几种变形和位移的叠加。水泥土搅拌桩围护结构的破坏形式主要有以下几种：

（1）由于桩体入土深度不够，或由于桩底土体太软弱，抗剪强度不够等，导致桩体及附近土体整体滑移破坏，基底土体隆起。

（2）由于桩体后侧发生挤土施工、基坑边堆载、重型施工机械作用等引起桩后土压力增加，或者由于桩体抗倾覆稳定性不够，导致桩体倾覆。

（3）由于桩前被动区土体强度较低、设计抗滑稳定性不够，导致桩体变形过大或整体刚性移动。

（4）当设计桩体抗压强度、抗剪强度或抗拉强度不够，或者由于施工质量达不到设计要求时，导致桩体受压、剪或拉等发生破坏。

4.9　适用条件

4.9.1　基坑开挖深度

水泥土搅拌桩围护结构的侧向位移控制能力较弱，基坑开挖越深，面积越大，墙体的侧向位移越难控制。在基坑周边环境保护要求较高的情况下，开挖深度应严格控制。对于软土基坑，支护深度不宜大于6m；对于非软土基坑，支护深度达10m的重力式水泥土搅拌桩围护结构也有成功工程实践。

4.9.2　土质条件

水泥土搅拌桩围护结构适用于淤泥质土、含水量较高而地基承载力小于120kPa的黏土、粉土、砂土等软土基坑。对于地基承载力较高、黏性较大或较密实的黏土、砂土地层，可采用先行钻孔套打、添加外加剂或其他辅助方法施工。当土中含高岭石、多水高岭石、蒙脱石等矿物时，支护效果更好；土中含伊里石、氯化物和水铝英石等矿物时，支护效果较差。土的原始抗剪强度小于20~30kPa时，支护效果也较差。水泥土搅拌桩当用于泥炭土，或土中有机质含量较高、酸碱度较低及地下水有侵蚀性时，宜通过试验确定其适用性。

4.9.3　场地周边环境

以水泥土搅拌桩作为围护结构，适用于周边空旷、施工场地较宽敞的环境，否则应控制其支护深度。

4.10　常见垮塌原因及应急措施

4.10.1　常见垮塌原因

1. 地质因素

引起水泥土搅拌桩围护结构垮塌的常见地质因素为暗浜和杂填土。暗浜区域土质较软、含水量大，且有机质含量较高。杂填土区域一般为砖块及碎石等建筑垃圾。水泥土搅拌桩在上述区域的成桩质量一般较差。通常做法是对暗浜区域和杂填土进行换填，再施工水泥土搅拌桩，且水泥土搅拌桩的水泥掺量需要适当提高。然而，在勘察期间未探明的暗浜区域或杂填土区域，搅拌桩施工时水泥掺量没有提高，则该区域的水泥土搅拌桩围护结构便成为基坑的薄弱区域。

另外，地层起伏较大，导致局部水泥土搅拌桩的底部位于软弱淤泥质土层中，则该段围护结构也容易发生倾覆和滑移。水泥土搅拌桩施工时，桩长范围内一般采用同样的水泥掺量，但是在砂性土和淤泥质土层中，水泥土搅拌桩的成桩质量是不同的，这也造成了搅拌桩在某一个土层中会形成薄弱面。

2. 基坑支护设计因素

（1）水泥土搅拌桩围护结构宽度不足。

（2）水泥土搅拌桩长度不足，致使搅拌桩的桩底位于软弱土层中，围护结构抗滑移能力较差。

（3）集水井、电梯井等局部深坑区域未进行加强，导致水泥土搅拌桩的插入比不足，易发生围护结构倾覆。

3. 基坑支护施工因素

（1）水泥土搅拌桩施工质量差，包括搅拌桩强度及长度不满足设计及规范要求。

（2）水泥土搅拌桩养护时间不足，未达到设计强度便进行基坑开挖。

（3）大面积土方同时开挖，基坑沿水泥土搅拌桩围护结构方向暴露面积较大。

（4）基坑开挖后长时间暴露，未及时浇筑底板及垫层，导致水泥土搅拌桩围护结构的变形持续快速增加。

（5）土方开挖中，临近基坑边的土体被超挖，相当于增加了基坑的开挖深度。

（6）基坑内降水不到位，导致坑内土体的抗剪强度较低。

4. 基坑周边环境影响因素

（1）基坑外部堆载，导致围护结构位移增加。

（2）基坑外部大量重型车辆或机械行走，持续的振动及超载，导致围护结构变形持续增大。

（3）基坑外雨水或污水管道发生渗漏，导致坑外水压力增加。

5. 气象因素

（1）连续的暴雨影响，导致基坑内外水位升高，土体抗剪强度降低。

（2）在丰水期，基坑外的河水水位上涨，造成地下水位的升高。

4.10.2 垮塌应急措施

1. 垮塌的前兆和预判

在基坑发生垮塌之前，都会产生一定的前兆。常见的有：

（1）水泥土搅拌桩的桩顶位移不断增大，而且呈现加速的趋势。

（2）基坑内侧的水泥土搅拌桩产生横向的裂纹。

（3）水泥土搅拌桩与土体之间产生了裂缝，且裂缝的长度和宽度不断扩展。

基坑施工中应该重视对基坑的观察和监测，避免产生严重的后果。

2. 垮塌应急处理流程

在基坑发生垮塌后，应立即采取如下措施：

（1）立即停止土方开挖，并沿着围护结构内边缘进行土方回填。

（2）封闭垮塌区域基坑内外30m的范围，防止基坑发生二次垮塌造成人员伤亡。

（3）若基坑外存在钢筋、木料、堆土等堆载，应立即将其移除，降低坑外超载，防止水泥土搅拌桩围护结构变形加剧。

（4）一般水泥土搅拌桩围护结构发生较大的位移后，在基坑外1~3倍的开挖深度范围内，易产生地表裂缝。对基坑外已形成的地表裂缝应及时进行修补。向裂缝内注浆，地表的裂缝用水泥封堵，防止地表水沿裂缝进入土层中。

（5）若基坑外存在卸土的可能，可以在基坑外进行卸土，减小坑外土压力。

（6）若基坑外20m范围内，没有对沉降敏感的建（构）筑物及管线，可以在水泥土搅拌桩外侧布置轻型井点进行降水，减小坑外水压力。

（7）一般水泥土搅拌桩围护结构变形最大的部分位于其顶部。可以在坑内设置钢支撑，一端支撑于搅拌桩桩顶，另一端支撑在底板的配筋垫层上。

（8）对于已经发生剥落的搅拌桩区域，如果基坑外有10m以上的施工空间，可以将搅拌桩顶部改为放坡，再施工注浆钢管土钉对挡土墙进行加固。

（9）若基坑外无施工操作面，无法打设土钉，则只能在围护结构内侧打设钢板桩，在围护结构外侧打设型钢，将两者采用拉锚进行连接。

（10）应加强监测的频率，直至基坑变形达到稳定的状态方可恢复至原监测频率。当水泥土搅拌桩发生较大位移后，极可能部分监测点已被破坏，应及时修复和补充监测点，保证监测数据的连续性。

（11）待基坑稳定后方可再次进行基坑开挖，开挖过程中应分块分层跳挖，每块开挖的长度应控制在20m以内，基坑底暴露时间应控制在24h内，每次开挖见底并浇筑垫层的面积不大于200m²，垫层应随挖随浇。

参考文献

[1] 熊智彪. 建筑基坑支护 [M]. 北京：中国建筑工业出版社，2008.

[2] 刘国彬，王卫东. 基坑工程手册 [M]. 第二版. 北京：中国建筑工业出版社，2009.

[3] 中国土木工程学会土力学及岩土工程分会. 深基坑支护技术指南 [M]. 北京：中国建筑工业出版社，2012.

［4］ 龚晓南. 深基坑工程设计施工手册（第二版）［M］. 北京：中国建筑工业出版社，2018.

［5］ 何开胜. 水泥土搅拌桩设计计算方法探讨［J］. 岩土工程学报，2003，25（1）：31-35.

［6］ 章兆熊，李星，谢兆良，等. 超深三轴水泥土搅拌桩技术及在深基坑工程中的应用［J］. 岩土工程学报，2010，32（2）：383-386.

［7］ 冯大为. 软土地基深层搅拌加固法的应用［J］. 四川建材，2014，2（40）：108-109.

［8］ 黄梅. 基坑支护工程设计施工实例图解［M］. 北京：化学工业出版社，2015.

［9］ 吴绍升，毛俊卿. 软土区地铁深基坑研究与实践［M］. 北京：中国铁道出版社，2017.

［10］ 滕飞. 水泥土搅拌桩重力式挡墙支护基坑变形研究［D］. 荆州：长江大学，2017.

［11］ 黄毅. 搅拌桩加固地连墙作用下深基坑变形性状研究［D］. 吉林：东北电力大学，2019.

第 5 章 ▶▶

内撑式支护技术

5.1 概述

内撑式支护结构由围护桩（墙）、冠梁、腰梁、水平支撑、斜撑、中立柱和止水帷幕等部分组成。其中，围护桩（墙）、冠梁和止水帷幕构成的竖向围护结构用于抵挡坑外的岩土体，防止坑外地下水的渗漏，直接承受水土压力。常采用钢板桩、钢筋混凝土排桩和地下连续墙等形式。腰梁、水平支撑、斜撑和中立柱组成的坑内空间支撑体系，用于支撑和约束围护结构，调整围护结构内力大小及分布，防止围护结构变形超限及失稳。基坑内支撑有钢支撑、钢筋混凝土支撑和钢-混凝土组合支撑等形式。支撑竖向道数主要根据场地工程地质与水文地质条件、基坑开挖深度、周围环境保护要求、基坑围护结构的承载能力和变形控制要求、工程经验等确定，同时应满足土石方开挖及地下结构的施工要求。对平面面积较大且深度较浅的基坑，底道支撑也可采用斜撑，经济性好。

5.2 国内外研究及应用现状

2012年，北京市颁布了地方标准用以规范基坑内支撑的设计、施工和监测，该规程建议的常用内支撑形式为钢支撑和现浇钢筋混凝土支撑，实际设计和施工中钢支撑与现浇钢筋混凝土支撑联合使用的内支撑体系构建形式也较为常见。

钢支撑具有安装、拆除方便，施工速度快，可重复利用等优点，但是单根钢管支撑刚度较小，为了保证足够的整体支护刚度，钢支撑设计间距一般不大于3m，基坑深度较大或地质条件较差时需进一步减小内支撑设计间距，或者采用双拼的钢管支撑形式，基坑内作业空间被钢支撑占据和分割，影响基坑开挖及主体结构施工。为方便机械开挖、加快施工进度，施工中常出现超挖或钢支撑架设不及时的情况，由此引起的围护结构变形和地表沉降可增大，与钢支撑配套使用的钢围檩一般由两平行的工字钢通过封板拼接而成，空腔多，存在局部承载能力不足的问题，存放过程中易锈蚀失效，造成材料浪费。

现浇钢筋混凝土支撑刚度大、与围护结构整体性强，能在维持整体支护刚度和安全度不变的同时大大削减支撑根数，还能杜绝超挖现象，对周边环境复杂且变形控制要求严格的基坑工程，建设主管部门要求基坑首道支撑必须采用钢筋混凝土支撑，设计标准也明确建议首道内支撑宜选用钢筋混凝土支撑。现浇钢筋混凝土支撑设计间距可达6m以上，能为基坑工程施工提供较为开阔的作业空间，提高机械开挖施工的便利性，而且与钢管支撑相比更大的截面惯性矩能大幅提高单跨设计长度，但需在施工现场进行钢筋绑扎、混凝土浇筑及养护，施工周期长。此外，现浇钢筋混凝土支撑拆除困难，易造成大量材料浪费，拆除作业还会产生振动、噪声和粉尘，污染环境，现有现浇钢筋混凝土支撑拆除技术的研究仍无法从根本上解决这些问题。

为实现基坑工程快速、安全、绿色施工，新型基坑内支撑研究逐渐受到关注，国内外学者已提出了一系列基坑内支撑体系新形式。

詹集明提出装配式连拱形钢管混凝土内支撑结构方案（图5-1），其支撑连拱、传力杆和三角桁架由钢管混凝土预制构件组成，支撑构件以法兰连接。为了满足不同连拱拱圈长度拼接要求，设计基本段（4~5m）和填补段（0.1、0.2、0.5、1、2m）两种拱圈构件，体现了支撑构件系列化和模数化思想。该支撑体系适用于深度较浅的大基坑，难以适用于长条形地铁深基坑。

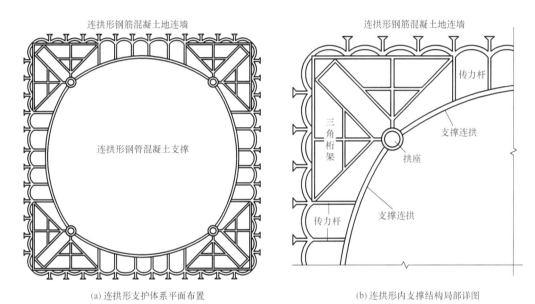

(a) 连拱形支护体系平面布置　　　　(b) 连拱形内支撑结构局部详图

图5-1　装配式连拱形钢管混凝土内支撑结构方案

夏旭标和应惠清提出一种预应力薄壁高强钢筋混凝土管撑，通过两次施加预应力保证支撑性能。工厂预制支撑构件时，采用先张法施加预应力以减小构件堆放、吊运和支撑现场拼装过程中混凝土拉应力；支撑架设完成后为钢筋混凝土管撑施加预加轴力，主动控制基坑变形。该支撑体系在宁波广电大厦一期工程中得到应用，支撑外径550mm，壁厚65mm，混凝土强度等级C60，研究表明设计的钢筋混凝土管撑承载力大于常规直径609mm钢管支撑，一次性成本较现浇钢筋混凝土支撑增加16.8%，但考虑重复周转使用后的成本更低。

谢伟和胡文发提出一种拼装式深基坑内支撑体系（图5-2）及其结构计算简化模型。该体系主要由立柱、围檩和预制混凝土梁组成，预制混凝土梁通过螺栓拼装，通过活络头调节支撑的长度。支撑构件可回收重复利用，内支撑体系装拆灵活，施工速度快。预制混凝土支撑构件间采用螺杆连接方式与钢支撑、钢管混凝土支撑构件间连接相比相对困难。

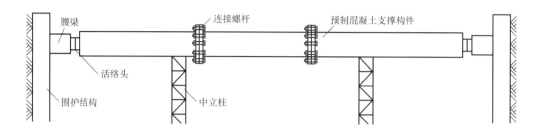

图5-2　拼装式深基坑内支撑体系

宋明健等设想了一种拱形组合内支撑结构——双拱自稳支撑（图5-3、图5-4），该支撑由拱背相对的2个拱形支撑、1个千斤顶和2个由插销固定的内外支柱组成，千斤顶固定在2个拱的拱背之间，带插销的两个支柱分别布置在千斤顶的两侧，4个拱脚与坑壁围护结构相连接。内支撑拱脚在水平力作用下向坑内移动引起拱高增加，拱背向外侧变形趋势受到千斤顶和支柱限制，从而达到抑制支撑水平变形的效果，此外还可以通过改变千斤顶压力来调节支撑轴力，主动控制围护结构变形。

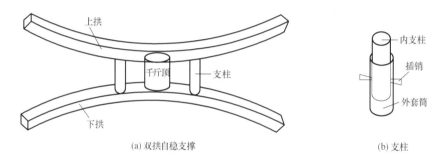

(a) 双拱自稳支撑　　　　　　　　　　　　　(b) 支柱

图5-3　双拱自稳支撑结构示意图

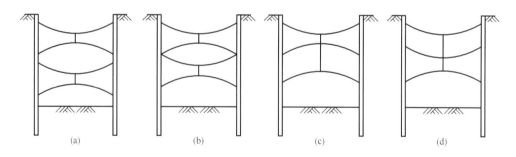

(a)　　　　　　(b)　　　　　　(c)　　　　　　(d)

图5-4　双拱自稳支撑竖向布置形式

Park、Joo和Kim研究了一种由钢围檩、钢绞线、型钢支撑杆和格构式型钢支撑组成的张弦梁式自锁预应力系统（图5-5），国内已经出现类似的结构形式，称为鱼腹梁式预应力系统，此系统较传统钢管支撑占用空间小，能为基坑开挖提供更大作业空间，提高工作效率，已在上海轨道交通5号线西渡站配套工程等多个工程中成功应用。该支撑系统不再采用活络端节点施加预加轴力，而是通过张拉钢绞线为钢围檩施加预压力，从而减小格构式型钢支撑之间围护结构的变形。该结构体系中格构式型钢对撑仍为水平荷载的主要承担者，为提供足够支护刚度，格构式型钢支撑需很大的截面尺寸。若采用格构式钢管混凝

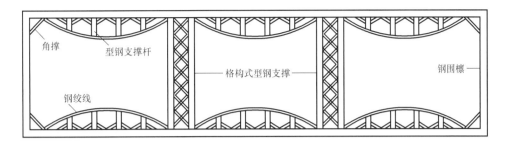

图 5-5 张弦梁式自锁预应力系统

土支撑或格构式预制混凝土支撑可进一步提高支撑刚度，减小主支撑结构截面尺寸。刘发前具体介绍了鱼腹梁式预应力系统中的格构式型钢支撑构造形式，给出了稳定性设计分析方法，该格构式型钢支撑是将单根型钢支撑通过缀板、缀条连接成水平方向单层格构结构，较单根支撑形式提高了水平方向稳定性。

王祺国针对现浇钢筋混凝土支撑的拆除技术缺陷，提出了一种硫磺胶泥-钢筋混凝土支撑形式（图5-6），把硫磺胶泥作为预制混凝土支撑构件间的连接节点，该支撑既具有常规现浇钢筋混凝土支撑的刚度与强度，又利用了硫磺胶泥的热熔性，拆除方便。经试验，在硫磺胶泥之中间隔3~5cm预埋电阻丝，支撑拆除时采用400~800W功率对电阻丝低热慢烤，可很快使硫磺胶泥达到熔点。

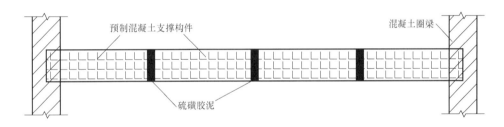

图 5-6 硫磺胶泥-钢筋混凝土支撑形式

为了提高基坑工程现浇钢筋混凝土支撑施工速度，朱毅敏和王永卿提出现浇混凝土支撑钢筋笼预制装配技术，该技术可减少制作混凝土支撑时间的50%~60%，将从钢筋笼架设到混凝土浇筑完成的时间控制到24h以内，在一定程度上减小由于时间效应引起的基坑变形。实际上，现浇钢筋混凝土支撑施工工期主要花费在混凝土养护上，一般养护时间要达到7d以上才能继续开挖，钢筋笼预制装配技术对现浇混凝土支撑支护下基坑开挖整体进度贡献不大，若能将该预制装配技术进一步推广到预制混凝土支撑构件，可进一步缩短工期。

5.3 竖向围护结构施工技术

5.3.1 工程应用类型

常见的竖向围护结构有板桩式围护桩、排桩式围护桩、组合式围护桩、地下连续墙和止水帷幕等。

1. 板桩式围护桩

板桩式围护桩主要有拉森钢板桩H型钢桩、钢管桩、PHC管桩和预制钢筋混凝土板桩等。

2. 排桩式围护桩

排桩式围护桩在基坑工程中应用广泛，主要包括钻孔灌注桩、沉管桩、人工挖孔桩、旋挖桩、长螺旋灌注桩等各种形式的钢筋混凝土灌注桩。

3. 组合式围护桩

采用不同材料或不同截面形式的桩单元，组合形成的竖向围护结构称为组合式围护桩。例如：由H型钢和搅拌桩组成的劲性水泥土搅拌桩；由H型钢和U型钢板桩组成的HUC组合型钢板桩。

4. 地下连续墙

在泥浆护壁的保护下，以专用设备开挖出一条沟槽，在槽内设置钢筋笼，采用导管法在泥浆中浇筑混凝土，筑成单元墙段，依次顺序施工各个单元墙段，再以某种接头方法连接而成的连续地下钢筋混凝土墙称为地下连续墙。地下连续墙常用于对坑外周边环境变形和地下水控制要求较严格、开挖深度较大的基坑工程中，其不仅作为竖向围护结构，有时还可兼作永久结构的一部分。

5. 止水帷幕

当基坑处于淤泥、淤泥质土等流塑性土地层，砂性土等无粘结、弱粘结性地层，潜水和上层滞水充足，或穿过承压水层时，如果采用非咬合排布的排桩式或组合式围护桩，桩间相隔一定距离。围护桩之间常需设置钢板、木板、高压旋喷桩、水泥土搅拌桩、咬合素混凝土桩或喷射钢筋网护面等作为止水帷幕，以防止坑外地下水涌入基坑，影响干槽作业。打设止水帷幕，还可以避免坑外地下水位变化引起的地层变形和地表沉降。止水帷幕的材料选择、工艺措施和工序安排应特别慎重，务求其与竖向围护结构间密切咬合，不留明显的渗水通道。

5.3.2 平面布置方式

按照平面上挡土桩（墙）和止水帷幕间的相对位置关系，可对竖向围护结构平面布置形式做以下划分：

（1）当开挖深度较小，桩间土层稳定性较好，无地下水影响，可不设止水帷幕。

（2）挡土桩（墙）和止水帷幕相间或咬合布置。

（3）挡土桩（墙）和止水帷幕前后分离布置。

（4）上述（2）和（3）联合布置。

5.3.3 钢板（管）桩施工技术

1. 施工前准备

在主体地下结构边缘之外留设支、拆模板的余地。如需利用钢板桩作为箱基底板或桩基承台的侧模，则必须衬以纤维板或油毛毡等隔离材料，以利于钢板桩的拔除。此外，需为钢板（管）桩的沉桩准备合适的施工设备，常用机械设备主要包括冲击打入法设备、振动打入法设备或静压植桩设备。冲击打入法采用落锤、汽锤或柴油锤。为使桩锤的冲击力能均匀分布在桩断面上，避免桩顶损坏，在桩锤和钢板（管）间应设置桩帽。振动打入法采用振动锤，既可用来打桩，也可用来拔桩。工程上多采用振动打入法沉桩。

2. 外观检验与缺陷矫正

检验钢板桩的宽度、厚度和高度等尺寸是否符合设计要求，有无表面缺陷，并对各种缺陷进行矫正。例如：表面缺陷矫正、端部矩形比矫正、桩体挠曲矫正、桩体扭曲矫正、桩体截面局部变形矫正和锁扣变形矫正等。

3. 钢板（管）桩焊接

采用水平相临两根桩体的焊缝上下错开的接桩方式进行焊接。

4. 钢板（管）桩的打设方法

（1）单独打入法和屏风式打入法

单独打入法：从板桩墙的一角开始，逐块打设，直至工程结束。该方法适用于桩体较短、施工垂直度要求不高的工程，打入方法简单迅速、不需要辅助支架，但容易整体向一个方向倾斜，且不容易纠正。

屏风式打入法：该方法是将10~20根钢板桩成排插入导架内，呈屏风状，然后再分批施打。按屏风组的排数，可分为单屏风、双屏风和全屏风打入法。单屏风应用最为普遍，双屏风多用于轴线转角处施工，全屏风只用于要求轴线闭合的钢板桩施工。屏风式打入法适用范围很广，倾斜误差不容易积累，最后的板桩封闭合拢更容易实现，但其施工难度大、工期长。

（2）大锁扣扣打法和小锁扣扣打法

大锁扣扣打法：从板桩墙的一角开始，逐块打设，各块板桩单元之间的锁扣不去扣死。该方法打设简单快速，但整体性较差，适用于低透水性土层中的板桩式基坑支护。

小锁扣扣打法：从板桩墙的一角开始，逐块打设，且各块板桩单元之间的锁扣均扣死锁好。该方法适用范围更广，施工质量、止水效果、支护效果更好，但施工控制较复杂、工期长。

5. 钢板桩的打设过程

分次打入钢板桩，将钢板桩依次吊至指定位置进行插桩，插桩时锁口要对准，每插入一块即套上桩帽，并轻轻加以锤击。当打设最后一块钢板桩时，常出现难以与已打设桩墙精准封闭合拢的问题，可采用异形板桩法、连接件法、骑缝搭接法和轴线调整法等进行合拢。

6. 钢板桩施工监测

在打桩过程中，以两台经纬仪从两个方向控制钢板桩的垂直度。开始打设的第一、二块钢板桩起到样板导向作用，要确保其打入位置和方向的精度符合要求，每打入1m就应测量一次。钢板桩打设施工的允许误差为：桩顶标高偏差±100mm，轴线偏差±100mm，垂直度偏差1%。

7. 钢板（管）桩拔除

起始拔桩点宜相距角桩5根桩位以上，采用间隔起拔的顺序，即跳拔法施工，与打桩顺序相反。一般采用振动锤实施振动拔桩；当拔桩阻力过大，只靠振动锤无法顺利拔出时，再配合千斤顶或起重机共同拔桩。拔桩时可先用振动锤将锁口振活以减少与土的粘结，然后边振边拔。对阻力大的钢板桩，还可采用间歇振动的方法。对拔桩产生的桩孔，需采用振动挤实法和回填法及时填充。

5.3.4 预制钢筋混凝土板桩施工技术

预制钢筋混凝土板桩沉桩方法包括锤击、静压和振动射水等，其截面形状除了常规的矩形以外，还有T形截面桩和管柱截面桩。T形截面桩由翼板和肋组成，翼板的作用是挡土和挡水，肋的作用是提高截面抗弯承载力和刚度。对黏土地层可采用直接锤击法打入，砂性土层则由振动射水法沉入。管柱截面桩之间采用预制锁槽连接。为减小打入阻力，预制钢筋混凝土板桩底端设计成尖楔形桩尖，并在桩底以上1m范围内加密钢箍。当需要打入硬土或风化层时，常采用钢制桩靴加固保护桩尖。桩顶处套上略小于桩径的钢桩帽，防止打桩时桩体开裂。

5.3.5 灌注桩施工技术

灌注桩的常用桩型有：人工挖孔桩、钻孔灌注桩、冲孔灌注桩、沉管灌注桩、旋挖桩和长螺旋压灌桩等。主要的施工设备为冲孔机、钻孔机、旋挖桩机、沉管灌注桩机和长螺旋桩机。

1. 人工挖孔桩施工技术

人工挖孔桩是采用人工挖掘桩身土方，随着孔洞的下挖，逐段浇捣钢筋混凝土护壁，直到设计所需深度，最后在护壁内一次浇筑完成混凝土桩身。在浇筑完成以后，即具有一定的防渗和支承水平土压力的能力。把挖孔桩逐个相连，即形成一个能承受较大水土压力的挡墙，从而起到支护结构防水、挡土等作用。

人工挖孔桩施工前需准备短把锹、小洋镐、土筐、电动葫芦（或手摇辘轳）、鼓风机、送风管、土方水平运输工具和安全照明设备等机具。一般施工工序为：测定桩位→划定开挖范围→砌筑孔口护圈→引测纵横轴线和桩顶标高→开挖第一段土方→检查质量并护壁施工→开挖第二段土方→检查质量→拆上模→支下模→重复第二段的挖土和支护→循环作业直至设计孔深→全面检查桩孔质量→安放桩身配筋→清除孔底积水沉渣→灌注桩芯混凝土→桩头养护。

人工挖孔桩施工无噪声、无振动、无环境污染、经济性好，对邻近结构和地下设施的影响小，宜在地下水位以上施工。该工法适用于人工填土层、黏土层、粉土层、砂土层、碎石土层和风化岩层，也可在黄土、膨胀土和冻土中使用；不宜用于软土、流沙土层及地下水较丰富和水压大的地区。

2. 钻孔灌注桩干作业成孔施工

（1）螺旋钻孔机成孔

螺旋钻孔机分为长螺旋钻孔机和短螺旋钻孔机。长螺旋钻孔机由电动机、减速器、钻杆和钻头等组成。整套钻孔机通过滑车组悬挂在桩架上，钻孔机的升架就位可由桩架控制。钻具上的电动机适合于在满载的情况下运转，同时具有较好的过载保护装置。减速器大都采用立式行星减速器。为保证钻杆钻进时的稳定性和初钻时的准确性，在钻杆长度的1/2处安装中间稳杆器。稳杆器通过钢丝绳悬挂在钻孔器的动力头上，并随动力头沿桩架立柱上下移动。在钻杆下部装有导向圈，导向圈固定在桩架立柱上。钻杆是一根焊有螺旋叶片的钢管，长螺杆的钻杆多分段制作。常用中空形钻杆，即在钻孔机中有上下贯通的垂直孔，可以在钻孔完成后，由孔口直接从上向下浇灌混凝土，一边浇灌一边缓慢地提升钻杆。该过程有利于孔壁稳定，减少孔的坍塌，提高灌注桩的质量。钻孔时，孔底的土沿着钻杆的螺旋叶片上升，卸于钻杆周围的地面，或是通过出料斗卸在翻斗车等运输工具中运走。长螺旋钻孔机钻孔的孔径一般不大于1m，非常适用于地下水位较低的黏土及砂土层施工。为适应不同地层的钻孔需要，可配备各种不同的钻头。长螺旋钻孔机多用液压马达驱动，其自重轻，调速很方便，液压动力由履带桩架提供。长螺旋钻孔机整体构造不复杂，成孔效率高，在灌注桩的成孔中应用较多。长螺旋钻孔机按钻杆结构的不同有整体式和装配式两种，按其行走机构的不同有履带式和汽车式两种。

短螺旋钻孔机的切土原理与长螺旋钻孔机相同，但排土方法不一样。短螺旋钻孔机向下切削一段距离后，切削下的土体堆积在螺旋叶片上，由桩架卷扬机提升。当钻头提升到地面以上，整个桩架平台旋转一个角度，短螺旋钻孔机反向旋转，将螺旋叶片上的碎土甩到地面上。短螺旋钻孔机钻孔直径可达2m及以上。无论是钻孔直径，还是钻孔深度，短螺旋钻孔机都比长螺旋钻孔机大，使用范围更广。短螺旋钻孔机钻头直径与桩孔孔径一致，钻头一般设计成双头螺纹形，以提高效率。短螺旋钻孔机有两种转速，一种是转速较低的钻杆转速，另一种是转速高的甩土转速。对不同类别的土层宜选用不同形式的钻头。伸缩钻杆有2~5节，各钻杆之间用键连接。钻杆既可伸缩也可改变长度，还可传递扭矩，以保证钻头钻进的动力需要。

（2）机械洛阳铲成孔

机械洛阳铲是手动洛阳铲的电动化、机械化设备。机械洛阳铲由电机、变速箱、卷扬机、铲具、护筒、三脚架、机架、重锤和冲锤等构成。其中，铲具呈圆柱体，上半部为配重，下半部由左右两片合围成的圆筒形铲刃组成，之间由弹簧装置相连。机械洛阳铲一般由两人操作，一人操纵卷扬机，一人推小翻斗车运土。

机械洛阳铲成孔桩施工工艺流程为：准备工作→放线定位→设备就位→测量控制→洛阳铲成孔至设计标高→人工扩底→桩底验收→安放钢筋笼→浇筑混凝土→养护→检验。通过卷扬机控制铲刃微微张开，利用铲头自重下落切土并取土，再由中间轴往上提起，铲口自动合紧将土体抱紧。当提升到井口以上1m左右时，开合卷扬机离合器，使铲刃随之开合，即可将土卸落到手推车或翻斗车等机具上运走。

机械洛阳铲具有轻便灵活、搬运方便、拆装快捷的特点。它对施工场地要求不高，在施工中仅需长2.5m、宽1.0m左右的工作面。由于其造价低、运输成本少，即使是在工程量不大的小型工程中，亦可投入多台机械同时施工，能大大缩短工期。机械洛阳铲成孔工艺对场地工程地质条件要求较高，不容易穿透硬土层，不能穿透厚砂层。另外，由于机械洛阳铲成孔不能采取压灌成桩工艺，只适用于地下水位以上的成孔施工。如果场地存在软弱、易塌地层，则干成孔作业可能会引发缩径、坍孔事故，也不适宜用机械洛阳铲成孔工艺。

（3）旋挖钻机成孔

旋挖钻机主要构成部件包括：底盘、回转机构、主副卷扬机、变幅机构、桅杆、钻杆与钻头、动力头以及液压与电气系统。

旋挖钻机利用自身控制系统，在上车钻孔作业与下车移动行驶时进行互锁。其中，上车钻孔作业包括钻进与提钻工况。钻进时，动力头通过驱动液压马达，将动力头作用力传递给钻头，使钻杆转动。加压油缸通过动力头将压力传递给钻头，进行钻进作业。旋挖钻机钻孔时，钻杆的起降由主卷扬机通过钢丝绳控制。提钻时，主卷扬机通过钢丝绳，将钻具及土提升到地面，然后将转台转至卸土位置。不同钻具的抛土方式不同。短螺旋钻采用快速抛土或回转急停，通过撞击动力头的下挡板，使回转斗底盖开启。然后，采用与短螺旋钻头相同的抛土方式。下车移动时，通过马达驱动减速机，实现底盘行走、转向、制动。整机移动运输时，通过变幅油缸，将桅杆放至水平位置，折叠桅杆下节和鹅头。

旋挖钻机功能组合多，钻进方式多，能一机多用；自动化程度高，机、电、液高度一体化；钻进速度快，成孔效率高；振动小，噪声小，环境污染小；土壤地质条件适应性好，使用范围广。

3. 钻孔灌注桩湿作业成孔施工

钻孔灌注桩湿作业成孔的主要方法有：冲击成孔、潜水电钻机成孔、工程地质回转钻机成孔及旋挖钻机成孔等。

（1）冲击成孔

采用冲孔桩机，利用带刃齿的冲锤自由下落的冲击力冲入土层，将冲碎的岩石、泥土挤入孔壁。部分碎渣利用泥浆循环清孔方式排出孔外。在孔内吊放钢筋笼，然后浇筑混凝土，形成冲击成孔灌注桩。冲击成孔灌注桩的成孔速度慢于旋挖钻孔灌注桩，但是冲击成孔灌注桩适用的范围更广。对于粉土、黏土、砂土、回填土、卵石以及风化岩层等各种地质条件，都可以进行正常施工，还可以穿透大孤石、夹层和旧基础。在孤石、夹层以及中微风化岩的复杂地质条件下，为了保证施工进度和质量，一般采用冲击成孔灌注桩。

（2）潜水电钻机成孔

潜水电钻体积小、重量轻，机器结构轻便简单、机动灵活、成孔速度较快。潜水电钻机钻杆固定在机身上，钻机靠钻头旋转钻进，机身振动小，垂直度控制较容易。该方法在地下水位较高的软硬土层以及砂土和黏土与淤泥风化页岩层成孔比较多见。

潜水电钻成孔施工方法，是将密封的电钻机安装至潜水电钻机构中，利用电钻机的变速作用，对岩层进行破削。此时，可采用泥浆泵在钻头底部喷射泥浆，将破碎土层颗粒与之混合，从孔底溢出到孔口。也可通过空气吸泥机和砂石泵排出泥渣。钻进过程中循环往复，不断排出泥渣，最终达到理想的桩孔深度。

（3）回转钻机成孔

根据排渣方式不同，回转钻机分为正循环钻机和反循环钻机。反循环钻机又分为泵吸式、气举式和孔底泵送式钻机。素土层、黏土层和砂土层中常采用正循环钻机。在卵石层、砂卵石夹层、岩石层中施工时，常采用反循环钻机。不同地层需采用不同形式的钻头。例如在钻进坚硬岩石层时，需配置滚刀钻头和牙轮钻头。

回转钻机在液压泵站的驱动下，利用楔形夹紧系统，在回转套管的同时，对其施加向下的压力，利用套管钻头的高强刀齿，对土体进行切割，并将套管压入地下。与此同时，利用捞砂钻斗将管内钻渣取出。回转钻孔灌注桩成孔流程如下：首先，全回转钻机对准桩位中心，回转驱动套管的同时下压套管，将套管钻入地层；然后，沿套管内壁释放冲抓斗至孔底，冲抓取土，一边在套管内冲抓取土，一边钻进套管；再后，利用冲锤在套管内冲击破碎孤石，随套管的持续钻进，将套管外的孤石挤入孔壁，并利用抓斗将套管内被冲碎的孤石捞出，边冲抓边钻进套管，直至将套管钻至设计桩深；最后，清理孔底沉渣，完成成孔作业。

回转钻机具有应用范围广、设备性能可靠、钻进效率高、护壁效果好、成孔质量高、施工无振动、无噪声，机具操作方便、造价低等优点；广泛适用于松散土层、砂土层、砂砾层、软硬岩层等多种地质条件。在复杂地层中，该工法成孔效率较低，施工现场用水量大、泥浆排放量大，扩孔率较难控制；在坚硬地层中进度缓慢、施工成本会直线上升。

4. 冲孔灌注桩施工技术

冲孔灌注桩施工工序：测量放线→挖设泥浆坑→预挖孔口→冲机就位→冲孔→清孔→安放钢筋笼→下导管→清孔→灌注混凝土→成桩→泥浆外运及移机。

冲孔灌注桩成孔时，依靠钻头自重上下反复冲击孔底，将硬质土或岩层冲击破碎。一部分破碎后的碎渣和泥浆被挤入孔壁中，另一部分通过泥浆循环排出。施工过程中通过泥浆压力来保证孔壁的稳定。冲孔桩的桩端和桩侧土被挤压密实，承载力较高。在场地非桩位区域设置泥浆池，存放护壁用泥浆及灌注混凝土排除的泥浆。泥浆尽量循环利用，避免产生过多泥浆，多余泥浆需及时清除运出场外。灌注桩施工完成后，清除泥浆池内泥浆，采用级配砂石分层回填压实。桩孔到达设计深度后，将冲头提升100~150mm，用换浆法进行第一次清孔；在灌注混凝土前用灌注导管进行第二次清孔，确保孔底沉渣不超过50mm。下放钢筋笼应安放到位，钢筋笼外周隔一定距离设混凝土垫块，以确保钢筋保护层厚度符合设计要求。

冲孔灌注桩可广泛适用于填土层、黏土层、粉土层、淤泥层、砂土层、碎石土层、砾卵石层、岩溶发育岩层或裂隙发育的地层施工，但其造价较高，成孔速度较慢。

5. 沉管灌注桩施工技术

沉管灌注桩是指采用沉管打桩机将钢管沉入地下，然后边灌注混凝土、边振动或锤击拔出钢管，形成的灌注桩。沉管灌注桩具有设备简单、施工方便、易于操作、造价低、无泥浆污染、施工速度快、工期短和地层适应性强等优点。其缺点包括：振动较大、噪声较高；承载力偏差较大；遇淤泥层或硬土砂层时沉桩困难。

6. 旋挖桩施工技术

旋挖桩机在设备重量、油缸压力和动力扭矩的共同作用下，以钻头回转破碎岩土，将土渣装进桶式钻头，利用卷扬提升设备和伸缩式钻杆提升渣土，直至达到设计深度。旋挖桩施工流程为：平整场地→桩位放样→钻机就位→钻孔及泥浆注入→成孔检查→清理钻孔→钢筋笼吊放→二次清理钻孔→安装混凝土导管→水下混凝土浇筑→成桩→拔出导管→装机移位。施工控制要点包括：桩位放样、护筒埋设、制备泥浆、钻孔、成孔检查、清孔处理和钢筋笼制作等。旋挖钻机成孔技术自动化程度较高，其成孔速度比传统成孔工艺要快。

7. 长螺旋压灌桩施工技术

长螺旋压灌桩施工需要原状取土钻机、混凝土输送泵、吊车、振动锤、挖机和电焊机等机械设备。原状取土钻机可选用液压步履式或履带式开行，钢护筒和钻杆通过双动力驱动。采用大刚度钻塔确保成桩的垂直度，钻塔高度需大于成桩长度。钻头和钻杆上分布螺旋叶片，渣土由螺旋叶片提升带出钻孔。长螺旋压灌桩钻机穿透力强，施工效率高，施工质量稳定，施工期间噪声小、无振动，没有泥浆污染，利于绿色文明施工。在砂质土层和较硬土层沉桩时，容易发生塌孔或缩颈，施工应选择大功率钻机，控制提钻速度和混凝土坍落度，确保成桩质量。

5.3.6 围护结构施工防护

（1）宜采用间隔成桩的施工顺序；应在混凝土终凝后，再进行相邻桩的成孔施工。

（2）在易坍塌的软弱土层中，采用冲（钻）孔灌注桩时宜注意改善泥浆性能，采用人工挖孔桩时，宜采取减小每节挖孔和护壁的长度、加固孔壁等措施。

（3）支护桩成孔过程中出现流沙、涌泥、塌孔、缩径等异常情况时，应暂停成孔，并及时采取针对性的措施进行处理，防止继续塌孔。

（4）当成孔过程中遇到不明障碍物时，应查明其性质，在不会危害邻近既有建（构）筑物和地下管线的情况下，采取措施排除障碍物后可继续施工。

（5）当排桩外侧未设置截水帷幕时，为避免桩间土坍落，排桩的桩间土需采取防护措施（图5-7）。排桩的桩间土防护措施通常是在基坑分层开挖排桩暴露后，在排桩的坑内侧挂网喷射混凝土面层，混凝土面层需与排桩可靠连接形成整体，以起到防护桩间水土流失的作用。

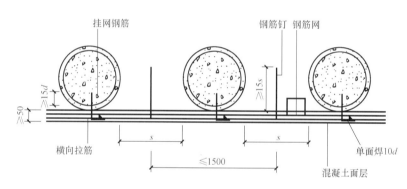

图5-7 排桩桩间土防护（单位：mm）

5.4 内支撑体系结构形式及构造要求

5.4.1 内支撑体系结构形式

内支撑体系是基坑内撑式支护结构的重要组成部分。一般由支撑杆件、冠梁、腰梁和中立柱等构件组成，是承受竖向围护结构所传递水土压力的结构体系。内支撑体系与竖向围护结构共同构成一个可靠的空间支护结构。基坑内支撑从材料组成和构件截面上可分为钢筋混凝土支撑、钢结构支撑和钢-混凝土组合支撑等形式。

1. 钢筋混凝土支撑

钢筋混凝土支撑是由钢筋混凝土支撑梁和围护体系上的冠梁或腰梁相组合，形成的钢筋混凝土平面框架支护体系。钢筋混凝土支撑可分为现浇式和装配式，以现浇式应用居多。多道内支撑系统中的首道支撑或者特殊部位，通常都是采用钢筋混凝土支撑。

现浇钢筋混凝土支撑施工方便，布置形式灵活，可根据基坑平面形状浇筑成任意形状，布置成不同形式的支撑体系。角撑、对撑、桁架、圆环形及其各种组合形式，可适用于各种平面形状、各种开挖深度、各种土层分布的基坑工程。长条形基坑工程中，可设置短边方向的对撑体系，两端设置水平角撑。当对基坑工程的变形控制要求较为严格，或者基坑面积较小、两个方向的平面尺寸大致相等时，或者基坑形状不规则，其他形式的支撑布置有较大难度时，宜采用相互正交的对撑布置方式；当基坑面积较大，平面形状不规则，在支撑平面中需要留设较大作业空间时，宜在角部设置角撑、长边设置沿短边方向的对撑，并结合边桁架的支撑体系；当基坑平面为规则的方形、圆形，或者基坑两个方向的平面尺寸大致相等时，可采用圆环形支撑；如果基坑两个方向平面尺寸相差较大，也可采用双半圆环支撑或者多圆环支撑；当采用环形支撑时，环梁宜采用圆形、椭圆形等封闭曲线形式，并布设辐射支撑。

钢筋混凝土支撑整体性好、刚度大、变形小。支撑刚度可通过构件截面尺寸及布置形式调整，有利于控制围护结构变形，可避免由于节点松动造成的基坑位移。由于其承载力大，支撑间距可设计得较远，便于机械开挖。其缺点是自重大，不能重复使用，不经济；用后须拆除，有时需要爆破拆除，对周围环境产生一定影响；混凝土支撑的浇筑和养护时间较长，施工周期长；若组织不当容易产生时间效应，对基坑变形控制不利。

装配式钢筋混凝土支撑克服了现浇钢筋混凝土施工周期长、拆除困难、费用高，以及钢支撑的刚度不足等缺点，该体系刚度大，安装、拆除简便，施工速度快，可完全回收再利用，经济性高。

2. 钢支撑体系

钢支撑体系是由水平型钢支撑、型钢立柱以及钢腰梁组成的基坑内支撑结构体系，用以承受围护墙体所传递的荷载，对保持基坑稳定、防止土体松动、防止围护结构倾斜、移位以及对周边环境的保护等都起着重要作用。钢支撑体系宜采用十字或井字正交型、对撑、角撑等平面简洁、受力明确的布置形式；尽量采用标准装配式的节点，避免出现复杂节点形式，减少现场的焊接工作量；在满足承载力要求的前提下，可通过加大围檩刚度和强度，尽量加大支撑平面净间距，便于土方开挖。

常见的基坑钢支撑体系有型钢支撑和钢管支撑两种。钢管多用 $\phi600mm$、$\phi609mm$ 和 $\phi800mm$ 钢管，钢管支撑为中心对称截面，在压力作用下平面内外稳定性一致，因而应用最为广泛。型钢支撑多采用H型钢或组合型钢。钢支撑体系常用的平面布置形式有对撑、角撑、边桁架、边框架和圆拱形支撑等。一般情况下对于平面形状接近方形且尺寸不大的基坑，宜采用角撑；对于平面形状接近方形但尺寸较大的基坑，宜采用环形、边桁架支撑；对于长方形基坑，宜采用对撑或对撑加角撑。钢管支撑的接头形式有焊接和螺栓连接2种，螺栓连接现场拼装便捷、无焊接残余应力问题，因而在实际应用中较为常见。为克服钢支撑刚度小的缺点，将钢支撑与液压千斤顶配合使用，对钢支撑施加可调节的轴向压力，可提高钢支撑的支护刚度。

与钢筋混凝土支撑相比，钢支撑体系具有如下优点：自重轻、安装和拆除方便；施工速度快、可以重复利用；安装后能立即发挥支撑作用，对减小由于时间效应而产生的支护结构位移十分有效；可通过千斤顶施加预压力，实时监控并调节支撑力。但是钢支撑的节点构造和安装相比混凝土支撑复杂，如处理不当，会由于节点的变形或节点传力不明确，引起基坑过大的位移，因此提高节点的整体性和施工技术水平至关重要。

3. 装配式预应力鱼腹梁内支撑

装配式预应力鱼腹梁内支撑是从国外引进的一项用于地下空间开发的绿色深基坑支护技术。该支撑系统主要由鱼腹梁结构、对撑结构、角撑结构、连系杆、三角形节点和立柱等组成，是一个完整的空间支撑系统。其中，鱼腹梁结构由围檩、腹杆和预应力钢绞线组成。在三角键处对钢绞线进行锚固，并对钢绞线施加预应力。预应力通过腹杆传到围檩上，使鱼腹梁结构受到向基坑外的作用力。在预加力作用下，基坑将向外产生预先变形。基坑开挖后，基坑外水土压力将会被预加力减小甚至抵消，减小基坑开挖过程中的变形发展。

装配式预应力鱼腹梁内支撑的所有钢构件均在工厂定制生产，施工时在现场拼装连接，无论安装还是拆除都非常方便。整个现场架设过程只需人工作业，无需大型机械。施工仅需很小的作业面，在工期紧张的时候，可通过增加工人的方式加快速度，灵活性较高。相较于混凝土支撑，无需养护时间，可快速完成支护结构施工，大大缩减工程工期。此外，鱼腹梁式支撑系统无需布置大量的对撑、角撑，可提供较大的施工空间，方便基坑内土方开挖，同样可缩短施工工期。

4. 支撑中立柱

内支撑系统中的竖向支承一般由中立柱和立柱桩一体化施工构成，其主要功能是作为内支撑的竖向承重结构，保证内支撑的纵向稳定，加强内支撑体系的空间刚度。中立柱需要承受较大的荷载，必须具备足够的强度和刚度，其具体形式是多样的。根据支承荷载的大小，中立柱一般可采用角钢格构式钢柱、H型钢、钢管、钢管混凝土等。立柱桩多为灌注桩，也可采用钢管混凝土桩或三轴搅拌桩。支撑中立柱的选型和布置应遵循以下几条原则：立柱的间距应根据支撑构件的稳定和竖向荷载的大小确定，但应不大于15m；立柱应设置在纵横向支撑的交点处或桁架式支撑的节点处，并避开主体工程梁、柱及承重墙的位置；埋入底板中的立柱应选用型钢组合的钢构柱，且应在立柱下部底板处焊钢板止水片；支撑立柱既要考虑承受竖向重力荷载，又要考虑基坑开挖后坑底土层的反弹，即立柱下端应深入坑底一定长度；立柱下端深入坑底部分尽量利用工程桩，以节约基坑的支护费用。

（1）钻孔灌注桩中立柱

当基坑平面尺寸大、开挖深度深或有工程桩为钻孔灌注桩，则应优先选用钻孔灌注桩与其上的钢构柱作为支撑立柱。钢构柱由四根角钢组成，由四面的缀板组成整体。钢构柱应插入钻孔灌注桩2m以上，且应和桩的主筋焊接。钻孔灌注桩直径应不小于0.8m。施工中须控制钢构柱的平面位置，防止发生偏斜位移或扭转。钢构柱随同立柱桩钢筋笼沉入桩孔中，被地表土淹没，需在钢构柱的四根角钢中各焊接一根钢管，使之露出自然地面，控制钢构柱的平面位置。

（2）预应力管桩中立柱

当工程桩为预应力管桩时，为了节省基坑工程支护造价，可将支撑中立柱支承于预应力管桩上。由于管桩内径偏小，钢构柱难以插入固定，可将钢构柱焊于管桩顶的钢帽箍上，并用角钢在管桩顶加固焊接。施工中，先将预应力管桩沉入自然地面，然后将预制好的钢构柱通过角钢焊于管桩顶，再在钢构柱顶垫上钢帽，通过静压法沉至设计标高。若用锤击法沉桩，应通过钢构柱的缀板适当加固钢构柱。利用工程管桩作为立柱桩时，尚应验算其抗拔强度和抗裂度，一般适用于挖深6m以内的基坑工程。

（3）沉管灌注桩中立柱

当地下室、地下车库或其他地下建（构）筑物为单层时，基坑挖深不大，此时可采用简易钢构架作为水平支撑的立柱，钢立柱下的立柱桩采用沉管灌注桩。为保证钢立桩刚度，可在钢立柱下端接上两根沉管灌注桩。

5. 斜抛撑

斜抛撑一般采用H型钢或钢管。斜抛撑一端与桩顶冠梁或桩身腰梁连接，与竖向围护结构形成稳定传力机构。通过在主体结构上设置墩等构件与斜抛撑另一端连接，从而把内斜撑的轴力传至主体结构的底板或楼板上。斜抛撑按其施工工艺可以分为两类：第一类是先施工部分底板，然后再在底板上施工斜抛撑，并开挖剩余的土体；第二类是利用坑底加固桩或者垫层作支撑点，再在支撑点上施加斜抛撑，并开挖剩余的土体。利用暗墩作支撑点的斜抛撑传力路径为：基坑外土体→围护结构→钢斜撑→暗墩→坑底土体；支撑桩加承台的斜抛撑传力路径为：基坑外土体→围护结构→斜抛撑→基坑底部的承台→基坑底部的土体和支撑桩。两种方式均可实现基坑侧壁水平土压力与基坑底部土体反力相平衡，不仅能够减小围护结构向基坑内的水平位移，对于基坑底部土体的隆起也有一定的抑制作用。

斜抛撑应对称、均衡布置，否则会对主体结构产生不均衡的侧向推力。斜抛撑须与土方的开挖及主体地下结构的施工紧密结合。要求采用盆式开挖方案，即中部先行开挖至设计标高，基坑周边预留一定宽度的土台，保证竖向围护结构的内力、变形及稳定要求。主体地下结构的施工亦根据设计要求，在预留土台的边界处留设后浇带，先行施工基坑中间部位的主体结构。

斜抛撑布置灵活，可以不受用地红线、基坑周围建（构）筑物的影响限制。另外，与水平内支撑体系相比，斜抛撑支护体系方便土方开挖，可以加快施工进度，缩短工期，并且造价低，具有明显的经济效益。

6. 钢—混凝土组合支撑体系

钢—混凝土组合支撑体系即在同一段基坑支护中同时采用了钢支撑和钢筋混凝土支撑两种支撑类型的组合体系，能充分利用钢支撑和钢筋混凝土支撑各自的优点。两种支撑组合的形式可以是多样的，比如首道水平支撑采用环形钢筋混凝土支撑，其余几道水平支撑采用钢支撑；环形支撑单独选取钢筋混凝土支撑，其他道支撑为钢支撑；支撑杆件使用钢支撑，节点区域使用现浇混凝土连接节点等。

相较于常规钢支撑，钢—混凝土组合支撑体系解决了支撑轴力和变形过大的问题，只是从施工工期上，增加了一部分混凝土的养护时间，整体施工进度相差不明显。相较于传统的钢筋混凝土支撑，钢—混凝土组合支撑体系的使用，在保证安全的基础上，降低了支撑体系的工程造价，缩短了整个基坑的施工工期，减少了钢筋混凝土的破除工作，部分支撑可回收，环保性能强。

7. 环板支撑体系

对于周边环境要求高、施工场地布置困难、地质条件复杂的宽大深基坑可采用环板支撑体系。该方法一般与逆作法结合使用，它综合明挖法和盖挖法的特点，充分利用自身结构板（梁）作为支撑结构，整体刚度大，对周边变形控制好。一般情况无需临时支撑，竖向受力构件可采用永临结合设置，工程废弃量小。同时在满足受力要求的前提下，根据施工需要可在各层结构板上合理设置孔洞位置及开孔面积，出土效率较常规盖挖有较大提高。

5.4.2 内支撑体系空间布置

1. 内支撑平面布置

内支撑体系的平面布置形式，随基坑的平面形状、尺寸、开挖深度、周围环境保护要求、地下结构的布置、土方开挖顺序和方法等而定，常用形式有井字形撑、角撑、对撑、圆环撑和桁架撑，也可两种或三种形式混合使用，可因地、因工程制宜地选用最合适的支撑平面布置形式。

平面上每一道内支撑都必须是稳定的结构体系，有可靠的连接，能满足承载力、变形、稳定性的要求。内支撑平面布置一般要求：每道内支撑都应在平面内形成一个整体，确保相邻支撑杆件水平间距满足对支撑系统整体变形和支撑构件承载力的要求，满足土方工程的施工要求；上、下各层水平支撑的轴线应尽量布置在同一竖向平面内，以便于基坑土方的开挖，同时保证各层水平支撑共用竖向中立柱支承系统。支撑的平面位置应有利于主体工程桩作为支撑立柱桩；支撑轴线应尽量避开主体工程的柱、墙网轴线，避免出现整根支撑位于结构剪力墙之上的情况；水平支撑端部应连接于与竖向围护结构相连接的冠梁和腰梁上；当需要采用相邻水平间距较大的支撑时，宜在支撑端部两侧设置八字杆与冠梁、腰梁连接，八字撑宜在支撑两侧对称布置，当主撑两侧的八字撑需要不对称布置且其轴向力相差较大时，可在受力较大的斜撑与相邻主撑之间设置水平连系支撑杆。

2. 内支撑竖向布置

（1）各道支撑之间的净高和支撑与坑底之间的净距，应尽可能便于开挖机械的操作施工，不宜小于3m；当有土石方水平运输车辆的通行要求时，各道支撑之间的净高不宜小于4m。

（2）支撑在竖向标高上应避开底板及楼板结构的位置，任何一道支撑底面与下一层楼板面之间净距不宜小于700mm，对于钢结构还应满足节点板的加工预制及安装的施工要求。

（3）首道水平支撑的布置宜尽量与围护墙结构的冠梁相结合，并尽量降低首道支撑标高。最下道支撑的布置在不影响主体结构施工和土方开挖条件下，宜尽量降低。

5.4.3 内支撑体系构造要求

1. 钢筋混凝土支撑构造要求

随着挖土的加深，按钢筋混凝土支撑设计规定的位置，现场支模浇筑支撑，截面经计算确定，冠（腰）梁和支撑截面尺寸常用600mm×800mm、800mm×1000mm、800mm×1200mm和1000mm×1200mm。钢筋混凝土支撑的混凝土强度等级不应低于C25；支撑构件的截面高度不宜小于其竖向平面内计算长度的1/20；腰梁的截面高度不宜小于其水平方向计算跨度的1/20，截面宽度不应小于支撑的截面高度。支撑构件的纵向钢筋直径不宜小于16mm，沿截面周边的间距不宜大于200mm；箍筋的直径不宜小于8mm，间距不宜大于250mm。支撑结构节点处应进行加腋处理，以增强支撑平面内刚度，改善交点处应力集中的状态。节点处最外层钢筋的保护层厚度不应小于25mm。对于节点处梁的受力纵筋，应尽量拉通或者采用机械套筒进行连接，钢筋角度相差过大或者直径相差超过两级时，应进行锚固搭接，梁纵筋锚固长度≥35d。对于平面尺寸较大的基坑，在支撑交叉点处设支柱，以支承平面支撑。

2. 钢支撑体系构造要求

钢支撑截面可采用H型钢、钢管、工字钢、槽钢或组合截面。一般均做成标准节段，长度为6m左右，安装时根据支撑长度再辅以非标准节段。非标准节段通常在工地切割加工。构件连接可采用焊接或高强度螺栓连接。纵横向支撑连接宜采用定型十字接头连接，将支撑布置在同一平面内，形成平面框架体系，其刚度大，受力性能好。当纵横向支撑采用重叠连接时，支撑结构的整体性较差。支撑端头应设置厚度不小于10mm的钢板作为封头端板，必要时，增设加劲肋板，肋板数量、尺寸应满足支撑端头局部稳定和传递支撑力的要求。为便于对钢支撑施加预压力，端部可做成"活络头"。

（1）截面构造要求

钢支撑可采用钢管、型钢、工字钢或槽钢及其组合构件。钢腰梁可采用型钢或型钢组合构件，其截面宽度不应小于300mm。在支撑、腰梁的节点或转角位置，型钢构件的翼缘和腹板均应焊接加劲肋，加劲肋的厚度不应小于10mm，焊脚尺寸不应小于6mm（图5-8、图5-9）。

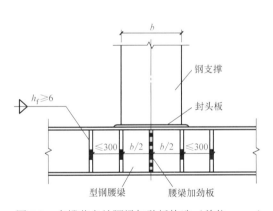

图5-8　支撑节点处腰梁加劲板构造（单位：mm）

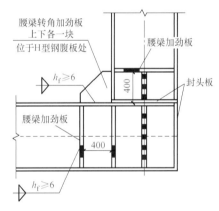

图5-9　腰梁转角处加劲板构造（单位：mm）

钢腰梁的现场拼接点位置应尽量设置在支撑点附近，并不应超过腰梁计算跨度的1/3。腰梁的分段预制长度不应小于支撑间距的2倍。钢腰梁与围护结构之间应留设宽度不小于60mm的水平向通长空隙，并用强度等级不低于C30的细石混凝土填实。当二者之间的缝宽较大时，为了防止所填充的混凝土脱落，缝内宜放置钢筋网。钢支撑与混凝土冠（腰）梁斜交时，在交点位置应设置牛腿来传递荷载（图5-10）。支撑长度方向的拼接宜采用高强度螺栓连接或焊接，拼接点强度不应低于构件的截面强度。构件在基坑内的接长，由于焊接条件差，焊缝质量不易保证，通常采用螺栓连接。螺栓连接施工方便，但整体性不如焊接，为减少节点变形，宜采用高强度螺栓。水平支撑的现场安装点应尽量设置在纵、横向支撑的交汇点附近。相邻横向水平支撑之间的纵向支撑安装点不宜多于两个。立柱与钢支撑之间应设置可靠钢托架进行连接，钢托架应有效约束支撑侧向及竖向位移。

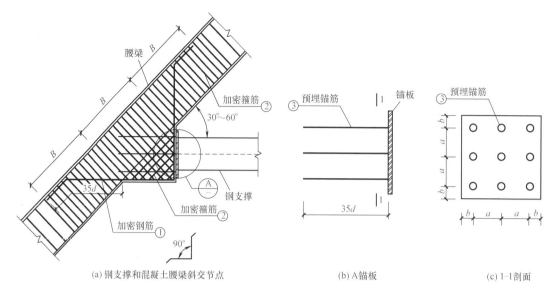

图 5-10   钢支撑与混凝土腰梁斜交处牛腿构造

钢支撑的预压力控制值宜为其设计轴力的 50%~80%。

（2）节点构造要求

纵、横向支撑应尽可能设置在同一标高上，当采用钢管支撑时，应采用定制的"十"字形接头或"井"字形接头进行连接（图 5-11）；当采用型钢支撑时，应在连接节点位置采用焊接或螺栓连接（图 5-12）。

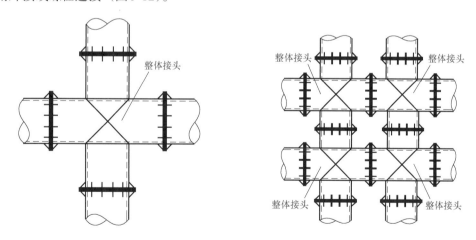

图 5-11   双向钢管支撑连接节点示意图

当支撑与腰梁斜交时，需在腰梁与围护结构之间设置剪力传递装置。对于地下连续墙，可通过预埋钢板并设置剪力块进行连接；对于钻孔灌注桩，可通过钢围檩焊接剪力块来连接（图 5-13）。

当围檩长度方向需传递十分巨大的水平力时，围护结构与围檩之间需设置抗剪件和剪力槽，抗剪件一般可采用预埋插筋，或者预埋钢板。开挖后焊接抗剪件，预留的剪力槽可间隔布置抗剪件。考虑预应力施加的需要，钢支撑的端部一般要设置楔形活络端或箱体活

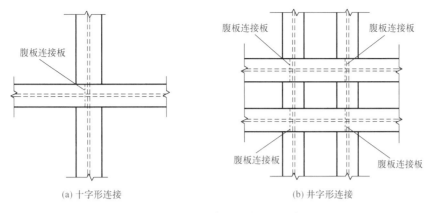

(a) 十字形连接   (b) 井字形连接

图5-12 双向型钢支撑连接节点示意图

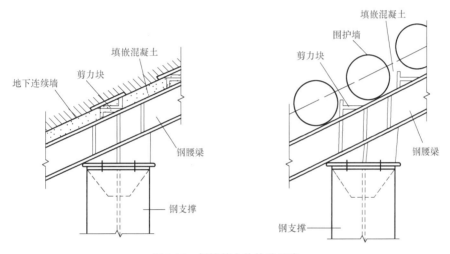

图5-13 斜撑剪力块构造示意

络端，还可以采用螺旋千斤顶等设备设置在支撑的中部，也可设置螺杆式或液压式专用预应力施加装置。

3. 中立柱构造要求

中立柱的具体形式多样，有角钢格构柱、H型钢柱、钢管柱或钢管混凝土柱等。中立柱基础为桩基础，一般采用灌注桩或者钢管桩，当条件许可时，可充分利用主体结构的工程桩（图5-14）。当无法利用工程桩时，应在合适位置加设临时立柱桩。

角钢格构柱（图5-15）由于构造简单、便于加工且承载能力较大，是应用最广的形式。角钢格构柱是采用4根Q235或Q345角钢和缀板或缀条拼接而成的格构柱。中立柱一般需要插入立柱桩顶以下3~4m，在梁板位置尽量避让结构梁板内的钢筋。格构立柱的截面尺寸一般为420~460mm的方形，并考虑立柱桩桩径和所穿越的结构梁等结构构件的尺寸。钢立柱拼接采用从上至下平行、对称分布的钢缀板，钢缀板宽度略小于钢立柱断面宽度，钢缀板的竖向位置要避开临时支撑。与各道支撑相交的位置需要设置抗剪件以传递竖向荷载。中立柱的接长要求等强度连接，并且连接构造应易于现场实施。随基坑开挖到坑底，钢立柱暴露出来之后，应及时复核钢立柱的水平偏差和竖向垂直度。当施工偏差严重时，应采取限制荷载、设置柱间支撑等措施确保钢立柱承载力满足要求。

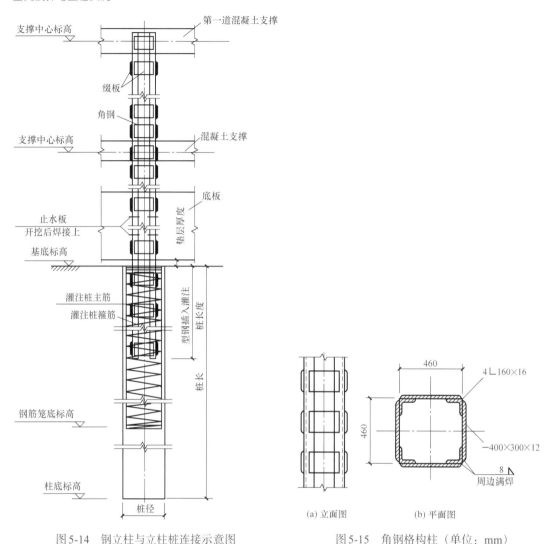

图 5-14　钢立柱与立柱桩连接示意图　　图 5-15　角钢格构柱（单位：mm）

4. 立柱桩的构造要求

常利用灌注桩作为立柱桩，将中立柱承担的竖向荷载传递给坑底，也有工程采用钢管桩作为中立柱的桩基础，但应用不广泛，不推荐采用各类预制桩作为立柱桩。立柱桩可以是专门加打的灌注桩，但在允许的条件下应尽可能利用主体结构的工程桩以降低工程造价，提高工程经济性。当立柱桩采用钻孔灌注桩时，浇筑混凝土时的泛浆高度，需在基坑开挖过程中逐步凿除。中立柱与钻孔灌注立柱桩间的节点连接，可通过桩身混凝土浇筑使中立柱底端锚固于灌注桩中（图 5-16）。实施过程中，在桩孔形成后应将桩身钢筋笼和钢立柱一起下放入桩孔。在调整钢立柱的位置和垂直度，使之满足设计要求后，浇筑桩身混凝土。施工中需采取有效的调控措施，保证立柱桩的准确定位和精确度。钢立柱插入立柱桩时，需要确保在插入范围内，灌注桩的钢筋笼内径要大于中立柱的外径或对角线长度。钢立柱与立柱桩钢筋笼之间一般不必再采用焊接等任何方式进行直接连接。

5. 中立柱节点构造要求

中立柱节点位置需设置足够数量的抗剪钢筋或抗剪栓钉。必要时，应在中立柱上设置

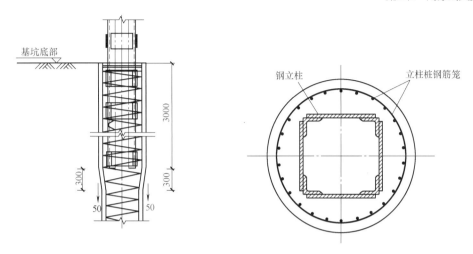

图5-16 钢立柱锚入钻孔灌注立柱桩构造图（单位：mm）

钢牛腿，或者在梁内钢牛腿上焊接抗剪能力较强的槽钢等构件。中立柱与底板相交位置应设置止水构件，采用在中立柱构件周边加焊止水钢板的形式。对于角钢拼接格构柱，在每根角钢的周边设置两块止水钢板，通过延长渗水途径的方式来止水；对于钢管混凝土立柱，需要在钢管与底板相交位置设置封闭的环形钢板，作为止水构件。

5.5 内支撑体系施工技术

内支撑体系施工应遵循下列基本原则：支撑的安装与拆除顺序，应同基坑支护结构的设计计算工况相一致；支撑的安装必须按"先支撑后开挖"的顺序施工；支撑的拆除，除首道支撑拆除后容许围护结构处于悬臂状态外，均应按"先换撑、后拆除"的顺序施工；土方开挖在竖向上应分层，平面上应分区；支撑随开挖进度分区安装，确保一个区段内的支撑形成整体；支撑安装应采用开槽架设。

当主体地下结构底板或楼板完成，并达到一定的设计强度时，在围护墙与主体结构之间设置可靠的传力构造，借助底板或楼板构件的强度和水平刚度，拆除相应部位的支撑。当不能利用主体结构换撑时，应先安装好换撑系统，才能拆下原来的支撑系统。

5.5.1 钢筋混凝土支撑施工技术

钢筋混凝土支撑的施工过程由多项分部工程组成。根据施工的先后顺序，一般可分为施工测量、钢筋工程、模板工程、混凝土工程和钢筋混凝土支撑拆除。

1. 施工测量

施工测量的工作主要有平面坐标系内轴线控制网的布设和场区高程控制网的布设。平面坐标系内轴线控制网，应按照"先整体、后局部""高精度控制低精度"的原则进行布设。施工过程中，定期复查控制网，确保测量精度，并以控制网为依据进行支撑构件定位放样。支撑的水平轴线偏差控制在30mm之内。场区高程控制网的布设，应根据城市规划部门提供的高程控制点，用精密水准仪进行闭合检查布设。支撑系统中心标高误差控制在30mm之内。

2. 钢筋工程

钢筋工程主要包括钢筋的进场及检验、钢筋的抽筋及加工、钢筋的连接和钢筋的质量检查等。主筋采用机械连接，接头在同一断面处数量不超过 50%，并错开不小于 35d。钢筋伸入支座的锚固长度不小于 40d，钢筋接头留置在结构受力较小位置或锚入支座。钢筋遇到中立柱时应尽量穿过去。

3. 模板工程

（1）安装模板前，先复查地基垫层标高及中心线位置，放出支撑边线，支撑模板面标高应符合设计要求。

（2）如果土质良好，支撑模板可以用土模，但开挖基坑和基槽尺寸必须准确，否则要做碎石或素混凝土填层。

（3）浇捣混凝土时，要注意防止模板向四面偏移，模板四周混凝土应均匀浇捣。

（4）矩形截面的支撑模板，由两侧的组合钢模板组成。支设时应拉通线，将侧板校正后，用斜撑顶牢。

4. 混凝土工程

（1）混凝土拌制

搅拌混凝土前，加水空转几分钟，将积水倒净，使搅拌筒充分润湿。搅拌第一盘时，考虑到筒壁上的砂浆损失，石子用量应按配合比规定减少。搅拌好的混凝土要做到基本卸尽，在全部混凝土卸出之前不能再投入拌合料，更不得采取边出料边进料的方法。严格控制水灰比和坍落度，未经试验人员同意不得随意加减用水量。严格掌握混凝土材料配合比，在搅拌机旁挂牌公布，便于检查。

从原料全部投入机筒，至混凝土拌合料开始卸出，所经历的时间称为搅拌时间。通过充分搅拌，应使混凝土的各种组成材料混合均匀。搅拌时间随搅拌机的类型及混凝土拌合物和易性的不同而异。在生产中，应根据混凝土拌合料要求的均匀性、混凝土强度增长的效果及生产效率几种因素，规定合适的搅拌时间。

雨季施工期间，要勤测粗细骨料的含水量，随时调整用水量和粗骨料的用量。夏季施工时，砂石材料尽可能加以遮盖，采用冷水淋晒，使其蒸发散热。冬季施工期间，要防止砂石材料表面冻结，一旦出现冻结现象应尽快清除冰块。

（2）混凝土浇筑

混凝土浇筑前，根据工程对象、结构特点，结合具体条件，研究制定混凝土浇筑的施工方案：检查所准备的搅拌机、运输车、料斗、串筒和振动器等机具设备是否运行正常；做施工计划时考虑机具发生故障时的修理时间；重要和易损设备需留有备用；浇筑前核查一次浇筑完毕或浇筑至施工缝前的工程材料是否足够，以免停工停料；保证水电及原材料的供应；掌握大气季节变化情况；检查模板的标高、位置与构件的截面尺寸是否与设计相符；构件的预拱度是否准确；所安装的支架是否稳定；支柱支撑和模板固定是否可靠；模板的紧密程度是否合格；钢筋与预埋件的规格、数量、安装位置及构件接点、连接焊缝是否与设计符合。

在地基上浇筑混凝土前、对地基应事先按设计标高和轴线进行校正，并应清除淤泥和杂物；同时注意排除开挖出来的水和开挖地点的流动水，以防止冲刷新浇筑混凝土。支撑混凝土浇筑前，应根据混凝土支撑顶面的标高在两侧模板上弹出标高线，如采用厚槽土模，应在模板两侧的土壁上交错打入长 10cm 左右的竹竿，并露出 2~3cm，竹竿面与支撑顶面标高平齐，竹竿间距约 3m。根据支撑深度宜分段分层连续浇筑混凝土，一般不留施工缝。各段层间相互衔接，每段层间浇筑长度控制在 2~3m 距离，做到逐段逐层呈阶梯形推进。

混凝土的浇筑应连续进行。如必须间歇，其间歇时间应尽可能缩短，并应在前层混凝土凝结之前，将下一层混凝土浇筑完毕。浇筑混凝土时，注意防止混凝土的分层离析。混凝土由料斗、漏斗内卸出浇筑时，其自由倾落高度一般不宜超过 2m；应经常观察模板、支架、钢筋、预埋件和预留孔洞的情况，当发现有变形或移位时，应立即停止浇筑，并在已浇筑好的混凝土硬化前修整完好。

（3）施工缝的设置

如果需要先浇筑冠梁或腰梁，再浇筑支撑，则应预先在适当位置设置施工缝，否则会引起质量事故，危及结构安全。

在已硬化的混凝土表面上继续浇筑混凝土前，应清除水泥薄膜表面上的砂石和软弱混凝土层。同时，还应加以凿毛，用水冲洗干净并充分湿润，再行浇筑前，清除残留在表面的积水。钢筋上的油污、水泥砂浆及浮锈等杂物也应清除。在施工缝附近回弯钢筋时，要保证钢筋周围的混凝土不会松动和损坏。从施工缝处开始继续浇筑时，要注意避免直接靠近缝边下料。机械振捣时，宜向施工缝处逐渐推进，加强对施工缝处混凝土的捣实工作，使两段紧密结合。

5. 钢筋混凝土支撑拆除

（1）人工拆除法

组织一定数量的工人，用大锤和风镐等机械设备，将钢筋混凝土支撑分割成段，进行破碎拆除。该方法的优点在于所需的机械和设备简单、技术要求低，容易组织，无飞石危害，振动强度低，卸载速度较慢，对围护结构的影响较小。其缺点是由于需人工操作，劳动强度大，施工效率低，工耗时间长，施工安全较差；施工时，锤击与风镐噪声大，粉尘较多，对周围环境有一定污染。

（2）膨胀剂拆除法

在支撑梁上，按孔网的设计位置钻孔眼，钻孔后灌入膨胀剂，数小时后利用其膨胀力，将混凝土胀裂，再用风镐将胀裂的混凝土清掉。其优点是施工方法简便，混凝土胀裂过程缓慢进行，无粉尘，噪声小，无飞石；其缺点是膨胀剂膨胀产生的胀力控制难度大，一旦小于钢筋拉应力，可使混凝土胀裂，但拉不断钢筋，要进一步破碎，仍需人工风镐施工。

（3）爆破拆除法

在支撑梁上按设计孔网尺寸预留炮眼，装入炸药和雷管，起爆后将支撑梁拆除。在钢筋混凝土支撑的爆破拆除工程中，炮孔位置主要依据钢筋混凝土支撑的形状、尺寸、结构特征和爆破要求等因素而定。一般采用垂直钻孔，在施工条件受限制时，亦可布设倾斜孔或水平孔。炮孔可沿支撑梁的全长呈单排或多排均匀布置，亦可呈梅花形布置。起爆系统一般分为电起爆系统和非电起爆系统两类。

爆破拆除施工进度快，爆破前准备工作基本在无噪声、无污染中完成，对周围环境影响周期较短。爆破混凝土破碎均匀，利于钢筋和混凝土的清除。但其安全风险大，技术要求高，飞石控制难度大，冲击波、振动危害大；火工品运输、储存成本高，风险大，费用较高。爆破拆除法适用于支撑拆除工程量大、工期紧张的基坑工程。

为保障内支撑爆破拆除安全，需要控制爆破粉尘、爆破飞石、爆破噪声等有害效应，而其中以爆破粉尘和爆破飞石最为重要。爆破粉尘主要来自三个方面：一是炸药爆炸残余的粉尘颗粒，二是炸药爆炸对介质冲击粉碎和高温高压气体吹拂扬尘作用，三是爆炸物塌落拍击地面激起地面尘土。在城市内爆破拆除混凝土支撑，产生的烟尘污染环境，影响居民的身体健康，必须加以控制。控制爆破粉尘的措施包括采用水炮泥堵孔、爆破前喷雾洒水等。

为了提高支撑爆破拆除的可靠性，一般炸药单耗选择都比较大，产生飞石的可能性较大，而一般工程周围建（构）筑物密集、人员活动频繁、车辆较多，爆破飞石的控制显得更为重要。对爆破飞石控制的理想程度，往往是衡量爆破拆除施工是否成功的一个重要指标。对爆破拆除飞石的控制，主要采取被动防护为主、主动控制相结合的安全防护措施。主动控制措施包括：调整爆破参数来控制飞石产生；合理选定飞石方向，避开被保护对象；确保填塞质量等。被动防护以炮孔覆盖应用最多。支撑爆破拆除的炮孔覆盖一般选用竹笆、夹板草帘和胶布作为防护材料。

（4）液压钳破碎法

较为常用的液压破碎钳主要有两种，一种是手持液压钳，另一种是机载液压钳，为了使拆除变得行之有效，应结合拆除工程中混凝土结构构件特点，科学合理地选择液压破碎钳，从而高效完成拆除工程。电动机驱动是手持液压钳较为常用的驱动系统。机载液压钳则是被安装在挖掘机的大臂上，并由挖掘机的发动机提供动能，在液压油缸受发动机驱动后，产生闭合力，对钢筋混凝土支撑造成破碎、剪切效果，从而达到拆除钢筋混凝土支撑的目的。液压钳破碎法虽然工作效率高、操作灵活、可以切割并剥除钢筋，但存在液压钳开口不稳定、施工场地负载以及液压系统压力等多方面的限制，难以在较大截面的钢筋混凝土支撑拆除中发挥优势效果。

（5）链式切割法

传动定位滑轮、具有金刚石锯齿的钢绳和大功率液压泵站是链式切割机的主要构成部分。链式切割法具有施工尺寸精准、切口平直、不破坏原有结构、噪声低、安全、绿色环保、切割拆除后无需修补、施工速度快等优势，且并不会受到支撑或桩的尺寸、性状等客观因素的阻碍。对于需要在施行拆除后仍保持原有钢筋混凝土支撑结构的工程中，链式切割法是首选支撑拆除施工方法。

（6）液压分裂法

液压分裂机作为当今钢筋混凝土支撑拆除技术中较为先进的施工设备，具有五点优势：第一，液压分裂机只需单人操作、使用寿命长、日常养护便捷。第二，液压分裂机可对裂缝的形状、尺寸及开裂方向做出科学、精准的预判，有极高的精准性。第三，液压分裂机的经济效益较好。液压分裂机可在数秒内完成对支撑的拆除工作，并不需要在施工前期采取任何拆除工程防护措施，或加设隔离带等工程准备工作，因此并不需要为较多的材料投入或为拆除投入过多的准备工作，同时，因液压分裂机自身具有使用寿命长、日常维护便捷的优势，使得该设备具有较强的经济性。此外，该设备还可以进行持续无间断的拆除作业，在很大程度上提高了工作效率。第四，具有环保优势。液压分裂机具有能耗低、噪声小、粉尘少以及产生的拆除废料少等特点，因此对钢筋混凝土支撑拆除施工地周边环境、交通、居民区等客观因素的影响较小，并可持续在低噪声、无干扰、洁净的情况下进行拆除工作，就算是在室内进行拆除，也可以体现其环保性能。第五，安全性能极高。由于液压分裂机在静态液压环境下进行拆除工作，且仅需单人便可完成，因此并不需要像传统拆除方式那样启用较多工人，故不会导致在冲击性拆除下造成多名工人人身伤亡的现象，可见液压分裂机的安全系数极高。

5.5.2　钢支撑体系施工技术

1. 钢支撑形式

常用的钢支撑形式主要有钢管支撑和 H 型钢支撑，也有采用型钢组合成格构式截面。其优点是单根支撑承载力较大，安装、拆除周期较短，无需养护期，钢管可回收；其缺点是支撑体系的整体性较差，安装与连接施工要求高，现场拼装尺寸不易精确，施工质量难以保证。H 型钢节点处理较灵活，可用螺栓连接，现场装配简单，在支撑杆件上安装检测仪器也较方便。

钢支撑一般均做成标准节段，在安装时根据支撑长度再辅以非标准节段。非标准节段通常在工地上切割加工。标准节段长度为 6m 左右，节段间连接多为法兰（钢板）高强度螺栓连接，也有采用焊接方式。螺栓连接施工方便，特别是坑内的拼装，但整体性不如焊接，为减小节点变形，宜采用高强度螺栓。

钢支撑可适用于各种不同的支护墙体，如钢板桩、预制混凝土板桩、灌注桩和地下连续墙等。围檩也可采用钢结构或钢筋混凝土结构。常用的钢围檩截面宽度不小于 300mm。

2. 安装工艺流程

（1）根据支撑布置图在围护结构上定出围檩轴线位置。

（2）根据设计要求，在围护结构内侧弹出围檩轴线标高基准线。

（3）按围檩轴线及标高，在围护结构上设置围檩托架或吊杆。

（4）安装围檩。

（5）根据围檩标高在基坑立柱上焊支撑托架。

（6）安装短向（横向）水平支撑。

（7）安装长向（纵向）水平支撑。

（8）对支撑预加压力。

（9）在纵、横支撑交叉处及支撑与立柱相交处，用夹具或电焊固定。

（10）在基坑周边围檩与围护结构间的空隙处，用混凝土填充。

3. 施工要点

（1）支撑端头应设置厚度不小于 10mm 的钢板作封头端板，端板与支撑杆件满焊，焊缝高度及长度应能承受全部支撑力或与支撑等强度，必要时，增设加劲肋板，肋板数量、尺寸应满足支撑端头局部稳定要求和传递支撑力的要求。

（2）为便于对钢支撑预加压力，端部可做成"活络头"，活络头应考虑液压千斤顶的安装及千斤顶顶压后钢楔的施工。

（3）钢支撑轴线与围檩轴线不垂直时，应在围檩上设置预埋件或采取其他构造措施以承受支撑与围檩间的剪力。

（4）水平纵横向的钢支撑应尽可能设置同一标高上，宜采用定型的十字接头连接，这种连接整体性好，节点可靠。采用重叠连接，虽然施工安装方便，但支撑结构的整体性较差，应尽量避免采用。

（5）纵横向水平支撑采用重叠连接时，相应的围檩在基坑转角处不在同一平面内相交，也需采用叠交连接，此时，应在围檩的端部采取加强的构造措施，防止围檩的端部产生悬臂受力状态。

（6）立柱设置。立柱间距应根据支撑的稳定及竖向荷载大小确定，但一般不大于15m，立柱穿过基础底板时应采用止水构造措施。

（7）钢支撑预加压力。对钢支撑预加压力是钢支撑施工中很重要的措施之一，它可大大减少围护结构的侧向位移，并可使支撑受力均匀。施加预应力的方法有两种：一种是用千斤顶在围檩与支撑的交接处加压，在缝隙处塞进钢楔锚固，然后就撤去千斤顶；另一种是用特制的千斤顶作为支撑的一个部件，安装在支撑上，预加压力后留在支撑上，待挖土结束、支撑拆除前卸荷。

4. 预应力施加

钢支撑预加压力的施工应符合下列要求：

（1）千斤顶必须有计量装置。施加预压力的机具设备及仪表应由专人使用和管理，并定期维护校验，正常情况下每半年校验一次，使用中发现有异常现象应重新校验。

（2）支撑安装完毕后，应及时检查各节点的连接状况。经确认符合要求后方可施加预压力，预压力的施加宜在支撑的两端同步对称进行。

（3）预压力应分级施加，重复进行，加至设计值时，应再次检查各连接点的情况，必要时应对节点进行加固，待额定压力稳定后予以锁定。预压力宜控制在支撑力设计值的50%~80%。如超过80%，应防止支护结构的外倾、损坏及对坑外环境的影响。

5.5.3 预应力鱼腹梁内支撑施工技术

1. 施工工艺原理

预应力鱼腹梁内支撑主要由预应力鱼腹梁、对撑、角撑、连接件等部件组成，在施工现场首先用螺栓连接全预制标准钢构件以形成主要部件，同时对不同部件的位置进行校正，然后利用连接件将不同部件连接并拼装成型，最后给主要构件施加预应力形成封闭的内支撑体系。

在基坑外由于水压力和土压力影响下，预应力鱼腹梁内支撑中的围檩将会产生向基坑内方向的水平位移，为了使预应力鱼腹梁组合式钢支撑中的杆件产生较大的反弯矩，降低鱼腹梁弯曲变形量，可充分利用施加在鱼腹梁上的钢绞线预应力。对于预应力鱼腹梁内可能存在抗弯刚度，则通过利用专用结点将角撑或对撑梁与预应力鱼腹梁可靠地固定，使之形成一个整体，如此便形成了预应力鱼腹梁内支撑支护系统。与常规的钢筋混凝土支撑或者钢支撑体系相比，预应力鱼腹梁内支撑支护体系中的各个受力和传力型钢，均可通过钢绞线施加预应力，从而能够确保基坑周边土层水平位移和竖向位移的变化在可控范围内，进而控制周边建（构）筑物的变形，满足其安全及正常使用要求。此外，由于主受力型钢和传力构件形成的整体支护体系所占空间大大减少，可为地下主体工程施工提供更大的工作空间。

2. 施工关键工序

预应力鱼腹梁内支撑施工的关键工序包括：立柱桩施工→定安装标高→焊接牛腿角钢→设置安装基准点→围檩安放、固定→托座安装→角撑预拼、安装→鱼腹梁组装→传力件布置、焊接→钢绞线、千斤顶预应力施加→支撑系统变形监测→垫层及地下主体结构、换撑施工→分层拆除回收鱼腹梁组合式钢支撑。

（1）立柱桩及立柱施工

根据现场放样及复核的桩位，立柱桩施工结束后，使用吊车和振动锤插入立柱至设计标高，送桩时严格控制桩顶标高。为了加强内支撑的整体稳定性，立柱施工完成后可在两根或多根立柱之间加做剪刀撑。

（2）预应力鱼腹梁支撑架设与土方开挖的工序配合

基坑土方开挖时须严格按施工方案开挖。严格遵守"分层分块、开槽支撑、先撑后挖、严禁超挖"的总体原则。开挖工程中，做好排水措施，保证基坑内无积水。土方开挖到预应力鱼腹梁内支撑工作面，立即开始安装预应力鱼腹梁内支撑，并经验收合格后，方可进行下一层土方的开挖。

（3）牛腿施工

根据设计图纸，严格控制支护桩上牛腿的位置与标高，保证在安装时产生的误差在规范要求范围内，并保证基坑四周型钢围檩中心线在同一个标高平面上。牛腿焊接前，须凿除支护桩上的混凝土，直至露出支护桩的主钢筋，并将焊接范围内的铁锈、油污、混凝土残留物等杂物清理干净。焊好的钢牛腿须通过焊缝无损检测，保证其和支护桩的连接牢固可靠。

（4）围檩安装

安装围檩前应先检查围檩的形状、尺寸、焊缝质量，遵循"最少接头"的原则，优先使用标准节的构件和较长构件以控制接头数。采用挖掘机吊装、人工配合的方式将钢围檩安放于牛腿支架上。吊装过程中，如果挖掘机或者钢围檩碰撞钢牛腿，导致钢牛腿松动，应采取补焊的方式进行加固。钢围檩相互连接或者搭接部位使用摩擦型高强度螺栓紧固连接，连接强度应满足设计及规范要求。围檩吊装过程中需坚持"以过程验收为主，完工验收为辅"的原则，严格控制钢围檩的安装精度，确保钢围檩连接件的安装偏差在5mm以内。

（5）托座安装

托座采用焊接方式固定在立柱桩相应的标高上，安装托座时标高误差不得大于5mm。焊接安装时，应保证其与立柱桩完全垂直。如与立柱桩间发生偏位，可通过加垫钢板达到垂直要求。安装完成后，应严格检查托座与立柱桩焊接的牢固程度，不能满足强度要求的托座应返工，直至满足强度要求。

（6）鱼腹梁安装

鱼腹梁安装应按照设计跨度在地面进行预拼，螺栓紧固务必达到设计及规范要求。鱼腹梁预拼完成后，利用汽车起重机与挖机配合将单个组件起吊，安装在支撑牛腿上。起吊过程中两端由人工牵引，以确保安装位置。鱼腹梁安装顺序为水平梁、垂直梁、斜梁。需注意水平梁和垂直梁的规格不同，托座的标高应根据需要设置。

张拉钢绞线所用的千斤顶、油表必须在有效期内按时标定，并做好第一次试张拉及记录。因使用氧气、乙炔切割和电焊切断会烧伤预应力筋，所以必须采用砂轮机对预应力筋进行下料。钢绞线张拉时必须采用伸长率及张拉应力值进行"双控"，即张拉应力值和伸长率均应符合设计要求。钢绞线安装时要左右对称。钢绞线张拉前，须检查张拉部位和连接部位，确保无损后再行施工。启动千斤顶张拉钢绞线时要一根一根均匀对称进行。采用超张拉的方式将张拉应力值控制在设计要求的1.1倍，以避免部分张拉不到位或者预应力损失。

张拉钢绞线预应力时，必须严格按设计图纸的要求进行：首先按图纸上设计预应力值的50%张拉，待每根钢绞线都张拉一遍后，再将预应力值张拉至70%，稳定后再按设计值的110%进行超张拉；在110%的荷载下观测锚头15min，无位移、无变形、无张拉力损失现象后锁定；钢绞线张拉时除了控制张拉力外，还需控制钢绞线的伸长率，伸长率也必须满足规范要求；张拉过程中应记录并存档；钢绞线的数量除了满足设计图纸的要求，还应按照实际情况在每道鱼腹梁上预留6~8根钢绞线作为安全储备。

（7）预应力鱼腹梁内支撑变形监测

装配式预应力鱼腹梁钢支撑的变形监测项目为整体相对水平位移与构件轴力变化；监测频率要求正常情况下1~2次/d，异常情况下3~6次/d；采用全站仪测量预应力鱼腹梁钢支撑上钢围檩的整体相对水平位移，报警值与围护桩桩顶水平位移控制指标相同。对于预应力鱼腹梁钢支撑的构件轴力变化，采用实时轴力监测系统实施监测。通过焊接或螺栓连接，将振弦式反力计或应变片直接布置于预应力鱼腹梁钢支撑构件主要受力点。变形和应力数据通过传导电缆线进行集成。根据收集的数据及时进行分析，得出钢构件轴力变化情况。若监测结果达到报警值，先分析原因，再采用预应力鱼腹梁钢支撑应急预案。

（8）预应力鱼腹梁内支撑的拆除

待基坑内全部底板混凝土及传力带混凝土强度满足设计要求后，对最底道鱼腹梁组合式钢支撑进行拆除；然后，随着各层中板及顶板混凝土及传力带混凝土强度满足设计要求后，逐次向上拆除各道预应力鱼腹梁内支撑。

鱼腹梁组合式钢支撑由标准钢构件组合安装而成，施加预应力形成整体后就起到100%的内支撑作用。拆除鱼腹梁组合式钢支撑更是方便快捷，几乎不占用关键线路上的时间。另外，在土方开挖方面，由于鱼腹梁组合式钢支撑为坑内水平方向与垂直方向提供的空间较大，可大大缩短土方开挖外运时间。鱼腹梁组合式钢支撑由标准钢构件组合而成，钢构件回收后可多次反复利用，真正做到有效降低工程成本。鱼腹梁组合式钢支撑需配套可靠的监测系统，以实现全方位监测。

5.5.4 环板撑施工技术

环板撑支护体系在民用建筑及轨道交通宽大深基坑中已开始得到应用，其充分考虑了永临结合，将地下工程主体结构板作为基坑支撑的一部分，主要施工技术如下：

（1）立柱桩及立柱施工

环板撑的立柱一般采用永临结合设置，根据现场放样及复核的桩位，立柱桩施工结束后，插入钢管柱。钢管柱及柱底桩基作为施工阶段及使用阶段竖向构件，应满足施工精度要求，一般情况逆作桩基定位偏差10mm、钢管柱定位偏差取20mm，钢管柱垂直度偏差取1/500~1/1000。

（2）环板撑施工

环板撑根据受力及施工组织的需要设置合理的孔洞。一般而言，单孔面积可取40m²左右，孔洞间距可取20~30m，开口率可取25%~30%。孔洞兼顾建筑楼扶梯、环控及盾构等需求的功能，孔洞间板带承担支撑作用，孔洞端部环板承担腰梁的作用，支撑板与环板均兼作施工场地多向受力构件。环板撑根据地质情况采取不同的模板，一般土层采用矮支架，强风化及以上地层可采用地膜。环板撑施工时孔洞边、环板撑与逆作侧墙应做好钢筋接头、防水层等预留。

（3）侧墙施工

采用逆作法施工的基坑，侧墙可采用如下两种方式：侧墙逆作及顺作。当侧墙采用逆作法施工时，施工顶板、中板后施工负一层侧墙，同样施工中二板及负二层侧墙，施工阶段侧墙应按受拉构件考虑，使用阶段按压弯构件考虑，因此逆作侧墙应按上述情况包络设计。当侧墙采用顺作法施工时，环板撑需与围护结构进行有效的连接或嵌固处理。施工阶段侧墙不参与受力，可仅考虑使用阶段的工况。

环板撑支护体系还需解决如下问题：

（1）竖向构件的施工精度

桩基及钢管柱施工精度误差可能造成钢管柱施工困难、垂直度偏差过大可能影响限界及结构安全等问题。

（2）孔洞及侧墙渗漏

环板撑孔洞面积大，施工缝多，侧墙与各层板节点浇筑较困难，混凝土难以密实，容易成为防水薄弱点。

（3）围护结构受力大

环板撑一般采用各层板作为支撑体系，较少设置额外支撑。顶板与围护结构一般采用搭接或无连接的嵌入，顶板施工阶段围护结构悬臂高度较大，变形控制难度较大。各层结构板采用地膜施工时施工质量、平整度较差，采用矮支架施工则加深了基坑超挖深度，围护结构受力加大，往往增加费用和施工难度。

（4）费用高、节点复杂

当顶板需及时覆土作为施工场地和交通道路使用时，竖向构件承载力要求高，采用临时竖向构件如临时立柱往往难以满足要求；竖向构件永临结构的钢管柱费用高，梁柱节点一般采用现场焊接而成，节点处理比较困难，结构安全可能存在一定的隐患。

参考文献

[1] 龚晓南. 深基坑工程设计施工手册：第2版［M］. 北京：中国建筑工业出版社，2018.
[2] 沈保汉. 桩基础施工技术讲座第十三讲——沉管灌注桩施工技术的发展［J］. 施工技术，2001（5）：42-44.
[3] 林爱良，姚渊. 基坑支撑立柱的几种技术措施［J］. 西部探矿工程，2002（S1）：9-11.
[4] 孟惜英. 人工挖（扩）孔灌注桩的应用研究［D］. 天津：天津大学，2003.
[5] 吴裕年，陈武民. 机械洛阳铲在CFG桩成孔施工中的应用［J］. 西部探矿工程，2011，23（12）：7-8+11.
[6] 刘德钧. 深基坑混合支撑体系设计改进［J］. 铁道建筑技术，2012（6）：79-83.

[7] 任旭东. 湿陷性黄土地区机械洛阳铲成孔施工技术 [J]. 山西建筑, 2013, 39 (15): 44-45.

[8] 宋志彬, 冯起赠, 许本冲, 等. 全套管钻进机理和全回转套管钻机的研究 [J]. 建筑机械, 2013 (23): 87-91+95+14.

[9] 翟东格. 支撑桩加承台的斜抛撑支护体系在深大基坑中的应用研究 [D]. 哈尔滨: 哈尔滨工业大学, 2015.

[10] 熊玉龙. 旋挖钻机动力头结构设计与优化 [D]. 西安: 长安大学, 2015.

[11] 黄梅. 基坑支护工程设计施工实例图解 [M]. 北京: 化学工业出版社, 2015.

[12] 唐浩. 大直径冲孔灌注桩施工技术研究 [D]. 广州: 华南理工大学, 2016.

[13] 刘巧林. 高架桥钻孔灌注桩钻机类型的选择 [J]. 市政技术, 2016, 34 (S2): 80-83+97.

[14] 吴绍升, 毛俊卿. 软土区地铁深基坑研究与实践 [M]. 北京: 中国铁道出版社, 2017.

[15] 贺明辉. 基于ANSYS的旋挖钻机桅杆疲劳分析 [D]. 西安: 西安建筑科技大学, 2017.

[16] 梁茂林. 冲孔灌注桩施工流程及常见问题解决方法 [J]. 江西建材, 2017 (7): 82+86.

[17] 林大春. 试论旋挖桩在建筑基坑支护工程中的应用 [J]. 江西建材, 2017 (15): 101+103.

[18] 周锋, 王博阳, 陈安民, 等. 长螺旋钻孔压灌桩在机场交通中心工程中的应用 [J]. 建筑施工, 2017, 39 (11): 1591-1593.

[19] 杨立. 建筑工程中深基坑施工技术 [J]. 城市建设理论研究 (电子版), 2017 (34): 151.

[20] 袁鑫, 刘健. 基坑临时支撑结构爆破拆除安全防护 [J]. 广东水利电力职业技术学院学报, 2017, 15 (04): 67-69+80.

[21] 郭景致. 浅谈预应力鱼腹梁组合式钢支撑在基坑支护中的应用 [J]. 福建建材, 2018 (4): 60-61+109.

[22] 沈开周. 基坑支护结构钢筋混凝土支撑拆除技术的发展分析 [J]. 河南建材, 2018 (3): 21-22.

[23] 郭雪源. 深基坑工程装配式钢管混凝土内支撑力学性能与应用研究 [D]. 北京: 北京工业大学, 2018.

[24] 杨少峰. 泥浆护壁成孔灌注桩施工技术探讨 [J]. 中国金属通报, 2019 (2): 293-295.

[25] 雷永强, 韩建刚. 装配式预应力鱼腹梁内支撑系统在基坑支护中的应用 [J]. 城市住宅, 2019, 26 (1): 97-99.

[26] 詹集明. 预制装配式基坑支护体系 [J]. 福建建筑, 1996 (1): 45-47+49.

[27] 詹集明. 连拱形基坑支护体系——对一种新型支护体系的探讨 [J]. 岩土工程技术, 2000 (3): 147-151+179.

[28] 谢伟, 胡文发. 拼装式深基坑内支撑体系研究 [J]. 四川建筑, 2002, 22 (1): 55-57.

[29] 宋明健. 基于开挖卸荷效应的基坑共同变形及动态支护技术 [D]. 广州: 中山大学, 2008.

[30] 宋明健, 黄成友, 杨光平. 在基坑工程中应用拱形新型支撑结构的探讨 [J]. 路基工程, 2011 (3): 94-96.

[31] PARK J S, JOO Y S, KIM N K. New earth retention system with prestressed wales in an urban excavation [J]. Journal of geotechnical and geoenvironmental engineering, 2009, 135 (11): 1596-1604.

[32] 刘发前, 卢永成. 装配式预应力鱼腹梁内支撑系统的利与弊 [J]. 城市道桥与防洪, 2013 (7): 117-118+125+12.

[33] 刘发前. 装配式型钢内支撑稳定性设计 [J]. 城市道桥与防洪, 2016 (5): 81-83+10-11.

[34] 王祺国. 一种拆除简便的深基坑支撑施工技术 [J]. 建筑施工, 2013, 35 (10): 886-888.

[35] 朱毅敏, 王永卿. 基坑混凝土支撑钢筋笼预制装配技术研究与应用 [J]. 建筑施工, 2011, 33 (4): 283-285.

第 6 章▶▶

桩锚式支护技术

6.1　概述

随着深基坑支护技术的发展和研究，排桩与锚杆支护两种形式被结合起来，形成一种新的支护类型，即桩锚式支护技术（图6-1）。桩锚式支护结构由围护桩（墙）和拉锚组成，通过张拉锚索体，施加应力于围护桩，让其在可能的滑面上产生正压力和水平抗力，借此平衡土体侧压力，以提高软弱结构面的物理力学性能。

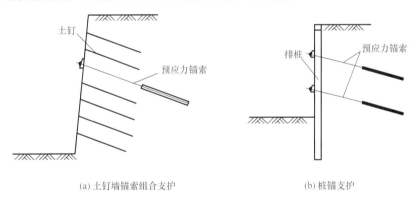

(a) 土钉墙锚索组合支护　　　　　　　(b) 桩锚支护

图 6-1　预应力锚索在基坑中应用的形式

在这种高效的支护结构类型中，锚杆、桩在土层中各自发挥着重要的作用，以保证基坑的稳定性。采用各种类型的排桩深入嵌固到岩土体中，并在基坑开挖过程中，在桩身一定深度处设置锚杆，在此同时亦可在锚杆上施加一定的预应力。由于支护结构自身能较好地控制基坑变形、污染少、施工便捷、造价合理、噪声低、技术难度较低，在基坑工程中得到了广泛的应用。

桩锚式支护结构具有以下特点：

（1）基坑土体开挖后，能及时提供所需的支护抗力，控制基坑周边土体与支护结构的沉降、位移，其整体刚度较大，控制变形能力较好。

（2）增强岩土体潜在滑裂面和软弱结构面的抗力，有效提高岩土体的稳定性能。

（3）可根据工程实际需要灵活调整锚杆布置位置、倾角方向、直径大小、长度和间距，获得最合理的支护抗力和工程造价。

（4）锚杆与岩土体紧密结合形成共同受力体，共同抵抗土压力的作用，有效节约工程材料，相较内支撑工程造价更低。

（5）围护结构占位较小，施工方便，不占用基坑内场地，后期土方外运以及主体结构施工较为便利。

（6）适用性与场地地质条件密切相关，与基坑规模关系较少，锚杆（索）对基坑外环境影响较大，有可能会超过红线，对以后的相邻场地开发利用有所影响。

（7）锚拉式结构适用于开挖深度较深、开挖面积较大、对变形控制严格的基坑；基坑外侧地下无阻挡的管线、障碍物；锚固段需要设置在主动土压力楔形破裂面以外，不宜设置在淤泥、泥炭以及松散填土内（图6-2）。

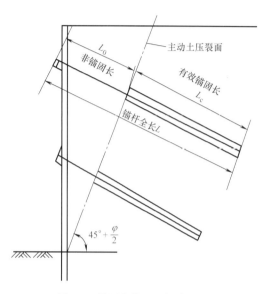

图 6-2 锚固段位置及锚索长度

桩锚支护有相比于其他支护形式不能代替的优点，与土钉相比，桩锚支护控制土体变形能力更强；与内支撑相比，桩锚支护具有造价低、施工方便、支护空间小等优势；与水泥土墙相比，桩锚支护材料用量少、适用范围广、环境污染小；与逆作法相比，桩锚支护具有设备简单、技术要求低、推广性强、适用性广的优势；与地下连续墙支护形式相比，桩锚支护工程造价要低很多。因为桩锚支护结构在支护效果和支护成本上的优越性，使得桩锚支护在一般深基坑支护中被广泛应用。

6.2 国内外研究及应用现状

近年来，随着基坑工程的不断发展，桩锚式支护体系作为基坑支护的一种常用形式，不可避免地成为众多学者研究的对象，对此，广大国内外学者进行了广泛的研究，使得桩锚支护结构的发展逐渐满足实际发展的需要。目前我国采用桩锚支护的深基坑支护工程，有以下工程项目。

北京第五广场深基坑工程，基坑开挖深度24m，基坑支护结构形式采用上部土钉、下部桩锚，$\phi 800mm@1500mm$灌注桩，上部7排土钉，下部4道锚杆。深圳东海商务中心深基坑工程，基坑开挖深度20m，支护结构采用$\phi 1200mm$人工挖孔桩，6道预应力锚索。长春市某工程中应用土钉和桩锚联合支护，表明土钉和桩锚联合支护体系与单纯的桩锚支护结构体系相比，能够节约材料，缩短工期。在广东省某基坑工程中，进行施工监测和现场试验，提出桩锚支护技术是复杂地质和环境条件下，保障基坑工程安全、经济施工的有效方法。西宁市火车站深基坑工程中，对桩锚支护结构中的桩身钢筋内力进行了实测，对不同工况下桩锚支护桩的受力特性及其变化规律进行了分析。北京市西城区公共卫生大厦深基坑工程中，采用了桩锚支护，锚杆二次高压注浆时采用6~8MPa的注浆压力，表明高压注浆增加了锚固体与土体的接触面积，提高了土层的力学指标。温州发电厂二期深基坑工程中，实现了桩锚支护结构在沿海典型饱和黏土中的应用，取得了满意的效果，为其他工程提供参考。重庆地铁1号线石油路深基坑工程中，采用钢管灌注桩和锚索的支护体系，安全、快速、经济地完成了支护任务。长春市上海北路某深基坑工程中，采用土钉和桩锚组合支护体系，通过不同支护形式的综合应用取得了良好的支护效果。北京市朝阳区某深基坑工程中，采用放坡、桩锚和复合土钉联合支护技术，顺利完成施工任务。Clough通过现场试验研究，将深基坑桩锚支护结构变形划分为3类：第一类是在深基坑的初期开挖阶段，首道锚杆尚未施工，支护桩处于悬臂状态，支护结构发生挠曲变形；第二类是受锚杆已经施工，支护桩顶部水平位移受到限制，形成深槽向内的位移；第三类是第一类和第二类两种变形形式的综合。T. XPohetal通过施工监测分析认为：增加锚杆道数，能够很好地控制围护结构变形；加大围护结构的刚度、增大其嵌入深度等措施对减少围护结构的水平位移和弯矩的作用较小。各种类型的桩锚支护结构面对错综复杂、变化多端的地层和施工条件，都找到了自己的生存和发展空间。

伴随着我国大直径大深度复杂地层成孔机械设备的推出以及高强钢绞线生产和灌浆技术的发展，出现了大深度钻孔灌注排桩和高预应力锚杆，并在我国深基坑支护工程中得到广泛应用。这标志着我国基坑工程桩锚支护技术的设计、材料和施工水平进入了新的发展阶段。

6.3 锚杆（索）分类

桩锚式支护结构主要由围护桩和锚杆（索）组成，基坑支护中锚杆和锚索的锚固作用在于为围护结构提供背拉力。

工程习惯上将以钢筋等刚性杆件作为拉杆的锚固称为锚杆，采用钢绞线等柔性拉杆的锚固称为锚索。相比之下，钢绞线的材料强度高，可以节约用钢量，所以在实际工程中应用更为普遍。当锚杆设计吨位小且长度较短时，采用钢筋锚杆施工更方便。近年来，高强度的精轧螺纹钢应用日益普遍，采用钢筋作为拉杆的锚杆仍然有用武之地。对于基坑支护采用的锚杆，一般锚固段设置在土层或风化岩层，相比岩层锚杆，土层锚杆技术上更为复杂。

锚杆的分类很多，可以根据是否施加预应力分为预应力锚杆和非预应力锚杆；也可根据灌浆方式不同分为高压灌浆锚杆和常压灌浆锚杆；根据锚杆锚固段受力特性不同，锚杆可分为不同的类型：拉力型锚杆、压力型锚杆、拉力分散型锚杆、压力分散型锚杆和扩孔型锚杆。不同形式的锚杆，锚固端的应力分布是不同的，这种应力分布的特点也决定了锚固效率和锚杆的其他工作特性。

6.3.1 预应力锚杆与非预应力锚杆

对于无初始变形的锚杆，需要锚杆头有较大位移才能使其发挥全部承载能力。灌浆预应力型锚杆由锚头、自由张拉段、锚固段与杆体组成。它通过自由张拉端的拉长而实现张拉作用，将围护结构上水土压力荷载传递至岩土体深处。非预应力锚杆通常由螺母、垫板与杆体组成，适用于容许围护结构有较大变形的工程。

6.3.2 拉力型锚杆与压力型锚杆

锚杆受荷时，杆体一直处于受拉状态，而拉力型锚杆与压力型锚杆的关键区别在于，锚杆受力状态下其固定段内的注浆体是处于受拉状态还是受压状态。

1. 拉力型锚杆

在锚固段，拉杆由注浆体与孔壁岩土层粘结在一起，锚杆的自由段注浆不与拉杆粘结。拉力型锚杆应力分布不均匀，锚固段前部应力水平高，锚固体受拉易开裂，锚杆的防腐性能较差，锚固效率低。

2. 压力型锚杆

压力型锚杆锚固体受压，锚杆全长无粘结，拉力由端部承压板传递到锚固体，在锚固段的底端，锚固体与岩土侧壁的应力水平高，靠近孔口方向荷载明显减小，整个锚固端的锚固体受压。由于受压体积膨胀趋势改善了锚固体与钻孔壁之间的摩阻力，可提高锚固效率，锚固体受压应力不易开裂，防腐性能好。

拉力型锚杆的荷载是通过其固定段注浆体与杆体的接触界面上的剪应力，由张拉端至远端传递的。锚杆固定段的注浆体防腐性能较差，并且在受力时注浆体容易产生张拉裂缝。压力型锚杆则借助带套管钢筋或无粘结钢绞线，使杆体与注浆体和特制的承载体隔开，将荷载直接传至底部承载体，由远端向固定段张拉端进行传递的。压力型锚杆的成本虽高于拉力型锚杆，但由于锚杆受力时，固定段的注浆体处于受压状态，相较于受拉不易产生裂缝。国内外的一些研究资料表明，在相同荷载作用下，拉力型锚杆相较于压力型锚杆，其固定段上的应变值更大。Mastrantuono 与 Tomiolo 进行过一个现场试验，来比较同等条件下拉力型锚杆与压力型锚杆的效能，其中压力型锚杆沿全长防腐。结果表明，在同等荷载下压力型锚杆的应变值比拉力型锚杆的应变值小得多，同时证明了受到锈蚀侵袭的拉力型锚杆存在的潜在危险性。

6.3.3 荷载集中型锚杆与荷载分散型锚杆

1. 荷载集中型锚杆

荷载集中型锚杆也称作单孔单一锚固体系，传统的拉力型锚杆与压力型锚杆均为此类。它是指在一个钻孔中，只安装一根独立的锚杆，锚杆所受的荷载以集中力的形式由锚杆锚固段的张拉端向远端传递。这类锚杆的特点是，将锚杆埋设至岩土体中，由于杆体周围的注浆体与岩土体的弹性特征不一致，因此当锚杆工作时，荷载无法均匀地分布于锚杆全长，并出现严重的应力集中现象。随着作用于锚杆的张拉荷载不断增大，很有可能荷载还未传递至锚固段最远端，锚杆杆体与注浆体界面或注浆体与岩土体界面上就会发生局部脱开或者粘结效应开始弱化的现象，这将大大降低了锚杆的锚固能力。拉力型锚杆作为一种典型的荷载集中型锚杆，在锚杆受荷时锚固段粘结应力的分布同样极不均匀，因此也具有锚固体受力时易开裂，易造成地下水的渗入，防腐能力弱，锚杆的使用寿命较短等缺陷。但是此类锚杆结构简单、便于施工，在实际工程中，仍具有难以取代的地位。

2. 荷载分散型锚杆

荷载分散型锚杆与单一锚固体系不同的是，它在一个钻孔中安装多个单元锚杆，每一单元锚杆的杆体长度、固定段长度和自由段长度均是独立的，为使所有单元锚杆始终承受同样的荷载，会分别对每一单元锚杆进行预先的补偿张拉。荷载分散型锚杆能将一个集中荷载均匀分散为若干个较小的荷载，分别施加于各个单元锚杆上，这将使锚杆锚固段上的粘结应力大大减小，且均匀分布于锚杆全长，相较于荷载集中型锚杆，能最高效率地利用锚杆锚固长度范围内的岩土体强度，提高锚固能力。当锚杆锚固于非均匀地层中时，为使不同地层的岩土体强度都得到充分利用，可根据地层情况分别调整各单元锚杆的锚固段长度，即岩土体强度较高的地层中单元锚杆锚固段长度较短，岩土体强度较低的地层中单元锚杆锚固段长度较长。此外，从理论上来说，荷载分散型锚杆的锚固长度是没有限制的，可根据要求的锚杆承载力来提高锚杆锚固段长度。

荷载分散型锚杆也称作单孔复合锚固体系，通常分为拉力分散型锚杆与压力分散型锚杆。

拉力分散型锚杆：多拉杆，各拉杆在锚固段与注浆体粘结的长度不同。

压力分散型锚杆：多拉杆，各拉杆端部承载板在锚固段的位置不同。压力分散型锚杆能较好地分段分担锚杆的拉力，提高锚杆总的承载力，但在承载体端部因局部应力过大，容易引起注浆体压碎。

在有较好锚固土层、锚杆抗拔力要求适中、地下空间限制少的条件下，可选普通拉力型锚杆；锚固地层较差，围护结构变形控制要求较高时，可选扩大头式锚杆；地下空间受限制时，优先选用扩大头锚杆；锚杆的设计吨位较大，锚固段长度超出20m时，宜采用拉力分散或压力分散型锚杆，如采用分段扩孔则效果更好；基坑支护兼作长期支挡使用的锚杆，宜选用压力型锚杆。

6.4 锚杆的构造

从锚杆的工作机理上看，锚杆是一种受拉结构体系，由拉杆、注浆锚固体、自由段和外锚头等主要部件组成（图6-3）。锚杆的上下排间距不宜小于2.5m，水平间距不宜小于2m，锚固体上覆土层的厚度不小于5m；支挡结构的锚杆水平倾角不应小于13°，也不应大于45°，以15°~35°为宜；土层锚杆的锚固段不应小于4m。

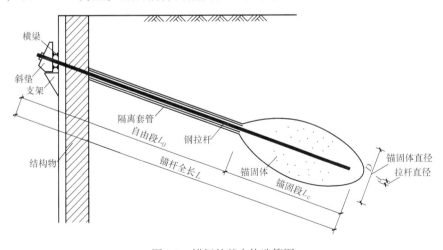

图6-3 锚杆的基本构造简图

6.4.1 拉杆

拉杆主体为高强螺纹钢筋或钢绞线，作用是将来自锚杆头部的拉力传递给锚固体，这段钢筋或钢绞线外包塑料管，与水泥浆体隔离。

1. 钢筋拉杆

钢筋拉杆一般用于非预应力锚杆，若采用精轧螺纹钢等特种材料也能够作为预应力锚杆的拉杆。精轧螺纹钢有与之配套的螺纹套筒，可以方便地用来施加预应力并锁定。具有施工安装简便、耐腐蚀、取材容易、造价经济等特点；缺点是强度较低，而且普通钢筋的预应力锚头制作复杂。

2. 钢绞线

钢绞线是国内目前应用最广泛的预应力锚索的拉杆材料。具有强度高、易于施加预应力、造价经济等特点，缺点是易松弛、防腐问题比较突出等。压力型锚杆一般用到无粘结钢绞线，其外包塑料，防腐蚀性能好。

锚杆拉杆的选型应遵循以下原则：在设计大吨位抗拔力的锚杆时，优先考虑采用钢绞线；中等设计吨位时，可以选精轧螺纹钢；在工作环境恶劣，对锚杆的防腐蚀性能有特殊要求的情况下，可考虑聚合物材料或碳纤维等材料作为锚杆的拉杆。

6.4.2 注浆材料

水泥浆和水泥砂浆是目前最廉价、应用最广的注浆材料，水泥灌浆固结后形成锚固体，包裹着拉杆，将来自拉杆的力传递给周围地层。注浆材料中，水泥、水和骨料是组成锚固体浆液的基本材料，工程选用时应该符合有关规范和标准的规定和要求。在地下水受某种化学物质污染，或者地层中有含腐蚀性酸的泥炭层时，水泥浆应选用特种水泥，并经试验后确定注浆水泥基材。

6.4.3 锚固地层

设置锚杆锚固段的岩土层称为锚固地层。锚固地层应能自身稳定，能够提供较大的锚固力，不得设置在基坑围护结构后侧极限平衡状态的破裂面之内，不能设置在滑坡地段和潜在滑动面以内。注浆锚固体和周边岩土层之间应具有较小的蠕变特性。

6.4.4 锚固形式

根据工程要求、地质条件和场地条件，合理选取基坑支护工程使用的锚固形式。不同类型锚杆的区别主要体现在锚固段。根据设置锚固段的岩土体性质和工程特性与使用要求等，锚固段可以有多种形式，常用的有圆柱形、端部扩大形和分段扩孔形等三种类型。

圆柱形锚固体锚杆，直接由钻孔注浆形成，施工最为简便。由于岩层的锚固力大，锚固段设置在岩层的锚杆，优先选用圆柱形锚固体锚杆，施工时既方便，锚固力又可靠。

端部扩孔形锚杆采用机械扩孔，或高压旋喷扩孔，技术上目前已经普及。对于锚固段设在硬黏土层，并要求有较高锚固力时，宜选用端部扩孔形锚杆。通过扩大锚固端部，到达缩短锚固长度、减少注浆量、增加锚固力的目的。

分段扩大形锚杆可以采用分段高压注浆的简易方法形成，也可以采用分段机械扩孔的方法形成。对于锚固段设置在黏性土和砂土层的情况，为了获得可靠的锚固力，宜采用分段扩大形锚杆。一般通过高压注浆的方法，在设置的锚固段，按一定的间隔进行高压扩孔注浆，形成分段受力的锚固体形式。分段扩大形锚杆的优点还在于可以减少锚固长度，改善锚孔周边土层的力学性质，提供较大的单位长度抗拔力。同时，可以有效地降低锚固段应力水平，从而改善锚杆的蠕变性能。

6.4.5 锚头构造

锚头是将拉杆与围护结构牢固连接起来，起着传递围护结构作用力到拉杆上去的部件。一方面，要求构件自身的材料具有足够的强度，相互的构件能紧密固定。另一方面，又必须将集中力分散开。锚头由台座、承压垫板、锚具和腰梁组成。

1. 台座

围护结构与拉杆方向不垂直时，需要设台座调整拉杆受力，并能固定拉杆位置，防止其横向滑动和不利变位，台座用钢板或混凝土做成，如图6-4所示。

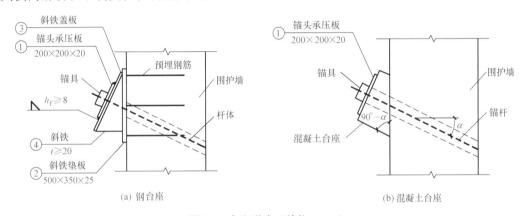

(a) 钢台座   (b) 混凝土台座

图6-4 台座形式（单位：mm）

2. 承压垫板

为使拉杆的集中力分散传递，并使紧固器与台座的接触面保持平顺，拉杆必须与承压板正交，一般承压垫板采用20~30mm厚的钢板。

3. 锚具

钢绞线通过锚具的锁定作用，将其与垫板、台座、围护结构压紧并传力。拉杆采用钢丝或钢绞线时，应选用与设计锚索钢绞线根数一致的低松弛锚具。锚具由锚盘及锚片组成，锚盘的锚孔根据设计钢绞线的多少而定，也可采用公锥及锚销等零件。如拉杆采用粗钢筋，则用螺母或专用的连接器，配合焊接在锚杆端头的螺杆等。

4. 腰梁

腰梁有型钢构件和现浇的钢筋混凝土构件两种形式，分别是钢腰梁和钢筋混凝土腰梁（图6-5、图6-6）。在拉锚式围护结构中，腰梁起着分散拉锚集中力的作用，当位于围护结构的顶部时，称作锁口梁。当设置在围护桩的桩身位置时，称为腰梁。对于小吨位的拉锚，可在地下连续墙的本幅

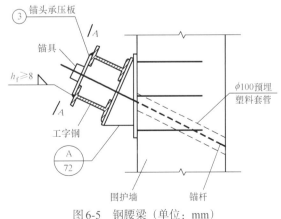

图6-5 钢腰梁（单位：mm）

宽度中对称设置，可以不设腰梁。

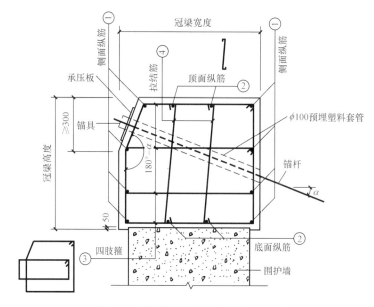

图6-6　钢筋混凝土腰梁（单位：mm）

6.4.6　锚杆构造实例

锚杆杆体构造如图6-7所示。

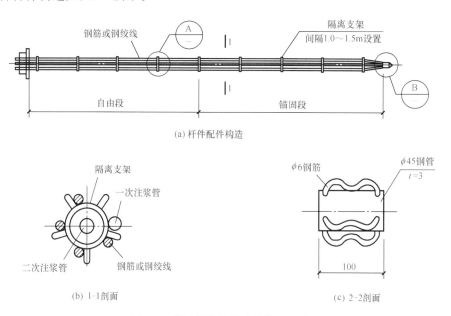

图6-7　锚杆杆体构造（单位：mm）

6.5　普通拉力型锚杆（索）

普通拉力型锚杆（图6-8）是指在一个钻孔中只安装一根独立的锚杆杆体，尽管杆体

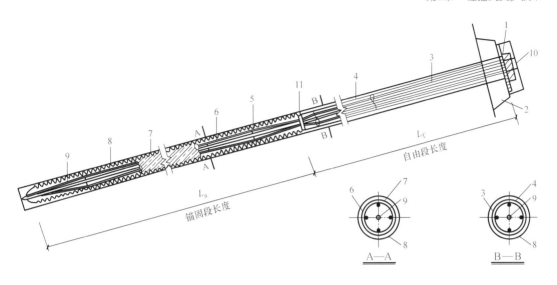

图 6-8　普通拉力型锚杆

1—锚具；2—台座；3—涂塑钢绞线；4—光滑套管；5—隔离架；6—无包裹钢绞线；7—波形套管；
8—钻孔；9—注浆管；10—保护罩；11—光滑套管与波形套管搭接处

可由多根钢绞线或钢筋等材料组合构成，但其只有一个统一的锚杆自由段和锚固段。

拉力型锚杆的荷载传递方式是通过锚杆杆体与注浆体以及注浆体与地层间的粘结，使外力依次传递到土体中。其轴向力沿锚固体方向自锚杆近端向远端依次递减。依靠锚固段首尾部分的不均匀拉伸变形来带动与锚固段相结合土体的变形，借此来调动土体的抗剪强度。

拉力型锚杆的拉拔承载力一方面取决于锚杆自身的强度，而另一方面取决于锚固体的拉拔承载力。抗拔力主要靠锚固段与砂浆及岩土体间的黏聚力提供。要求在锚杆全长相同的情况下，拉力型预应力锚杆具有一定长度地锚固段，来提供足够大的黏聚力。锚杆锚固体与孔壁周边土层之间的粘结强度，由于地层土质、埋深以及灌浆方法不同，有很大的变化和差异。

拉力型锚杆在当前岩土工程中应用非常广泛。锚杆具有结构简单、制作方便，施工、张拉工艺易于操作等优点，在城市基坑支护工程中已经应用了几十年。但随着工程上对锚杆使用要求的不断提高，拉力型锚杆也有越来越多的缺点暴露出来。普通拉力型锚杆在张拉荷载作用下，注浆体与锚杆体间的粘结应力及锚杆体轴向力沿锚固体长度分布极不均匀，应力集中现象十分严重；而且荷载传递范围仅在有限长度内（一般 8~12m），粘结应力或锚杆体轴力的峰值分布在锚固段邻近锚杆自由段处；随着锚杆荷载的增加，荷载传至锚杆锚固段最远端之前，在锚杆杆体与注浆体或注浆体与土层界面之间就会发生粘结效应逐步弱化或脱开的现象，锚杆四周土体塑性区会逐步由锚杆近端土体向远端土体发展；反映在锚固体与土体的粘结应力分布极不均匀，粘结应力峰值随着锚杆体与土体的脱开逐步从锚杆近端移至锚杆的底端；锚杆过长易造成地下环境污染以及经济性能相对较差；随着拉力的增加，内锚段的注浆体受拉而产生开裂破坏，从而出现系统工作性能下降、杆体不易拆除、防腐性能差等缺点。

6.6 普通压力型锚索

压力型预应力锚索是用于岩土工程加固的先进技术，一般主要由锚索主体、对中支架、承压板、P型锚和挤压环、锚具、锚头等组成，它最早出现在国外的矿山工程支护中。近些年逐渐在地下岩土工程，尤其是在深大基坑工程支护中得到了广泛应用，并取得了良好效果。

6.6.1 锚固机理

压力型预应力锚索是将锚索插入已钻好的孔内，然后注浆，待浆体达到强度后进行锚索张拉，通过锚索尾部的P型锚和承压板将张拉荷载作用于内锚固段下部，施加的力通过钢绞线传力给承压板，承压板将力传给浆体，使内锚固段的注浆材料承受压力。在轴向压力作用下注浆材料径向膨胀，但该膨胀受到周围岩土体约束。浆体通过与孔壁接触面再将力传给孔壁，因而在注浆材料与孔壁之间产生挤压咬合力，孔壁与浆体产生摩擦而形成锚固力。

6.6.2 荷载分布特点

（1）在锚索的根部荷载大，靠近孔口方向荷载明显变小，这样有利于将不稳定体锚定在地层深部，充分利用有效锚固段，从而可缩短锚索长度。

（2）浆体受压，被锚固体受压范围更大，可提供更大锚固力。

（3）压力型锚索的锚索体采用无粘结钢绞线，因而多一层防护措施。如果采用镀锌或环氧喷涂钢绞线外，再包裹一层或两层高密度聚乙烯（即PE）套管，将具有更高防护性能。非粘结的预应力锚索可以调节预应力大小，对于需要调节锚索预应力的工程，最好选用集中压力型无粘结锚索。

（4）下放锚索后可一次性全孔注浆，这样不仅减少注浆工序，而且可在未张拉前靠浆体和土体的粘结力提供一定的锚固力，限制施工过程中滑坡体下滑。

（5）由于锚索的拉力经由承压板转换为对钻孔注浆体的压力，注浆体的受力状态是压剪，有利于锚索的防护。从理论上分析，锚索的破坏形式为：注浆体与地层界面破坏、锚固段注浆体被压碎或破裂、锚索顶端的P型锚破坏或拉脱。

6.6.3 较拉力型锚杆对比优势

压力型锚杆的受力机理与拉力型锚杆完全不同，其杆体采用全长自由的无粘结锚筋，再加上锚杆底端与锚筋可靠连接的承载体，使得杆体受力时，拉力直接由无粘结锚筋传至底端承载体，通过承载体对注浆体施加压应力，并使注浆体与周围岩土体产生剪切抗力，以此提供锚杆所需的承载力。

压力型预应力锚杆的抗拔力通过锚杆末端的承载体，将荷载通过压力传递到锚固体上实现，不易开裂，锚固体与杆体全长无粘结，自由段远长于拉力型锚杆。由于砂浆以及岩体的承受拉力的能力远远小于其受压力能力，所以相比拉力型杆体，其整个结构的锚固性能更优。压力型锚杆工作时锚固注浆体为受压状态，其承载能力和变形性能比拉力型锚杆均有所改善。

6.7　拉力分散型锚索

拉力分散型锚索是荷载分散型锚索的一种（图6-9）。拉力分散型锚索的锚索体采用无粘结钢绞线。通过将处于内锚固段中不同长度的无粘结钢绞线末端，剥除一定长度（2~3m）的聚乙烯（PE）套管，使其变为有粘结段，注浆后即形成单元锚固段。锚索安装后，总荷载被分散施加到不同的单元锚固段上，钢绞线与浆体的粘结力传递给被加固地层，从而提供锚固力。拉力分散型锚索采用全长一次注浆，张拉时受拉注浆体没有自由面，没有注浆体开裂的空间。

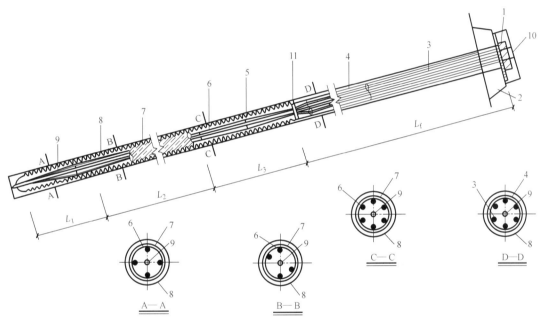

图6-9　拉力分散型锚索（永久）

1—锚具；2—台座；3—涂塑钢绞线；4—光滑套管；5—隔离架；6—无包裹钢绞线；7—波形套管；
8—钻孔；9—注浆管；10—保护置；11—光滑套管与波形套管搭接处；
L_1、L_2、L_3—1、2、3单元锚索的锚固段长度；L_f—4单元锚索的自由段长度

因此，其加固效果有更优越的表现：

（1）拉力分散型锚索可以及时主动地提供锚固力，对基坑的异常变形起到积极的抑制作用。

（2）拉力分散型锚索大大减小了传统锚索注浆体与孔壁间的应力集中，通过设置不同深度的锚固段，尽可能有效地发挥了岩土层的自承能力。单元锚固段受力更均匀，避免锚固体系沿注浆体与锚固土层之间产生破坏，同时使注浆体与孔壁之间接触面积增大，减少了锚固段设计长度。

（3）由于没有承压板和挤压套，从结构和施工条件看，比压力分散型锚索更简单，施工更快速便捷，特别便于在危险时期或特殊工期要求时快速施工，其成本也大大降低。

6.8 压力分散型锚索

6.8.1 受力机制

在基坑支护工程中，压力分散型锚索（图6-10）主要是通过锚头的张拉施力，然后将拉力传到锚索内锚头的各个分散的承载体上，然后承载体再通过P型锚将钢绞线的拉力转变为压力，然后再将其传到承压板上，之后再通过承压板将压力传到附近的水泥砂浆上，从而致使水泥砂浆在压力的作用下，产生压缩膨胀、变形的现象，进一步将此应力传递到孔壁附近的岩土之上，从而完成岩土体最终承受剪力。

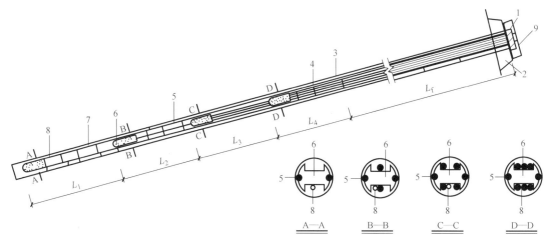

图6-10 压力分散型锚索（永久）

1—锚具；2—垫座；3—钻孔；4—隔离环；5—无粘结钢绞线；6—承载体；7—水泥浆体；8—注浆管；9—保护罩；

L_1、L_2、L_3、L_4—1、2、3、4单元锚索的锚固段长度；L_f—3单元锚索自由段长度

6.8.2 压力分散型锚索的优点

压力分散型锚索与传统的锚索不同，在基坑支护工程中，具有一定的优势，主要表现在以下方面：锚索承载体根部荷载大，靠近孔口方向的荷载变小，从而使得在基坑支护应用中，更利于对不稳定体锚固在地层深部；压力分散型锚索不会发生粘结效应逐步弱化，可使粘结应力均匀地分布在整个固定长度上；压力作用会引起灌浆体的径向扩张，不断提高摩阻强度，从而提供更大的锚固力。压力型锚索在使用中，主要采用的是无粘结钢绞线，外面还有油脂层、PE套管和水泥砂浆，从而形成一个保护层，在很大程度上提升了锚索的防护性能和使用寿命；与传统的普通拉力锚索不同，压力分散型锚索的锁体就位后，可一次性全孔注浆，工艺比较简单；在锚固段长度相同的情况下，压力分散型锚索塑性滑移前的抗拔力，要明显比普通的拉力锚索高出20%，更加有效地改善松散、破碎岩土体中的锚固力。

6.8.3 工艺流程及施工要点

深大基坑支护工程施工中，压力分散型锚索施工要遵循一定的施工工艺流程：锚孔钻

凿、锚索制作、锚索安装、注浆、墩锚施工、封孔注浆、封锚等工序。在压力分散型锚索施工之前，先要进行相关的试验，然后将所有的试验数据上交给设计单位，设计单位根据相关的数据，进行压力分散型锚索施工设计，从而使得预应力锚索在防护施工过程中，起到有效的保护作用。

压力分散型锚索施工要点：

（1）锚索孔测量放样。在进行压力分散型锚索施工之前，一定要按照设计的要求及基坑布置图进行放样，使得孔位误差保证在±50mm范围之内。

（2）钻进方式和过程。锚孔钻凿是锚索施工中的关键工序。在施工过程中，为了提高施工效率，并保证施工质量，通常都是采用潜孔冲击式钻机进行钻孔作业。在锚孔钻进作业中，应根据设计者所提供的资料、数据，以及钻进速度、钻机吹出的粉尘等情况，对钻孔内的地层情况进行记录和分析，看其是否符合设计要求。另外，在实际钻进中，一旦遇到塌孔、缩孔等现象，必须要立即停止，并及时进行固壁灌浆处理，待水泥砂浆初凝之后，方可重新扫孔钻进。

（3）锚索检验、制作与安装。锚索孔钻孔结束后，还必须要对锚索孔进行检验，检验合格之后，方可进行制作与安装。在检验过程中，一般要在监理旁站的条件下进行。检验过程中，要始终保持平顺推进，不要产生冲击或抖动。锚索孔检验合格之后，要进行锚索的制作与安装。通常，锚索在制作中，要遵循一定的工艺流程：编写通知单→下料、清洗→安装承载体→挤压P型锚→编束→安装支撑环→安装注浆管→验收→库存。在进行锚索安装之前，要通过高压风的方式清洗锚孔。在下索时，要按照设计的倾角和方位，时刻保证平顺推进，严禁在安装过程中出现抖动、扭转的现象。

（4）锚索注浆、封孔灌浆和封锚。锚索安装之后，要进行锚杆注浆，并且保证不小于2MPa的注浆压力，并采用孔底返浆的方式，对锚索注入水泥浆或水泥砂浆。在注浆过程中，等孔口出现溢浆的现象，并且持续时间2min之上，方可停止。注浆之后，当预应力张拉达到既定的设计值之后，保持连续三天没有异常现象，即可进行封孔灌浆。封孔灌浆之后，还要用手提砂轮机对多余的钢绞线进行切除。

6.9　扩大头式锚杆

在深大基坑工程中，采用扩大头锚杆，即只在锚固段加大直径，可以减少注浆量，获得较大的锚固力，提高锚固效率，节约投资，在狭小的地下空间内实现锚杆支护。

6.9.1　锚固形式

扩大头式锚杆，可以应用于拉力型锚杆、压力型锚杆或压力分散型锚杆等锚固形式。可分为端部扩大头锚杆和分段扩大头锚杆（图6-11）。端部扩孔压力型锚杆的拉杆采用无粘结钢绞线，在端部承载板处，设挤压套管，将钢绞线可靠地固定在承载板；注浆管放置在架线环的中间，随着锚杆的拉杆一起放置到钻孔中；如果是二次注浆工艺，一次和二次注浆管均应随锚杆的拉杆一起送入钻孔；一次注浆管可以边注边拔，直至注满；二次注浆管留在孔内，在一次注浆液初凝时，再进行二次压力注浆。锚杆可分为多段扩孔，扩孔的位置设置在稳定地层。

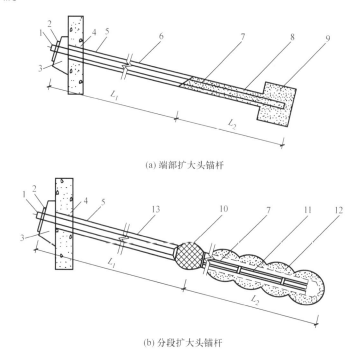

(a) 端部扩大头锚杆

(b) 分段扩大头锚杆

图6-11　扩大头式锚杆

1—锚具；2—承压板；3—台座；4—支挡结构；5—钻孔；6—注浆防护处理；7—预应力筋；8—圆柱形锚固体；
9—端部扩头体；10—止浆密封装置；11—注浆套管；12—异形扩头体；13—塑料套管；
L_1—自由段长度；L_2—锚固段长度

6.9.2　锚固端扩孔施工技术

为了提高拉锚结构的承载力，可以增加埋入深度，还可以进行土层锚孔扩孔技术。锚孔扩孔是将土层钻孔直径进行二次扩大或局部扩大的岩土施工方法，它的提出是为了在不增加锚杆埋入段的长度和直径的情况下，最大程度地提高锚杆的承载能力。因此，在实际的施工当中，当钻机钻孔完成之后，必须对孔洞下部进行一次或多次旋切扩大，形成一种深度方向上的阶梯形状。锚孔扩孔的方法有很多，随着岩土工程新技术的应用与发展，各种新方法也层出不穷，归纳起来，大致有三种：机械扩孔法、爆破扩孔法、高压射流扩孔法。

1. 机械扩孔法

机械扩孔法一般通过特制的钻头实现扩孔，是应用最早、较成熟的一种锚孔扩孔方法，它具有简便、有效、易控制、易实现等特点。目前，市场上该类产品较多。例如：法国Soletanche公司生产的一种形如取芯筒体的扩孔设备，操作时凭旋转来伸长或缩回径向绞刀，该机具可以将孔切削成圆桶形孔洞。Calweld公司也有类似的扩孔机具，可得到更大的钻孔直径。

英国Fondedile基础公司的M/S多锥体扩孔设备，专门用于黏土层扩孔。可在钻孔内同时形成几个两倍或四倍于钻孔直径的扩大空穴，其形状如圆锥形或哑铃形。该扩孔机具由一系列绞刀组成，操作时绞刀能连续开启，在孔中形成与所需扩孔点数相同的串联锥形。与此同时，被绞刀切削下来的废渣则通过冲洗液循环带出孔外。使用这种机具，单个圆锥形扩大体所能提供的承载力约为250~500kN。

英国通用锚杆公司（UAC）的专利产品采用机械下压扩张方式。以刮刀作为切削工具，操作时一次可同时形成两个直径为0.3m的扩孔锥，孔内的切屑由空气作为冲洗介质排出。

日本SSL永久性锚杆工法中也采用专门的扩孔钻头，如用于SSL-P型、SSL-M型扩孔支压式锚杆的SSR系列扩孔钻头。该扩孔形状为梯形，直径可达原锚孔直径的1~3倍。削刀的开启与关闭由高压气流驱动。

中国铁道科学研究院集团有限公司研发的伞形扩孔钻头，该钻头主要由钻杆连接头、可张合的钻臂、钻头和传动杆以及限位器等部分组成。锚杆钻孔的自由段使用普通钻头钻孔，在钻进到预定扩孔位置后，更换扩孔钻头。扩孔钻头采用可伸缩的两级连杆装置，头部不受力时钻孔的扩孔臂（连杆）收拢，可方便进入较小直径钻孔；扩孔钻头进入孔底时，通过钻杆施加推力，连杆结构向外张开，锻嵌有合金颗粒的钻臂随钻杆转动后对孔壁切削形成扩孔；钻头中部设一传力杆，除了向头部传递扭矩之外，还设有限位杆，通过控制限位杆活动的长度，可以调整扩孔的直径。扩孔段施工完成后，钻杆带着钻头向后退出，可伸缩的连杆由于受到孔壁的摩擦作用，两个张开的连杆自行收拢伸直，钻头的整体直径变小，从而可以从非扩孔段内顺利退出到孔外。

机械扩孔法虽然已得到广泛的应用，但自身仍然存在着不足。如机械扩孔不可避免地存在着如何排出孔内切削物的难题，且仅适用于密实土和黏性土层中钻孔的扩孔。因此，机械扩孔的机具和工艺仍需进一步研究和完善。

2. 爆破扩孔法

早在20世纪70年代应用爆破技术扩孔即已获得成功。与机械扩孔法相比，爆破扩孔法适用于所有地层，扩孔直径通常较大且形状不规则。既可在钻孔完成后未插入锚杆之前进行，也可在钻孔中注入水泥浆并插入锚杆后进行，两者都可获得良好的扩孔效果。

早在1982年，我国攀枝花钢铁公司就在中部站土层锚杆挡墙工程中，成功地采用了以爆破方法形成底端扩大头式锚杆。该锚杆设置在砂质黏土中。当直径0.13m的钻孔作业完成后，随即插入锚杆预应力筋。0.5~1.0kg的炸药预先捆成圆柱状放置于钻孔底端。在向孔内注满水后，引爆炸药，致使钻孔内的泥水冲出孔外，最后在钻孔的底端形成了直径0.6~1.0m的孔穴。这种扩大头式锚杆的承载力与普通锚杆相比可提高1~2倍。

爆破扩孔法只适用于制作埋深较大的底端扩大型锚杆，因为接近地面会加大周围土体的破坏区，影响锚杆的固定强度。另外，爆破扩孔法还受到其他因素的限制。如炸药使用方面的安全可靠性、炸药用量、孔穴尺寸的不易确定性等。

3. 高压射流扩孔法

高压射流扩孔技术应用于锚孔扩孔还是近几年来刚刚出现的。利用高压发生装置产生的高压水或高压水泥浆作为切削工具，冲蚀、剥离孔内土体，以达到扩孔目的。当钻机钻杆在旋转推进到所需的深度后，通过钻头前端的射水孔或射浆孔射出高压流体冲削土体，使前端土体破坏形成一个扩大环。被高压流体冲削掉的土体形成泥浆，从套管与钻杆之间空隙排出。如需要进行多环扩孔，可以跟进钻杆，使其继续向前推进到下一个扩大环所在的位置，重复上面的步骤，即可形成下一个扩大环。

　　高压射流扩孔工艺是利用高压水或水泥浆射流，在预先准备好的钻孔中进行扩孔。步骤如下：钻孔至锚杆的设计长度；插入旋喷管，喷射高压水或水泥浆旋转提升；必要时可以进行复喷扩孔，直至完成计划的锚固段扩孔；扩孔完毕，拔出旋喷管；插入锚杆杆体，进行一次注浆，必要时进行二次注浆；扩孔锚杆施工完成。

　　根据扩孔的介质不同，高压射流扩孔可以分为高压水射流扩孔和高压水泥浆射流扩孔。采用高压水流扩孔可节约成本，扩孔直径较大，可用于坚硬的土层，不宜用于易塌孔的土层。高压水泥浆喷射扩孔工艺适用于较易塌孔的不稳定地层，喷射的水泥浆除了切削钻孔孔壁土体，并予以置换之外，还能起到钻孔的泥浆护壁作用。

　　高压射流扩孔的适用条件如下：

　　（1）适合用于地下空间狭小、常规锚索不能布置的场合。

　　（2）可用于易塌孔和流沙的土层。

　　（3）当土中含有较多的大粒径块石、含大量植物根茎或有过多的有机质时，应根据现场试验结果确定其适用程度。

　　（4）对基岩和碎石土中的卵石、块石、漂石呈骨架结构的地层，地下水流速过大和已涌水的基坑工程，地下水可能具有侵蚀性，应慎重使用。

　　（5）应通过高压喷射注浆试验确定其适用性和技术参数。

　　（6）旋喷扩孔段的埋置深度应不小于7m。

　　（7）当锚杆上方地表有重要建（构）筑物时，要特别注意旋喷扩孔对地面的影响。

6.10　可回收式锚索

　　基坑支护中，锚杆（索）作为承力体系，其受拉件通常由钢筋或者钢绞线构成。传统的锚杆无法进行回收，造成地下污染，并成为后续开发的障碍。随着城市建设的发展，地下空间的开发日益普遍。为了避免基坑锚杆对周边场地后续地下空间的开发造成影响，对锚杆永久侵入建筑红线外地下空间做出了限制。可回收式锚索就是应运发展的一种新型锚固技术。可回收式锚索的实质就是对作为受拉件的钢筋和钢绞线的回收再利用。使用后回收，既可避免钢绞线遗留地下对地下空间开发造成影响，又可以重复利用或者回收钢材，降低造价。为此，可回收锚杆在基坑工程中的应用日益普遍。目前，国内外许多企业和科研单位做了许多可回收锚杆的研发工作，并取得了良好的社会和经济效益。目前，常用的可回收式锚杆（索）主要有抽拉式、可拆芯式、扩大头式、机械式和热熔式可回收锚杆（索）。

6.10.1　抽拉式可回收锚杆

　　抽拉式可回收锚杆是一种结构简单的可回收式锚杆。主要由无粘结钢绞线作为拉杆，在锚杆的端部设置一个U形的承载体，无粘结钢绞线穿过承载体形成一组两根钢绞线拉杆，可以根据需要设置多个承载体，以达到较大锚固吨位。该类锚杆可在基坑逐层回填时将锚杆的拉杆抽出回收，避免对周边后续工程的影响。抽拉回收式锚杆张拉时，需要成对张拉钢绞线锁定；拆除回收时，拉拔一根钢绞线将之抽出回收，但很难做到100%回收。为了提高单孔锚力，可采用多个承载体的锚固方案。

SBMA可回收锚索是由Anthony D. Barley等人研发的一种"U"形可回收锚索，其锚索的索体采用无粘结钢绞线。由于一个锚孔中往往放置几个锚索单元，所以能提供较大的锚固力。当对锚索进行回收时，只需用千斤顶对各个单元的钢绞线施加相同荷载，就可将钢绞线拔出。由于SBMA可回收锚索的钢绞线直径较大，在绑扎和回收时比较费力，钢绞线损伤率较大，应用受到局限。

6.10.2 可拆芯式锚杆

可拆芯式锚杆的回收原理是首先放松锚头，然后用千斤顶将回收索抽出，使锚固段锚头松开产生间隙，最后利用卷扬机将受力钢绞线逐根拔出回收。

可拆芯式锚杆的种类较多，以日本的JCE型可回收式锚杆最具有代表性。JCE锚索是一种压力型锚索，它的研发单位是日本国土防灾股份有限公司。JCE锚索构造与普通的锚索较相似，主要分为锚头、张拉段和锚固段三个部分。该锚杆将无粘结钢绞线的端部固定在一个特制的台座上，拆芯钢绞线放置在受力钢绞线的中间。锚杆受力工作时，拆芯钢绞线不参与工作，只在拆卸锚杆时，抽取中间的拆芯锚杆，固定台座中心产生缝隙，其余钢绞线便从承载体处脱离出来，钢绞线就可以逐根从孔口抽出回收。

6.10.3 扩大头式可回收锚索

瑞典的可回收扩大头式锚索，其主要作用机理是无粘结钢绞线绕过折叠钢板构成的承载体来提供锚固承载力。回收时只需放松锚头，利用卷扬机或者千斤顶抽动锚索一端即可实现钢绞线的回收。由于瑞典扩大头锚索构造简单，回收率高，目前已得到了广泛的应用。

6.10.4 机械式可回收锚杆

机械式可回收锚杆技术的代表有中国矿业大学的恒阻大变形锚杆和山东大学的高强预应力让压锚杆。

恒阻大变形锚杆由恒阻装置、杆体、托盘和螺母组成。其中，恒阻装置包括恒阻套管和恒阻体。恒阻套管内表面和杆体的外表面均为螺纹结构，降低了锚杆的自重。恒阻装置，套装于杆体的尾部，托盘和螺母依次安装在恒阻装置的尾部。恒阻套管的材料强度低于恒阻体材料强度，以防止恒阻体在恒阻套管内滑移过程中，恒阻体由于强度较低而发生摩擦破坏，产生降阻特性，严重影响新型锚杆的恒阻性能。恒阻大变形锚杆的设计阻力为杆体材料屈服强度的80%~90%，需确保恒阻装置发挥作用时，杆体不因外部荷载超过其屈服强度而发生塑性变形。

6.10.5 热熔式可回收锚杆

热熔式可回收锚杆的锚具张拉后，可以像普通锚具一样通过夹片作用将钢绞线紧紧地锁住。在锚杆使用完成后，通过低压通电将锚具内热熔材料熔化，解除夹片对无粘结钢绞线的束缚，从而给钢绞线卸荷，将钢绞线抽出，实现钢绞线的回收利用。热熔式可回收锚杆技术的代表有德国的DYWIDAG锚索、日本的IH可回收锚索等。IH可回收式锚索是由日本飞岛建设公司研发的一种压力分散式可回收锚索。其回收机理是通过在锚固段内设置电磁线圈，在通电一定时间后，加热熔断特制的锚索，然后将钢绞线拔出，从而实现锚索主体的回收。IH可回收锚索具有设计灵活、易回收、钢绞线可重复使用等优点。

6.11　锚索的施工

锚索的施工工艺和方法对锚索抗拔力有重要影响，应根据地层条件按照因地制宜、对环境影响小、施工简便、施工质量可靠的原则，选取施工机具、施工工艺和方法。

锚索的施工与基坑开挖紧密配合，各道工序实行平行作业，依次有序地进行。土方开挖应分层开挖、分层支护、自上而下进行施工（图6-12）。注意在基坑边和坑底保留100~200mm厚的土层，由人工修整坑壁和坑底。锚索支护的施工顺序包括：放线→开挖第一层土方→修坡→成孔→制作、安装锚杆→注浆→封闭孔→挂钢筋网→焊接加强筋→喷射混凝土→养护→开挖下一层土方，重复以上工序至最后一层工作面。

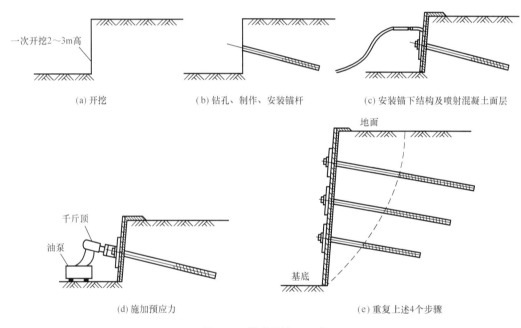

(a) 开挖　　　　　　(b) 钻孔、制作、安装锚杆　　　(c) 安装锚下结构及喷射混凝土面层

(d) 施加预应力　　　　　　　(e) 重复上述4个步骤

图6-12　锚索的施工工序

6.11.1　施工计划与准备

在施工前需探明锚索穿过地层附近的地下管线和地下建（构）筑物的位置、走向、类型和使用状况等情况，确保在施工过程中能够尽量避开。在成孔过程中遇到不明障碍物时，应在查明其性质，且不会危害既有地下管线、地下建（构）筑物、建筑物基础的情况下，方可继续钻进。安排有经验的技术人员担任负责人，根据详细观察到的现场情况，做出判断和决定。按设计要求选定施工方法、施工机械和材料，并在施工方案中制定出施工工期、安全要求和防止公害措施等。

施工的准备工作有：钻孔作业空间及场地平整，钻孔机械、张拉机具及其他机械等设备的选定，材料的准备与堆放，拉杆的制作，电力和燃料供应及给水排水条件等。具体包括：根据地质勘查报告，了解工程施工区域地质水文情况，同时查明锚杆设计位置的地下障碍物情况，以及钻孔、排水对邻近建（构）筑物的影响；根据工程结构、地质、水文情况及施工机具、场地条件，结合锚杆设计文件，制订施工方案，进行施工平面布置，划分区域；选定并准备钻孔机具和材料加工设备；进行锚杆制作；在施工区域内设置临时设施，修建施工便道及排水沟，安装临时水电线路，搭设钻机平台，将施工机具设备运至现场，并进行安装试运转，检查机械、钻具等是否完好齐全；进行技术交底，确定钢筋选型及数量、孔位高低、孔距、孔深、锚具及锚垫板规格；进行施工放线，确定锚孔的孔位；做好钢筋、水泥、砂等材料准备工作，并将使用的水泥、砂按设计规定配合比做砂浆强度试验；锚杆用钢筋应进行强度试验，验证能否满足设计要求。

6.11.2　钻进成孔工艺

1. 锚杆钻机类型

（1）履带行走液压万能钻孔机

履带行走液压万能钻孔机的钻孔孔径范围为50~320mm，具有体积小、使用方便、适应多种土层、成孔效率高等优点。

（2）改装的普通地质钻孔机

改装的普通地质钻孔机成孔，即用轻便斜钻架代替原来的垂直钻架。使用的钻具是在钻杆前端安装直径127mm的圆形套管，在它的前端安装环形钻头，每钻进一节，接长一节套管，直至预计深度。套管可以拔出或作为拉杆留在钻孔内。

（3）同转式旋转钻机

同转式旋转钻机适用于黏性土及砂性土地层。钻机需固定在可移动的框架上，便于对准孔位或移动。回转式钻机钻头安装在套管的底端，由钻机回转机构带动钻杆，给钻头一定的钻速和压力。被切削的渣土，通过循环水流排出孔外而成孔。利用回转的螺旋钻杆，在一定的钻压和钻速下，一面向土体钻进，同时将切削下来的松动土体，沿着螺叶排出孔外。根据不同的土质，需选用不同的回转速度和扭矩。为了施工方便，螺旋转杆不宜太长，一般以4~5m为一节，并宜搭配一些短杆，目前使用的长螺旋杆长度达8~12m不等。螺旋钻进时无需用水循环，也不用套管护壁。回转式旋转钻机根据钻进土层软硬不同可选用不同的钻头。

（4）长螺旋钻机

长螺旋钻机拥有一套长螺旋空心钻杆，钻孔与插入受拉钢筋同时进行。钻孔时，将中心拉杆插入长螺旋杆的中心杆内。一同到达设计锚固深度后，提取螺旋钻杆15~20cm，并采用压力灌浆，边灌浆边退钻杆，使中心拉杆及端头活动钻头留在孔内。灌浆时螺旋叶片间充填的土，可起到保护孔壁、防止坍滑和堵塞灌浆液外流的作用，从而提高灌浆压力。

（5）旋转冲击钻机

旋转冲击钻机的旋转、冲击、钻进及钻机装卸、移动都靠油压装置运行。一般有三台油压泵、三个动作同时进行。钻孔直径为80~130mm，可钻挖任何角度的孔。旋转冲击钻机可根据地层情况，灵活使用旋转、冲击成孔方式迅速装卸，钻孔速度快。旋转冲击钻特别适用于砂砾石、卵石层及涌水地层。

（6）潜孔冲击钻机

潜孔冲击钻机又称为潜孔锤，采用高压风驱动，风力排渣。在硬的岩土层中钻进效率高，机具体积小，移动和布置方便。在土层锚杆施工中，潜孔锤主要用于无地下水、坚硬的土层或风化岩层。

锚杆成孔时，钻机类型和成孔工艺应能适合土层性状和地下水条件，且能满足孔壁稳定性和钻进进尺要求。对松散的砂土、卵石、粉土、填土及地下水丰富的土层，用地质钻机或螺旋钻杆钻机成孔出现塌孔时，应选用套管跟进成孔护壁工艺，不得已时可用水泥浆进行护壁；在高塑性指数的饱和黏性土层中成孔时，在成孔后应采用清水冲洗的方法清除残留泥浆和孔壁泥皮；对软弱土层，宜采用低钻压、低转速、低钻进速度成孔；对地下水位以上含有块石或较坚硬的土层，宜采用潜孔冲击钻机钻进工艺。

2. 钻孔护壁

对坚硬的土层，无地下水作用时，可以采用冲击钻孔、螺旋钻成孔，不需要采取钻孔护壁措施；对坚硬的土层，如硬塑的黏性土、风化岩等，有地下水作用时，可以采用套管直接钻进的工艺成孔，钻头置于套管的前端，钻进的过程中循环水自套管压入，泥渣从钻孔和套管之间返出，也可采用水平地质钻机钻杆钻进，清水循环清渣；对易于塌孔的土层，如粉砂层、砂砾层、软土层，以及卵石层等强透水层，且有地下水作用时，需要采用套管钻杆复合钻进。当锚杆的钻孔上方地面有建筑物，或者钻孔邻近建筑物基础、重要的地下构筑物时，应采用对土层扰动小的钻孔工艺和方法，一般应采用套管超前钻杆钻进的工艺；在锚杆钻孔时，一般禁止泥浆护壁。对于不易塌孔的硬土层，采取回旋钻进时，可采用清水循环排出钻孔切削下来的泥渣，钻孔到位之后自孔底压清水洗孔直至孔口返出清水。

6.11.3 锚杆制作与组装

1. 拉杆的组装

（1）锚杆拉杆的组装

用粗钢筋作拉杆时以不超过3根为宜。如需要多于3根钢筋时，则应按需要长度的拉杆点焊成束，间隔2~3m点焊，必要时可在拉杆尾端放置圆形锚靴。

（2）锚索拉杆的组装

锚索拉杆需在工地现场加工和装配。截取锚索至设计长度，用溶剂或蒸汽清除表面的防护油脂。在锚固段安装架线环，以使各钢索保持一定的分开间距。在钢绞线锚索杆体绑扎时，钢绞线应平行、间距均匀、不应相互交叉缠绕，避免锚索体插入孔内时，钢绞线在孔内弯曲或扭转；锚索钢绞线不得接长使用，锚索锚固段部分应除锈、除油污；锚索的自由段部分，宜设塑料波纹套管，钢绞线表面抹润滑脂；当采用无粘结钢绞线时，表面塑料套管不得破损；采用套管跟进工艺成孔时，应在拔出套管前将杆体插入孔内；采用非套管护壁成孔时，可人工将杆体匀速推送至孔内，插入过程应保证孔壁的稳定；成孔后应及时插入杆体并注浆。

（3）可回收锚杆的组装

随着锚固技术的发展，锚固材料的不断优化，结构形式、施工工艺的不断更新，相应地对锚杆杆体的制作也有了更高的标准，可回收式锚杆钢筋体的螺纹制作、承载体的加工和焊接要求较高，必须是技术熟练的工人利用专门的设备进行操作，制作完成后的放置地点要避免潮湿、肮脏的环境，且应尽快使用。可回收式锚杆的组装分为以下几个步骤：锚杆材料运送至施工场地，注意不同承载能力锚杆的结构尺寸不同，应分类放置；锚杆杆体与承载体应进行防锈处理；在锚杆杆体螺纹段和承载体螺纹段涂润滑油，以利于后期锚杆杆体的回收；锚杆杆体与承载体连接，注意锚杆杆体旋紧的深度必须大于规范规定的最小连接段长度；安装PVC套管时，注意其与承载体连接处应涂抹胶体进行密封。

2. 拉杆的防锈

基坑工程中，锚杆用作临时结构，一般情况下使用时间不超过2年。其防锈保护措施，视地下水及工业废水的侵蚀作用，土中含有的溶解盐对钢材、水泥的腐蚀等环境条件而定。必要时，锚固体敷以水泥砂浆，非锚固段涂防锈油漆或用聚氯乙烯套管。

6.11.4　锚杆的注浆工艺

灌浆分为常压注浆和高压注浆。常压注浆一般采用1根直径25mm左右的钢管或硬质尼龙管作导管，一端与压浆泵连接，另一端用细铁丝固定在锚杆的钢筋或锚索的架线环中间。将导管和锚杆同时送入钻孔内，距孔底应预留0.3~0.5m的空隙。开动压浆泵，将搅好的浆液注入钻孔底部，自孔底向上灌注。随着浆液的灌入，逐步地将灌浆管向外拔出，直至孔口。

高压灌浆需要用密封圈或密封袋等封闭灌浆段，用一根小直径的排气管将灌浆段内的空气排出钻孔。如有浆液从该管流出，则表明在这个锚固段上已经填满水泥浆。该施工工艺：采用旋转或旋转冲击式钻机带套管钻进；在钻进的过程中用清水循环清孔；钻进到位后在套管内放入锚杆杆体；拔出套管时，利用套管将水泥浆在较高的压力下注入；一般上拔0.5~1m压浆一次，直至锚固段全长，注浆压力根据地层情况控制在1.0~1.5MPa；通过该种方法，在锚固段形成圆柱体注浆扩大区，达到增加抗拔力的目的。

灌浆管如采用胶管，使用时应先用清水洗净内外管，然后再开动压浆泵将搅拌好的砂浆注入钻孔底部，自孔底向外灌注。随着砂浆的灌入，应逐步地将灌浆管向外拔出直至孔口，但灌浆管管口必须低于浆液面，这样的灌注法可将孔内的水和空气挤出孔外，保证了灌浆质量。灌浆完成后，应将灌浆管、压浆泵、搅拌机等用清水洗净。用压缩空气灌浆时，压力不宜过大，以免吹散砂浆，避免损坏邻近的锚杆。灌浆时常用注浆塞（图6-13），即在压力灌浆时将帆布塞膨胀起来，这样在锚杆体内的浆液出不来，保证了浆液的压力。特别在涌水地基中，注浆塞能有效保证锚孔灌浆的施工质量。

1. 一次注浆工艺

一次注浆是用压浆泵将水泥浆经胶管压入拉杆管内，再由拉杆管端注入锚孔，管端保持距离孔底150mm，灌浆压力一般为0.4MPa左右。待浆液流到孔口时，用水泥袋等捣入孔内，封堵孔口，并严密捣实，再以0.4~0.6MPa的压力进行补灌，稳压数分钟后即告完成。

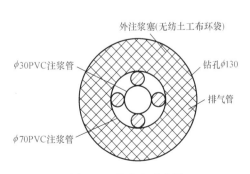

外注浆塞(无纺土工布环袋)

ϕ30PVC注浆管

钻孔ϕ130

排气管

ϕ70PVC注浆管

图6-13　注浆塞示意图

2. 二次注浆工艺

第一次注浆达到一定强度后，再进行高压注浆使浆液在土体缝隙中扩散，形成一个整体，实现加固土体的目的，从而提高锚杆抗拔力，即为二次注浆。二次注浆的方法是在灌浆的锚固体内留有一根灌浆管，在初凝24h后，再灌一次浆液，使原生的锚固体在压力灌浆下产生裂缝并用浆液充填。由于裂缝内充填了砂浆，使锚固体获得了粗糙表面，在很大程度上增大了锚杆根部与土体之间的粘着力。灌浆时要注意，对于靠近地表的土层锚杆，灌浆压力不可过大，以免引起地表膨胀隆起，影响附近原有的地下建（构）筑物或管道的使用。一般每1m覆土厚度的灌浆压力可按0.22MPa考虑。根据试验，水泥浆、水泥砂浆或混凝土在压力下注入后的孔壁，可形成不光滑且似波纹状的良好结合面，对垂直孔或倾斜度大的孔亦可采用人工填塞捣实的方法。

该技术的关键在于掌握好第一次注浆体的初凝时间，把握第二次注浆的时机。在第一次注浆体达到初凝时，进行第二次注浆。如果在第一次注浆体未初凝时，开始第二次注浆，有可能发生孔口冒浆，达不到注浆压力，不能在锚固段产生扩孔、劈裂注浆等效应。若第一次注浆体完全凝固，第二次注浆就很难胀破第一次注浆固结体，达不到二次注浆的目的。

3. 多次高压注浆工艺

根据注浆压力、浆液对土体的作用机理、浆液的运动形式等因素可将注浆效应分为充填效应、渗透效应、压密效应和劈裂效应。这四种注浆效应并不是单独存在的，多次高压注浆是一种包含充填、渗透、压密、劈裂复合效应的注浆方法。

初次高压注浆完毕后，会发生水泥浆的固结干缩作用，结石率下降，会使锚固段和土体之间产生间隙，降低其结合程度，减少了浆液与土体的接触面积。

在施工过程中，将数根专用注浆管和锚筋一起预埋入锚孔。在初次高压注浆后，待水泥浆终凝，再经注浆管实施二次高压注浆。浆液在压力下首先劈裂初次注浆浆液形成的结石包裹体，继而充填由于固结形成的间隙。然后，劈裂周围土体，并形成浆脉。当第二次注浆完毕、浆液凝胶后，若此时结实率、渗透性等指标仍旧无法达到设计要求，则可继续进行第三次注浆，直到达到设计要求。多次注浆充分充填了间隙，最大程度上增加了土体与锚固体的接触面积，改善了岩体性质，提高了锚固力。

多次高压注浆工艺流程：现场勘查→地质分析→确定施工位置及方案→钻机调试→钻孔→护孔→锚杆除锈→注浆管加工→封孔→注浆管、锚杆预埋→注浆机调试→注浆调配→预注浆调试→初次高压注浆→浆液初凝→第二次高压注浆→浆液凝结→第三次至多次高压注浆→拉拔测试。

6.11.5 锚杆的张拉与锁定

桩锚式围护结构所采用的锚杆，应在锚杆下方土体开挖之前进行张拉锁定，张拉力可以选锚杆轴向拉力标准值的70%；当对围护结构有变形控制要求时，可适当提高，但不宜大于锚杆轴向拉力标准值，且不应大于设计荷载。锚杆灌浆后，待锚固强度大于15MPa，并达到设计强度的70%后，方可进行张拉；当预应力没有明显衰减时，可锁定锚杆。为了避免锚杆锁定时荷载损失，锁定时的实际张拉力应略大于设计要求的锁定荷载值，一般张拉力是设计锁定荷载的1.1倍左右。

确定了锚杆的张拉锁定力之后，应选用张拉千斤顶，在锚杆注浆固结体达到张拉要求的强度之后，进行锚杆的张拉。张拉过程中分级加载，初步锁定后保持10min，然后退到设计要求的锁定荷载锁定。锚杆张拉用千斤顶应选用穿心式，自由行程不得小于150mm，千斤顶的出力荷载不得小于1.5倍锚杆设计荷载。为避免张拉对相邻锚杆的影响，应采用跳张法，即隔一或隔二张拉，尽量减少相邻锚杆张拉引起的预应力损失。

由于混凝土面板的徐变和预应力材料的松弛损失，锁定的预应力值可能有不同程度的减小。因此，需要考虑补偿张拉，但必须与基坑的监测数据相配合。在多排锚杆支护结构中，在侧向土压力最大值附近的锚杆应进行补偿张拉；其余部位锚杆，只要基坑变形符合规范，可不进行补偿张拉。二次张拉后的锚杆应力损失较小，基本可以满足设计要求。

虽然预应力锚杆对变形有控制作用，但张拉锁定值并不是越大越好。这是由于受地层特性、预应力锚杆及锚具的力学性能限制，预加应力值不可能无限增大。此外，张拉值过大，使锚杆处于高强度工作状态，容易引起筋体的蠕变，进而导致预应力的损失。过大的张拉值，也会使应力集中现象更明显，容易引起面板的裂缝与破坏。

6.11.6　锚固试验与质量检验

锚杆锚固试验的检验项目包括：拉杆的材料和强度、锚头；注浆用的水泥、砂和水，浆液固化强度；施工机械、注浆压力表、张拉千斤顶等设备的检验、标定等。

在锚杆正式施工之前，选取不少于3根锚杆，开展锚杆基本试验，将锚杆张拉至破坏，取得锚杆的极限抗拔力，锚杆基本试验又称为锚杆的极限抗拔力试验。此外，选择与施工锚杆相同的地层地段进行一系列特殊试验，包括锚杆群锚效果、长期蠕变性能、抗震耐力试验等。在锚杆全面张拉锁定之前，选一定比例数量的锚杆进行验收试验，检测已施工锚杆的抗拔承载力，称为锚杆抗拔力检测试验。

参考文献

[1]　刘国彬，王卫东．基坑工程手册［M］．第二版．北京：中国建筑工业出版社，2009．
[2]　龚晓南．深基坑工程设计施工手册：第2版［M］．北京：中国建筑工业出版社，2018．
[3]　马飞，沈林森．水射流土锚扩孔方法的研究［J］．冶金设备，2005（2）：31-34+27．
[4]　张智浩，杨松，马凛．压力分散型锚杆在基坑支护工程中的应用［J］．工业建筑，2007（4）：9-12+87．
[5]　邱芙君，杨贵灏．压力型预应力锚索在大跨度高边墙地下洞室中的应用［J］．隧道建设，2007（3）：62-64+100．
[6]　丁瑜，乔建平，王全才．拉力分散型锚索在边坡二次加固中的应用［J］．山地学报，2011，29（4）：499-504．
[7]　张志强．复杂环境下桩锚/土钉复合支护施工关键技术研究［D］．郑州：郑州大学，2015．
[8]　黄梅．基坑支护工程设计施工实例图解［M］．北京：化学工业出版社，2015．
[9]　吴绍升，毛俊卿．软土区地铁深基坑研究与实践［M］．北京：中国铁道出版社，2017．
[10]　黄炎杰．基于双曲线模型的锚杆受力分析方法及其工程应用研究［D］．长沙：湖南大学，2017．
[11]　孙电付．可回收柔性支护结构应用研究［D］．石家庄：石家庄铁道大学，2017．
[12]　曹伟．压力分散型预应力锚索在边坡工程中的运用［J］．江西建材，2018（4）：143-144．
[13]　王乔坎．水平荷载作用下压力型扩大头锚杆作用机理研究［D］．杭州：浙江工业大学，2019．

第 7 章 ▶▶
土钉支护技术

7.1 概述

土钉是指一种植入基坑外土层中的以较密间距排列的钢筋或钢管。土钉支护是在基坑边坡表面铺钢筋网，喷射细石混凝土，并每隔一定距离埋设土钉，使其与基坑边坡土体形成复合体来共同工作，从而有效提高边坡稳定的能力。基坑支护工程中，土钉支护技术经济性好、施工快速简便，是一项较为常用的支护技术。

土钉支护与起被动挡土作用的围护墙不同。土钉是一种原位土加筋加固技术，与土方开挖同步施工，较大限度地减小了对土体的扰动。土钉可视为小尺寸的被动式锚杆，但与锚杆支护有诸多不同，内力分布也有很大差异（图7-1）：锚杆在设置后施加预应力，以防止围护结构产生位移，而土钉一般不予张拉，允许产生少量位移，以充分发挥摩阻力；土钉的绝大部分长度与土层相粘合，而锚杆只在其有效锚固范围内才与周围土体密实粘合；土钉的设置密度比锚杆高，单根发生破坏时的后果更易承担；锚杆端头构造更复杂，而土钉承受的荷载较小，一般不需要安装过于牢固的承载装置；一般单根锚杆较长，需要用大型机械进行施工，土钉的施工规模相对较小。土钉支护技术适用于地下水位以上或经人工降水后的人工填土、黏性土和弱胶结砂土的基坑工程。

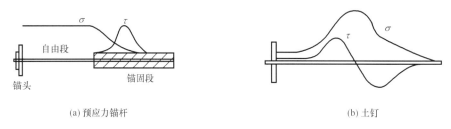

(a) 预应力锚杆　　　　　　　　　　　　　　　(b) 土钉

图 7-1　预应力锚杆和土钉的内力分布

7.2 国内外研究及应用现状

20世纪70年代左右，西方国家率先开始了土钉支护技术方面的理论研究，并且成功应用于实际工程。法国、德国以及美国走在了世界的前列。以新奥法、土体加筋挡墙和土锚等原有支护技术为原型，分别发展了自己的土钉支护技术。进入我国后，土钉支护技术首先在边坡工程中得到了较多应用。

土钉支护技术诞生以来，世界各国相关领域专家学者开展了一系列研究工作。从理论分析、数值模拟、模型试验、足尺试验和现场原位测试等各个方面不断探索。各研究方向中，土钉及基坑变形、土钉轴力发展规律等始终是研究重点。1980年，山西柳湾煤矿的边坡加固工程中采用了土钉支护技术，是我国首例运用土钉支护技术的工程。王步云等对该工程进行了监测和系统研究，提出的"王步云"法在工程界得到较为广泛的应用。解放军89002部队于1992年首次在城市基坑工程中应用土钉支护技术，此后5年间采用土钉支护技术完成数百项基坑支护工程。张明聚针对某土钉支护基坑工程进行现场实测，得出了该支护体系下基坑变形规律、土钉拉力随开挖及时间推移的变化规律、土钉拉力的分布规律等方面的诸多成果。宋二祥、陈肇元通过有限元分析方法，对土钉的稳定性和变形特征进行了研究，分析结果与实测结果相符。谭泽新使用有限元软件对复合土钉进行了模拟，得出了圆弧滑动破坏面依旧是土钉的主要破坏面的结论。李冉等利用有限元软件对复合土钉的施工过程进行了模拟，研究了复合土钉作用机理，分析了复合土钉与一般土钉支护体系相比，在不同破坏形态下的表现。吴琦琪在数值计算模型中，将土钉长度、间距及水泥土搅拌桩直径设为变量，研究了各结构参数对支护性能的影响。

进入21世纪以后，住房和城乡建设部将土钉支护技术在全国范围内逐步进行了推广，从而使其发展进入了全新时期。我国南方沿海地区基坑工程中，涉及高含水率的黏土、粉质黏土、粉细砂和淤泥质土地层。在该类地层基坑开挖过程中，出现基坑坍塌现象的风险较大，土钉支护技术的推广应用面临着巨大挑战。

7.3　土钉支护结构及构造

7.3.1　土钉类型

土钉即置放于原位土体中的细长钢筋或钢管，是土钉支护结构中的主要受力构件，包括以下几种常用类型：

1. 钻孔注浆型

钻孔注浆型土钉（图7-2）由钢筋和外裹的水泥砂浆组成，施作时在地层中成孔，放入钢筋，在孔内注浆即可完成。为了保证土钉钢筋处于孔的中心位置，沿钉长每隔2~3m布置定位支架。土钉钢筋直径多在20~32mm之间。根据不同地层，土钉的成孔多用螺旋钻，也可用冲击回转钻，条件允许时也可用手工洛阳铲成孔。孔径为70~150mm，采用低压自流式注浆。

2. 直接打入型

直接将角钢、圆钢或钢管冲击进土中，与土体的接触面积较小，钉长受限制，所以布置较密，每平方米内可达2~4根，也可用振动冲击钻或液压锤击入。直接打入型土钉的优点是不需要预先钻孔，施工极为快速，但其不适用于砾石土、硬胶结土和松散砂土，适合于密实的砂土地层。

3. 打入注浆型

将表面带孔、端部密闭的钢管打击进土体，再在管中高压注浆，称为打入注浆型土钉（图7-3）。高压浆液从管壁孔渗透到周围土体，使得土钉和地层结合的强度更高，还可改善土的性质，使加固效果更好。这种工法速度较快，但工序相对复杂，适用于抢险工程，

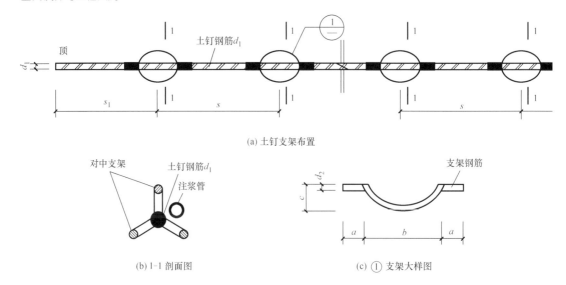

图 7-2　钻孔注浆型土钉构造

在已注浆土钉中进行二次灌浆，费用也会相应增加。

此外，还有采用专门施工设备的高压喷射击入注浆钉和气动射击钉等。一般采用钻孔注浆型土钉，注浆可采用低压力注浆方式。当基坑变形控制要求较高时，宜采用端部有锁紧螺母、能适当施加预拉力的土钉。当在不良土层中使用，可采用二次注浆工艺提高其抗拔力，也可采用加强型土钉。

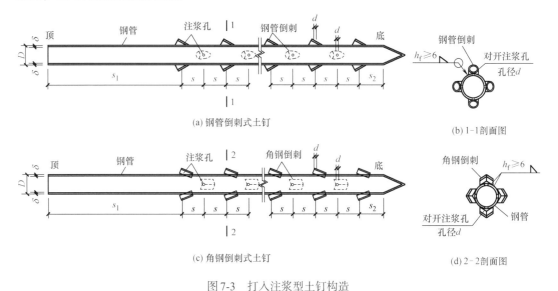

图 7-3　打入注浆型土钉构造

7.3.2　面层

面层为钢筋混凝土结构，混凝土部分采用喷射工艺或现浇施工，或用水泥砂浆代替混凝土（图 7-4）。

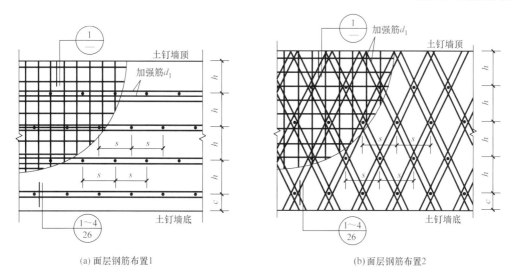

(a) 面层钢筋布置1　　　　　　　　　　　　(b) 面层钢筋布置2

图7-4　混凝土面层构造

7.3.3　连接件

连接件属于面层的一部分，用于面层与土钉、土钉与土钉之间的相互连接。

7.3.4　泄排水系统

为了防止地表水渗透对喷射混凝土面层产生压力，降低土体强度，影响土钉与土体之间的粘结力，土钉支护需要有良好的排水系统。土方开挖施工前，设置地面排水沟，做好地面排水。随着土方的开挖和支护，可在浅层从上而下设置直径60~100mm、长300~400mm的塑料排水管。将排水管插入坡面，以便将混凝土面层背后的水快速排出。排水管间距和数量随估计排水量确定，并在基坑底部设置排水沟或集水井。

7.3.5　构造要求

土钉支护墙面坡度不宜大于1:0.1；设置承压板或加强钢筋与土钉焊接，确保土钉与面层的有效连接；钢筋土钉的直径一般取16~32mm，长度取为开挖深度的0.5~1.2倍，间距1~2m，呈矩形或梅花形布置，与水平夹角宜为5°~20°，钻孔直径宜为70~120mm；采用水泥浆或水泥砂浆作为注浆材料，强度等级不宜低于M10；混凝土面层需配置钢筋网，钢筋直径为6~10mm，间距取150~300mm；面层上、下段钢筋搭接长度不小于300mm；喷射混凝土强度等级不宜低于C20，面层厚度不宜小于80mm。土钉顶部需采用砂浆或混凝土护面。在坡顶和坡脚设排水设施，根据具体情况在坡面上设置足量泄水孔。土钉与面层连接构造如图7-5所示。

软土地区发展了以止水帷幕、超前支护和土钉三者组合而成的复合土钉支护技术（图7-6）。复合土钉支护技术以薄层的水泥土桩墙或压管注浆等超前支护措施来解决土体的自立性、隔水性及喷射混凝土面层与土体的粘结问题；以水平向压密注浆及二次压力灌浆来解决围护墙土体加固和土钉抗拔力问题；以一定的插入深度，解决坑底隆起、管涌和渗流等问题。

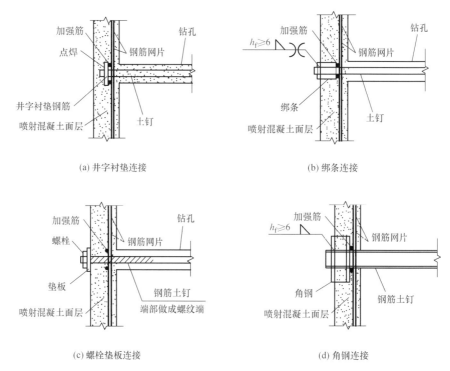

图 7-5　土钉与面层连接构造

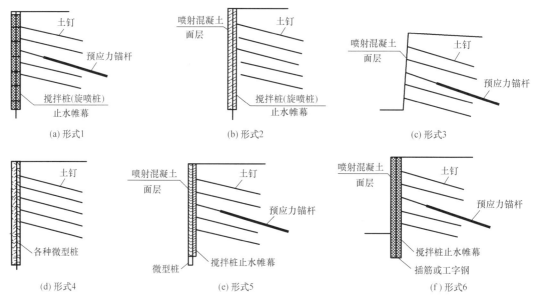

图 7-6　常见复合土钉支护形式

7.3.6　土钉支护特点

（1）能合理利用土体的自稳能力，将土体作为支护结构不可分割的一部分，结构合理。

（2）密封性好，完全将土坡表面覆盖，没有裸露土方，阻止或限制了地下水从边坡表面渗出，防止水土流失及雨水、地下水对边坡的冲刷侵蚀。

（3）土钉数量较多，依靠群锚作用支护，即便个别土钉有质量问题或失效，对整体支护效果影响不大。

（4）施工所需场地小，移动灵活，支护结构基本不单独占用空间，能贴近已有建筑物开挖，这是桩、墙等支护难以做到的。

（5）土钉随土方开挖施工，分层分段进行，与土方开挖基本能同步，不需养护或单独占用施工工期，多数情况下施工速度较其他支护结构更快。

（6）施工设备及工艺简单，不需要复杂的技术和大型机具，施工对周围环境干扰小；材料用量及工程量较少，工程造价较低。

（7）由于孔径小，与桩等施工方法相比，穿透卵石、漂石及填石层的能力更强一些，且施工方便灵活，开挖面形状不规则、坡面倾斜等情况下施工不受影响。

7.4 土钉支护的工作原理

土钉支护技术的工作原理是充分利用原状土的自承能力，把本来完全靠外加支护结构来支挡的土体，通过土钉技术的加固使其成为一个复合的挡土结构。土钉支护是由被加固土体、放置在其中的土钉体和喷射混凝土面层组成，天然土体通过土钉的加固并与混凝土面板相结合，共同抵抗土压力和其他荷载，以保证边坡的稳定性。土钉在土钉支护体系中的作用主要有如下几个方面：

7.4.1 骨架约束作用

由于土钉本身的强度和刚度，以及它在土体中的空间分布，与土体构成一个整体，从而对土体变形起骨架约束作用。

7.4.2 分担作用

一方面，土钉和土体共同承担外载和自重应力；另一方面，在土体进入塑性状态后，应力能逐渐向土钉转移。当土体开裂时，土钉的分担作用更加突出，这时土钉内出现了弯剪、拉剪等复合应力，从而导致土钉体中浆体碎裂、钢筋屈服。由于采用了土钉，使土体的塑性变形延迟，土体开裂变为渐进性的，这与土钉的分担作用是密切相关的。

7.4.3 应力传递和扩散作用

随着开挖荷载的增加，基坑边坡表面和内部裂缝发展到一定宽度，坡脚应力达到最大。下层土钉伸入滑裂面外土体中的部分，仍能提供较大的拉力。土钉通过应力传递作用，将滑裂面内部分应力传递到后部稳定土体中，并分散在较大范围的土体内，降低了应力集中程度。

7.4.4 坡面变形的约束作用

坡面混凝土面层与土钉连接在一起，可有效发挥土钉对坡面变形的约束作用。

7.5 土钉支护适用条件及对环境的不利影响

7.5.1 土钉支护的适用条件

土钉支护适用于具有一定密实度的中细砂土、砾石土、粉土、黏土及风化岩层等。这些地层有一共同的特点，就是能够在一定时间内自行保持开挖边坡稳定。正是这一特点，适合土钉支护作用的发挥。而对于变形较快的松散砂土、软塑、流塑黏性土及软土，用土钉支护需慎重考虑，必要时需预先加固土体，或采用其他改良措施。

土钉支护不适合采用的土层包括：

（1）含水丰富的粉细砂、中细砂及含水丰富且较为松散的中粗砂、砾砂及卵石层等。丰富的地下水易造成开挖面不稳定且与喷射混凝土面层粘接不牢固。

（2）缺少黏聚力的、过于干燥的砂层及相对密度较小的均匀度较好的砂层。这些砂层中易产生开挖面不稳定现象。

（3）淤泥质土、淤泥等软弱土层。这类土层的开挖面通常没有足够的自稳能力。

（4）膨胀土土层，水流渗入后，会造成土钉的荷载加大，产生超载破坏。

（5）新近填土等强度过低的土层。新近填土往往无法为土钉提供足够的锚固力，自重固结等原因会增加土钉的荷载，使土钉支护结构产生破坏。

除了地质条件外，土钉支护还不适用于以下条件：

（1）对变形要求较为严格的基坑工程。土钉支护属于轻型支护结构，土钉、面层的刚度较小，支护体系变形较大，不适用于一级基坑支护。

（2）土钉支护通常适用于深度不大于12m的基坑支护，不适合较深的基坑。

（3）土钉支护无法用于灵敏度较高的土层。土钉施工易引起水土流失，在施工过程中对土层有扰动，易引起地表沉降。

（4）土钉支护无法用于对场地红线有严格要求的工程。土钉沿基坑四周几近水平布设，需占用基坑外的地下空间，一般都会超出红线。如果不允许超红线使用或红线外已有地下结构，土钉无法施工或长度太短，都很难满足安全要求。

（5）如果作为土钉支护要兼作永久性结构，需进行专门的耐久性处理。

7.5.2 对环境的不利影响

（1）相对于排桩和地下连续墙结构支护，土钉支护的变形明显偏大。若周边环境对位移限制严格时，须采取复合土钉支护的形式。如增加垂直超前支护或增加预应力锚索等；或改用刚性支护结构，以减少变形量。

（2）土钉一般要打入红线以外的场地而且永久留在地下，造成周边地下空间的污染。后期在土钉范围内开挖与打桩时，会遇到土钉的阻碍。当基坑外临近已建好的地下室或有较密集的工程桩时，土钉施工困难，此时不宜采用土钉支护的方式。

7.6 土钉支护施工

土钉施工工艺流程包括：施工准备；开挖工作面，修正边坡；喷射第一道面层；设置土钉；绑扎钢筋网、留搭接筋，喷射第二道面层。按此循环开挖土方至坑底后，设置坡顶及坡底排水装置。

7.6.1 施工准备

土钉支护施工前要充分了解工程质量和施工监测内容与要求。例如：基坑支护尺寸的允许误差，支护坡顶的允许最大变形，对邻近建筑物、道路、管线等环境安全影响的允许程度等。采取恰当的降排水措施排除地表水、地下水，以避免土体处于饱和状态，有效减小或消除作用于面层上的静水压力；确定基坑开挖线、轴线定位点、水准基点、变形观测点等，并妥善加以保护；周密安排支护施工与土方开挖、出土等工序的关系，使支护与开挖密切配合，力争达到连续、快速施工。土钉支护施工前应具备的文件：

（1）工程调查与岩土工程勘察报告。

（2）支护结构施工图，包括支护平面、剖面图及总体尺寸；标明全部土钉（包括测试用土钉）的位置并逐一编号，给出土钉的尺寸（直径、孔径、长度）、倾角和间距，喷射混凝土面层的厚度与钢筋网尺寸，土钉与喷射混凝土面层的连接构造方法；规定钢材、砂浆、混凝土等材料的规格与强度等级。

（3）排水系统施工图，以及必要的降水方案设计。

（4）施工方案和施工组织设计，规定基坑分层、分段开挖的深度和长度，边坡开挖面的裸露时间限制以及地下洞室分段开挖长度和方法等。

（5）支护整体稳定性分析与土钉及喷射混凝土面层设计计算书。

（6）现场测试监控方案，以及为防止危及周围建筑物、道路、地下设施而采取的措施和应急方案。

准备施工机具时应考虑：

（1）成孔机具和工艺要视场地土质特点及环境条件选用，要保证进钻和抽出过程中不引起坍孔，可选用冲击钻机、螺旋钻机、回转钻机、洛阳铲等，在易坍孔的土体中钻孔时宜采用套管成孔或挤压成孔工艺。

（2）注浆泵规格、压力和输浆量应满足设计要求。

（3）混凝土喷射机应密封良好，输料连续均匀。

（4）空压机应满足喷射机工作风压和风量要求，一般选用风量 $9m^3/min$ 以上、风压大于0.5MPa的空压机。

（5）采用搅拌法搅拌混凝土时，宜采用强制式搅拌机。

（6）输料管应能承受0.8MPa以上的压力，并应有良好的耐磨性。

（7）供水设施应有足够的水量和水压（不小于0.2MPa）。

7.6.2 施工机具

1. 钻孔机具

一般宜选用体积较小、重量较轻、装拆移动方便的机具。

（1）锚杆钻机

锚杆钻机能自动退钻杆、接钻杆，尤其适用于土中造孔。可选型号有MGJ-50型锚杆工程钻机、YTM-87型土锚钻机、QC-100型气动冲击式锚杆机等。

（2）地质钻机

可选用GX-50型轻型地质钻机。此外，一些工程中也曾选用进口地质钻机，如日本矿研株式会社的RPD型钻机，德国克虏伯公司的HB型钻机，以及意大利WD101型钻机等。

（3）洛阳铲

洛阳铲是土层人工造孔的传统工具，以机动灵活、操作简便见长，一旦遇到地下管线等障碍物能迅速反应，改变角度或孔位重新造孔。并且可用多把铲同时造孔，每把铲由2~3人操作。洛阳铲造孔直径为80~150mm，水平方向造孔深度可达15m。

2. 空气压缩机

空气压缩机作为钻孔机械和混凝土喷射机械的动力设备。若一台空压机带动两台以上钻机或混凝土喷射机时，要配备储气罐。空气压缩机用于土钉支护宜选用移动式。空气压缩机的驱动机分为电动式和柴油式两种。

3. 混凝土喷射机

用于喷射细石混凝土墙面。混凝土喷射机应密封良好，输料连续均匀。

4. 注浆泵

宜选用小型、可移动、可靠性好的注浆泵。工程中常用UBJ系列挤压式灰浆泵和BMY系列锚杆注浆泵。

5. 混凝土搅拌机

宜选用小型便于移动的机型。如JFC100型、XYW-3型混凝土搅拌机等。

7.6.3　基坑开挖

基坑要按设计要求严格分层分段开挖，在完成上一层作业面土钉与喷射混凝土以前，不得进行下一层深度的开挖。每层开挖深度常取与土钉竖向间距相等，一般均为1.5m。每层开挖的水平分段宽度多为10~20m。当基坑面积较大时，允许在距离基坑四周边坡一定距离的基坑中部自由开挖，但应注意与分层作业区的开挖相协调。挖方要选用对坡面土体扰动小的挖土设备和方法，严禁出现超挖，或造成土体松动。坡面经机械开挖后要采用小型机械或铲锹进行切削清坡。

修整后的裸露边坡应在设计规定的时间内及时支护，即及时布设土钉或喷射混凝土。对于易塌的土体可立即喷上一层薄的砂浆，并构筑钢筋网喷混凝土面层，再进行钻孔并设置土钉。

7.6.4　喷射第一道面层

每步开挖后应尽快做好面层，即对修整后的边壁立即喷上一层薄混凝土或砂浆。尽量缩短边壁土体的裸露时间，对于自稳能力较差的土体应立即进行支护。若土层地质条件好的话，可省去该道面层。

混凝土喷射分为干式和湿式两类。干式喷射是采用混凝土喷射机施工，在喷嘴处将干拌合料与水混合后喷出。国产干式混凝土喷射机种类较多，按其构造和工作原理可分为以下几种。

1. 双罐式混凝土喷射机

通过加料斗向加料室加料后，关闭加料室的排气阀门，打开加料室的进气阀门。依靠材料自重使下钟门自动开启，拌合料落入工作室中。由安装在减速器竖轴上的料盘，将拌合料均匀地带出至出料口。由工作室内的压缩空气经出料弯头将拌合料压送至输料器。为了使拌合料能顺利地通过出料弯头，在弯头处再加一个吹管，利用压缩空气将拌合料经输送管送至喷嘴处。喷嘴由混合室和拢料管组成，混合室内壁有环状小孔，高压水由小孔射出，与干拌合料迅速混合后由喷嘴高速喷出。

加料时，关闭下钟门和加料室的进气阀，同时打开加料室的排气阀门，上钟门则自动开启，可继续加料。如此反复就能使混凝土喷射机连续工作。

该混凝土喷射机优点：结构简单、生产可靠、性能好、经久耐用。缺点：体积较大、笨重，易产生反风，粉尘大。

2. 螺旋式混凝土喷射机

干拌合料从加料斗落下，在电动机作用下，经减速器带动的螺旋喂料器，在空心轴的叶片推动下推出。压缩空气由螺旋叶片空心轴尾部通入，至前端处喷出产生负压，加上锥管输入的压缩空气助吹，将螺旋叶片推来的干拌合料吹出。该混凝土喷射机优点：结构简单、体积小、质量小、成本低。缺点：螺旋叶片易磨损，输送距离短，粉尘大。

3. 转子式混凝土喷射机

干拌合料是从旋转着转子的料孔中加入。当旋转体的料孔转到风口处，被压缩空气吹出。吹净后，料孔转至排气孔处排出余气，准备下次装料。

干式喷射具有设备简单、费用低，能进行远距离压送，易加入速凝剂，喷嘴脉冲现象少等优点。但其缺点也很明显，粉尘多、回弹多、工作条件差，施工质量取决于操作人员的熟练程度。

7.6.5 设置土钉

设置土钉的通常做法是先在土体中成孔，然后植入土钉钢筋并沿全长注浆。

1. 钻孔

在进钻和抽出钻杆过程中，不得引起土体坍孔。在易坍孔的土体中钻孔时，宜采用套管成孔或挤压成孔。成孔过程中，应由专人做成孔记录，按土钉编号逐一记载取出土体的特征、成孔质量、事故处理等。将取出的土体与初步设计所认定的土体参数加以对比，若发现有较大的偏差，则要及时修改土钉的设计参数。

2. 插入土钉钢筋

插入土钉钢筋前要进行清孔检查，若孔中出现局部渗水或掉落松土，应立即处理。土钉钢筋植入钻孔之前，要先在钢筋上安装对中定位支架，以保证钢筋处于孔位中心，注浆后其保护层厚度应不小于25mm。支架间距可取2~3m左右，可以采用金属或塑料件，以不妨碍浆体自由流动为宜。

3. 注浆

开始注浆前，应用清水或水泥浆润滑注浆泵及输浆管路。中途停顿或作业完毕后，应及时用清水冲洗管路。

浆体应搅拌均匀并立即使用。当浆体的和易性不能满足要求时，可外加高效减水剂以改善和易性，不准任意加大用水量。

可采用重力、低压或高压注浆。水平孔应采用低压或高压注浆。压力注浆时，应在孔口或规定位置设置止浆塞，注满后保持压力3~5min。重力注浆以充满钻孔为准，但在浆体初凝前需补1~2次浆。

对于向下倾斜的土钉，重力或低压注浆时宜采用底部注浆方式。注浆导管顶端应插至孔底，在注浆同时将导管匀速缓慢地撤出。注浆过程中注浆导管口始终埋在浆液液面以下，以保证孔中气体能全部排出。

注浆时，要采取必要的排气措施。对于水平土钉的钻孔，采用口部压力注浆或分段压力注浆，需配排气管，并与土钉钢筋绑扎牢固，在注浆前与土钉钢筋同时送入孔中。向孔内注入浆体的充盈系数须大于1。

7.6.6 喷射第二道面层

喷射混凝土之前，按设计要求绑扎、固定钢筋网。钢筋网片可用插入土中的钢筋固定，在喷射混凝土时不应出现振动。钢筋网片可焊接或绑扎而成。土钉与面层钢筋网之间可通过垫板、螺帽及土钉端部螺纹杆固定。垫板下空隙需先用高强水泥砂浆填实，待砂浆达一定强度后方可旋紧螺帽来固定土钉。土钉钢筋也可通过井字加强钢筋直接焊接在钢筋网上，焊接强度要满足设计要求。

喷射混凝土的配合比应通过试验确定。当采用干法施工时，应事先对操作人员进行技术考核，保证喷射混凝土的水灰比和质量达到设计要求。喷射混凝土前，应对机械设备、风管、水管和电路进行全面检查和试用。为保证喷射混凝土厚度均匀，可在边壁上隔一定距离打入垂直短钢筋段。喷射混凝土的距离宜保持在0.8~1.5m范围内，并使射流垂直于边壁面。在已有钢筋的部位，可先喷射钢筋的后方，防止钢筋背面出现空隙。从开挖层底部逐渐向上喷射混凝土。底部钢筋网搭接长度范围内，可先不喷射混凝土，待与下层钢筋网搭接绑扎之后，再与下层壁面同时喷射混凝土。混凝土面层接缝处做成45°斜面搭接。当面层厚度超过100mm时，混凝土应分两层喷射，每次喷射厚度宜为50~70mm，且将接缝错开。在继续喷射混凝土之前，混凝土接缝处应清除浮浆碎屑，并喷少量水润湿。面层混凝土至少应养护5~7d，可采用喷水、覆盖浇水或喷涂养护剂等方法进行养护。

7.6.7 排水

应采取合理的排水系统，包括：地表排水、面层内部排水以及基坑内排水，避免土体处于饱和状态，减小作用于面层上的静水压力。对基坑周边地表加以修整，并构筑明沟排水，防止地表水向下渗流。将混凝土面层延伸到基坑顶，形成混凝土护顶，防止地表水渗入土钉加固范围的土体中。

基坑边壁有透水层或渗水土层时，混凝土面层上要做泄水孔，即外管口略向下倾斜的塑料排水管。管壁上半部分可钻些透水孔，管中填满粗砂或圆砾，作为滤水材料，防止土颗粒流失（图7-7）。在喷射混凝土面层前，预先沿土坡壁面每隔一定距离设置一条竖向排水带，即用带状滤水材料夹在土壁与面层之间，形成定向导流带，使土坡中渗出的水导流到坑底后集中排出。为了排除积聚在基坑内的渗水和雨水，应在坑底设置排水沟和集水

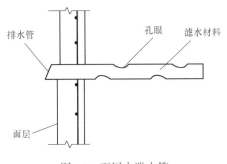

图7-7　面层内泄水管

井。排水沟和集水井宜用砖石衬砌，并用砂浆抹面以防止渗漏。

7.7　施工工艺要点

（1）土钉支护的施工顺序为：按设计要求自上而下分段、分层开挖工作面，修整坡面→埋设喷射混凝土厚度控制标志→喷射第一层混凝土→钻孔→安设土钉→注浆→安设连接件→绑扎钢筋网→喷射第二层混凝土→设置坡顶、坡面和坡脚的排水系统。如土质较好，也可采取如下顺序：开挖工作面→修坡→绑扎钢筋网→成孔→安设土钉→注浆→安设连接件→喷射混凝土面层。

（2）基坑开挖应按设计要求分层分段进行，分层开挖高度由设计所要求土钉的竖向距离确定，不得低于土钉以下0.5m；外层开挖也宜分段进行，分段长度一般可取10~20m。

（3）钻孔方法与土层锚杆基本相同，可用螺栓钻、冲击钻、地质钻机和工程钻机。当土质较好、孔深不大时，也可用洛阳铲成孔。成孔的尺寸允许偏差为：孔深±50mm；孔径±5mm；孔距±100mm；成孔倾斜角±5°；钢筋保护层厚度不小于25mm。

（4）混凝土面层的强度等级不宜低于C20，石子粒径不大于15mm，水泥与石子的重量比宜为1:4~1:4.5，砂率宜为45%~55%，水灰比为0.40~0.45。喷射作业应分段进行，同一分段内喷射顺序应自下而上，一次喷射厚度不宜小于40mm；喷射混凝土时，喷头与受喷面应保持垂直，距离宜为0.6~1.0m。喷射表面应平整湿润。

（5）混凝土面层中的钢筋网应在喷射第一层混凝土后铺设，钢筋保护层厚度不宜小于20mm；采用双层钢筋网时，第二层钢筋网应在第一层钢筋网被混凝土覆盖后铺设。每层钢筋网之间搭接长度应不小于300mm。钢筋网用插入土中的钢筋固定，与土钉应连接牢固。

（6）土钉注浆，材料宜选用水泥浆或水泥砂浆；水泥砂浆的水灰比宜为0.5左右，水灰比宜取0.38~0.45。水泥浆、水泥砂浆应拌合均匀，随拌随用，一次拌合的水泥浆、水泥砂浆应在初凝前用完。

（7）注浆作业前，应将孔内残留或松动的杂土清除干净；注浆开始后，若中途停止超过30min，应用水或稀水泥浆润滑注浆泵及其管路；注浆时，注浆管应插至距孔底250~500mm处，孔口部位宜设置止浆塞及排气管；土钉钢筋插入孔内应设定位支架，间距2.5m左右，以保证土钉位于孔的中央。

（8）土钉支护的质量检测：土钉采用抗拔试验检测承载力，同一条件下，试验数量不宜少于土钉总数的1%，且不少于3根；土钉的抗拔力平均值应大于设计要求，抗拔力最小值应不小于设计要求抗拔力的0.9倍；墙面喷射混凝土厚度应采用钻孔检测，钻孔数宜为每100m²墙面一组，每组不应少于3个测点。

7.8 施工监测及现场测试

7.8.1 施工监测

土钉支护的施工监测项目由工程类别和环境条件确定，至少应包括支护结构整体位移的测量、周边地表沉降和开裂状态的观测。此外，宜对支护结构的工作状态做全面监测，如采用测斜仪量测不同土层的位移，应用应变仪测量土钉钢筋的工作应力，以及面层后的土压力量测等。

在支护结构施工阶段，每天需进行不少于两次监测。在完成基坑开挖和支护施工，基坑变形趋于稳定的情况下，可酌情减少监测次数。施工监测过程应持续至整个基坑完成回填为止。

基坑周边每10m设置一个水平位移和沉降监测点，变形异常部位可增设测点，且监测点总数不宜少于3个。当基坑附近有重要建（构）筑物时，应在其相应位置增设监测点。测定基坑边壁不同深度处的水平位移，及距基坑边沿不同距离处的坑外地表沉降，绘出各施工阶段的位移及沉降曲线。

基坑开挖过程中，基坑顶部的侧向位移与当时的开挖深度之比超过设计要求时，要及时对支护结构采取加固措施。

在整个基坑开挖施工过程中，应持续观察附近地表、地层变形和开裂情况。一般情况下，地表出现细微裂缝可视为正常情况，但必须密切跟踪观察其发展趋势。当裂缝加速发展时，必须停止原定施工过程，修改支护设计参数，及时采取加固措施。监测数据要尽量准确，及时整理并绘制成位移与时间、位移与基坑深度等关系曲线。

7.8.2 现场测试

1. 基本抗拔试验

（1）基本抗拔试验加载装置的额定拉力及活塞行程，要有一定的富余量，一般可采用穿心式液压千斤顶。如土钉为其他截面钢材，也可采用粗钢筋焊接加长，以便于千斤顶锚固。但一定要保证钢筋抗拉强度及焊接强度大于土钉材料抗拉强度。拉力量测一般可用连接于油泵的压力表或用荷载盒；土钉的拔出位移量测可用电测位移计、百分表、挠度计等。需要有足够大的型钢梁和厚钢板将千斤顶的反力均匀分布到较远处，保证挠度计或百分表的支架设置在不受外力扰动的稳定地层。

（2）测试钉在每一典型土层中至少应有3根，且应为专门设置的非工作钉。

（3）测试钉孔径、材料等参数以及施工方法应与工作钉完全相同，但其总长度与粘结长度可适当调整。

（4）测试钉的拔出采用分级连续加载的方式。首先施加少量初始荷载（不大于设计荷载的10%）以使加载装置稳定，以后每级荷载增量不超过设计荷载的20%。

（5）极限荷载下的总位移，必须超过测试钉非粘结长度段土钉弹性理论计算值的80%。

2. 验收试验

（1）选作验收试验用的土钉应具有代表性，其数量应不少于土钉总数的1%或3根。

（2）最大试验荷载值定为土钉设计荷载值的1.25倍，但不超过土钉钢筋抗拉强度标准值。

（3）土钉验收合格的标准为：土钉抗拔力平均值应不小于设计抗拔力，最小值应大于设计抗拔力的90%。

7.9　辅助工程措施

（1）在土钉支护工程中，当需对基坑边壁变形进行严格控制时，一般要用预应力锚杆替代部分土钉，以达到对基坑边壁变形的有效控制。

（2）采取全方位的构造防治措施，以把水患影响减少到最低限度。水患防治措施主要是排、挡、降、封、抽。

（3）如果因回填土层松散造成成孔困难，可采用击入式注浆钢管土钉。在极松散的回填土中，土钉支护的施工顺序一般为：土方开挖→初喷混凝土→打入注浆钢管→挂网→设置锁紧装置→终喷混凝土→注浆→补喷混凝土→养护。

（4）在流沙层中，土方开挖前，一般要设置超前锚杆，可以是角钢、槽钢、钢管、螺纹钢筋等，有时也可采用木桩、竹桩。流沙层中的土方开挖，一般采用跳挖方式，并采用击入式注浆钢管土钉。为了在流沙层中加快土钉支护的施工速度，钢筋网可在现场预先制作。

（5）在饱和淤泥质土层中施工，土方应分层分段开挖，并设置超前锚杆。一般要采用套管护壁成孔，且成孔后应立即下入土钉，并边注浆边拔出套管。如果仍不能达到要求，还可以采用土钉+锚杆+排桩或地连墙的复合土钉墙支护技术（图7-8）。

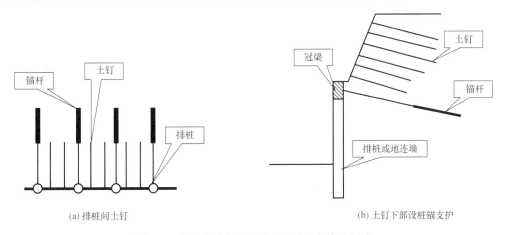

图7-8　土钉+锚杆+排桩或地连墙的复合土钉墙

参考文献

[1]　江正荣. 基坑工程便携手册 [M]. 北京：机械工业出版社，2000.

[2]　赵志缙，应惠清. 简明深基坑工程设计施工手册 [M]. 北京：中国建筑工业出版社，2000.

[3]　蒋国盛，李红民，管典志. 基坑工程 [M]. 武汉：中国地质大学出版社，2000.

[4]　龚晓南. 深基坑工程设计施工手册：第2版 [M]. 北京：中国建筑工业出版社，2018.

[5]　宋二祥，陈肇元. 土钉支护及其有限元分析 [J]. 工程勘察，1996，139（2）：1-5.

[6]　李冉，赵燕明，方玉树. 复合土钉支护的有限元分析 [J]. 后勤工程学院学报，2005（21）：57-61.

[7]　吴琦琪. 复合型土钉支护结构有限元数值分析 [J]. 低温建筑技术，2006（3）：105-107.

[8]　杨强. 土钉基坑支护有限元分析与信息化监测施工技术在工程中的应用 [J]. 国外建材科技，2007，28（3）：123-125.

[9]　付文光，杨志银. 土钉墙技术的新进展及前景展望 [J]. 岩土工程学报，2010，32（增1）：17-21.

[10]　谭泽新. 复合土钉墙的有限元分析 [J]. 山西建筑，2010，36（20）：83-84.

[11]　董洪国. 北京地区土钉作用机理及土钉墙工作特性的试验研究 [D]. 北京：中国矿业大学（北京），2015.

[12]　黄梅. 基坑支护工程设计施工实例图解 [M]. 北京：化学工业出版社，2015.

[13]　吴绍升，毛俊卿. 软土区地铁深基坑研究与实践 [M]. 北京：中国铁道出版社，2017.

[14]　叶书麟，韩杰，叶观宝. 地基处理与托换技术 [M]. 北京：中国建筑工业出版社，1994：484-514.

[15]　张明聚，郭忠贤. 土钉支护工作性能的现场测试研究 [J]. 岩土工程学报，2001（3）：319-323.

第8章▶

地下连续墙支护技术

8.1 概述

地下连续墙的施工，先修筑单元墙段，再通过某种特殊的接头方式将单元墙段连接成一个整体。建造单元墙段的基本步骤为：首先，利用专用的挖槽设备在地面上进行作业，沿着基坑或地下结构的周边开挖出具有一定宽度的狭长深槽；然后，在完成槽体的开挖后，使用吊机将提前制作完成的钢筋笼骨架吊装下放到槽底指定深度；最后采用导管法浇筑水下混凝土，待混凝土凝结硬化后，即完成单元墙段的构筑。重复上述单元墙段施工过程，在地下逐段筑成一道连续的钢筋混凝土墙，作为地下截水、防渗、承重、挡水结构。

地下连续墙按截面形状和构造形式不同，可以分为板壁式墙、T形墙、π形墙、格形墙和U形折板墙等。按成墙方式可分为桩排式、槽板式和组合式；按墙的用途可分为防渗墙、临时挡土墙和永久挡土墙；按墙体材料可分为钢筋混凝土墙、塑性混凝土墙、固化灰浆墙、自硬泥浆墙、预制墙、泥浆槽墙、后张预应力墙和钢制墙；按开挖情况可分为地下挡土墙和地下防渗墙。本章着重介绍钢筋混凝土地下连续墙支护技术。

8.1.1 地下连续墙的特点

地下连续墙能得到广泛的应用和其具有的优点是分不开的：

（1）工程应用范围广泛，能够适用于多种地层地质条件，如冲积层、砂砾层和岩体等。

（2）施工过程振动较小，不会对周边环境产生过大的噪声干扰。因此，对于人口密度较为集中的城市中心区域，或是居民区夜间施工情况，其施工效果都比较理想。

（3）墙体具有良好的整体性能，刚度大，能够抵抗较大的侧向水土压力，有效地控制基坑周围的地面沉降。地下连续墙非常适合用作深基坑的围护结构，可在保证尽量减小对周边建筑影响的前提下进行施工。

（4）地下连续墙具有很好的抗渗性和耐久性。地下连续墙墙体厚度一般较大，确保钢筋有足够大的保护层厚度。此外，随着新型墙体接头形式的不断提出和施工工艺的改良提高，大型地下连续墙的防渗问题也可以得到很好的保证。

（5）由于地下连续墙可以用作永久地下结构外墙，可以有效支持"逆作法"施工，对于提高施工速度和减少工程造价具有明显的优势。

（6）地下连续墙施工机械化程度高，施工现场对空间的利用率高，能够保证良好的施工工效，具有明显的经济效益优势。

地下连续墙也有其不足及局限性：

（1）地下连续墙施工工序多，工艺复杂，对于施工队伍的经验、技术水平要求较高。地下连续墙施工包括了放线、构筑导墙、开挖成槽、制作护壁泥浆、刷壁清孔、吊放钢筋笼、笼体拼接、浇筑水下混凝土等多道工序。各道工序都有显著的技术难点，如槽壁稳定、混凝土绕流等关键技术问题，均需要成熟的工艺方法和高效的处理措施进行应对。

（2）施工质量要求较高。地下连续墙作为由一个个墙体单元组成的整体围护结构，任意一个墙体单元出现质量问题都将影响到整体，引起开裂、渗水等施工质量问题，且一旦出现类似问题，其修补、返工难度也相对较大。

（3）对施工设备要求较高。由于地下连续墙施工工序较多，每道工序都需要专用的设备进行作业，如铣槽机、成槽机、履带起重机等。

（4）施工工作量大，泥浆护壁工艺会产生泥浆废弃物，若不进行妥善处理则可能引起环境污染问题。

8.1.2　地下连续墙的适用条件

由于受到施工机械的限制，地下连续墙的厚度具有固定的模数，不能像灌注桩一样根据需要的支护刚度灵活调整。因此，地下连续墙只有在一定深度的基坑工程或其他特殊条件下，才能显示出经济性和特有优势。一般适用于如下条件：

（1）开挖深度超过10m的深基坑工程。

（2）围护结构亦作为主体结构的一部分，且对防水、抗渗有较严格要求的工程。

（3）采用逆作法施工，地上和地下同步施工时，一般采用地下连续墙作为围护墙。

（4）邻近存在保护要求较高的建（构）筑物，对基坑本身的变形和防水要求较高的工程。

（5）基坑内空间有限，地下室外墙与红线距离极近，采用其他围护结构形式，无法满足作业空间要求的工程。

（6）在超深基坑中，例如30~50m的深基坑工程，采用其他围护结构无法满足要求时，常采用地下连续墙。

8.1.3　地下连续墙成槽机械

广泛采用的地下连续墙成槽机械主要有抓斗式成槽机、液压铣槽机、多头钻机和旋挖式钻机等，可分为抓斗式、冲击式和回转式三大类。

1. 抓斗式成槽机

抓斗式成槽机用履带式起重机悬挂抓斗，抓斗通常是蚌式的，根据抓斗的结构特点又分为液压导板抓斗、导杆式抓斗和混合式抓斗。

（1）液压导板抓斗是用高压胶管把液压传送到几十米深处的抓斗斗体，以完成抓斗的开启和关闭，用导板为抓斗导向以防偏斜，它是用钢丝绳悬吊在履带起重机或其他机架上的。常用的有德国宝峨（BAUER）GB系列、日本真砂（MASGO）MHL系列、意大利土力公司（SOILMEC）BH系列、法国地基建筑公司BAYA系列、意大利卡沙哥兰地集团（CASAGRANDE）KRC系列。其特点是液压导板抓斗的闭斗力大，挖槽能力强，多设有纠偏装置，因此可以保证高效率、高质量地挖槽。

（2）导杆式抓斗分为全导杆式和伸缩导杆式两种。全导杆式抓斗最早是由英国国际基础公司生产的BSP型，不过目前已不再生产。伸缩式导杆抓斗有法国的KELLY、意大利的KRC和日本的CON系列。其特点是导杆式抓斗一般采用伸缩式杆传递动力，开挖时噪声和振动很小，对周围地层和环境影响及扰动很小。它是松散砂层、软黏土或开挖时需严格控制剪切作用的灵敏性土中进行开挖的理想设备。这类抓斗多装有测斜和纠偏装置，成槽精度较高。

（3）混合式液压抓斗是把钢丝绳和导杆式液压抓斗结合起来，推出的一种新型抓斗，是一种钢丝绳悬吊的导杆抓斗。包括意大利土力公司（SOILMEC）的BH-7/12和MAIT公司HR160抓斗、上海金泰公司生产的SG系列等。其特点是吸收了钢丝绳抓斗和导杆式抓斗的优点，结构简单、操作方便。抓斗可快速地入槽和出槽，具有较高的垂直精度，可以穿过坚硬的砂卵石地层。可以旋转斗体，通过改变斗体两边斗齿个数，保证抓斗平衡。抓斗上专门配置了冲击齿，当遇到非常坚硬的黏土层或粉细砂层时，可装上冲击齿进行作业。可在狭小场地施工，抓斗内部装有强制刮板，能加快卸土速度。

抓斗式成槽机结构简单，低噪声、低振动，抓斗挖槽能力强，施工高效，成槽精度较高，易于操作维修，运转费用低，地层适应性广，除大块的漂卵石、基岩外，一般的地层均可采用。当掘进深度很大或遇超硬土层时，成槽工效降低，需配合其他方法一道使用。

2. 冲击式成槽机

冲击式成槽机是依靠钻头自身的重量反复冲击破碎岩石，然后以收渣筒将破碎的土和石屑取出而成孔。在我国，冲击式成槽机用于地下连续墙施工已有多年历史了，其优点是施工机械简单、操作简便、成本低廉；缺点是成槽效率低、成槽质量较差。中国水利水电基础工程局率先研制出的CZF系列冲击反循环钻机，既保持了传统冲击式成槽机的优点，又使其效率比老式冲击式成槽机提高1~3倍，使冲击式成槽机焕发了活力。冲击式成槽机对地层适应能力强，在各种土、砂层、砾石、卵石、漂石、软岩和硬岩地层中都能使用。特别适用于深厚漂石、孤石等复杂地层施工，在此类地层中其施工成本要远低于抓斗式成槽机和液压铣槽机，具有不可替代的作用。

3. 回转式成槽机

回转式成槽机根据回转轴的方向分垂直回转式与水平回转式。

（1）垂直回转式成槽机

垂直回转式是利用一个或多个潜水电机，通过传动装置带动几个钻头旋转，切削土层，用泵吸反循环的方式排渣。主要机型有日本的BW系列、我国的SF-6080和ZLQ等。其特点是施工时无振动、无噪声，挖掘速度快，机械化程度高，可进行连续挖槽和排渣，不需要反复提钻，施工效率高，施工质量较好；但是这种钻机在砾石地层、卵石地层及遇障碍物时，成槽适应性欠佳，一般只能掘削黏性土、砂性土等不太坚硬的细颗粒地层。

（2）水平回转式成槽机

水平回转式成槽机又称为双轮铣槽机，根据动力源的不同，可以分成电动和液压两种机型。液压式有宝峨（BAUER）公司的BC型、卡沙特兰地（Casagrande）公司的K3型、日本的TBW型等。电动式有日本利根公司的EMX型等。其特点是对地层适应性强，淤泥、砂、砾石、卵石、砂岩、石灰岩均可掘削，能直接切割混凝土，不需专门的连接件，也不需采取特殊封堵措施就能形成良好的墙体接头，成槽深度大，一般可达60m，特制型号可达 150m，挖掘效率高。但同时双轮铣槽机设备价格昂贵、维护成本高、不适用于存在孤石、较大卵石的地层，对地层中的铁器掉落或原有地层中存在的钢筋等比较敏感。水平回转式成槽机性能优越，国内已成功施工了三峡工程、深圳地铁车站、南京紫峰大厦、上海 500kV 世博变电站等多个工程。

（3）组合工艺成槽

在复杂地层中的成槽施工，由单一的纯抓、纯冲、纯钻、纯铣工法等，逐渐发展到采用多种成槽工法的组合工艺，组合工艺效率高、成本低、质量优。

主要的组合工艺有"抓冲法""钻抓法""钻凿法""凿铣法"和"铣抓钻组合法"等新组合工法。"抓冲法"以冲击钻钻凿主孔，抓斗抓取副孔。冲击钻可以钻进软硬不同的地层，而抓斗取土效率高。"钻抓法"是在抓斗幅宽两侧先钻两个导孔，再以抓斗抓取两孔间土体。"钻凿法"是利用重凿冲凿，并与冲击反循环钻机相配合的一种工艺，适用于硬岩、孤石等坚硬地层。"凿铣法"是用重凿冲凿，并与液压铣槽机配合的一种工艺，其优点是成槽质量好、噪声低。

8.2 国内外研究及应用现状

地下连续墙的开挖技术起源于欧洲，它的出现依托石油钻井时使用泥浆护壁，以及水下浇筑混凝土技术的发展。1914 年开始在工程中使用泥浆护壁，1920 年德国申请了地下连续墙的专利，1921 年发表了泥浆开挖技术的报告，1929 年选用膨润土作为泥浆的制作原料。而在使用水泥浆支撑的深槽中制造地下连续墙的施工方法则是，意大利米兰的 C. Veder 在 1948 年，做了一个在充满膨润土泥浆的长槽中，浇筑地下连续墙的试验，验证其作为堤坝防渗墙（Cut-off Wall）的可能性以后，才逐渐成形。1950 年，在修建圣玛利亚水库坝基时，地下连续墙技术首次应用于工程实践。

世界各国都是先在水利水电工程中对地下连续墙技术进行了探索，并逐步将地下连续墙用作防水防渗临时结构、挡土墙护壁等，而后推广到市政、建筑、矿山、交通、环境和铁道等部门。最初的地下连续墙的墙体厚度仅 600mm，深度仅 20m。20 世纪 80 年代是地下连续墙技术快速发展的时期，墙厚超过 1.2m、深度达 100m 的地下连续墙已经开始不断在实际工程中出现。90 年代的时候，实验性地施工了厚度为 3.2m、深度为 170m 的超厚、超深地下连续墙。东京湾的川崎人工岛中应用了墙厚 2.8m、直径 108m 的大型地下连续墙。加拿大也建成了深度至目前仍是世界第一的地下防渗墙，深度达 131m。由意大利和法国公司建成的位于阿根廷和巴拉圭交界处的亚西雷塔水电站防渗墙，面积 90 万 m^2，是世界上目前地下连续墙中长度最长和面积最大的防渗墙。

地下连续墙技术最发达的国家莫过于日本，已经累计修建了 1500 万 m^2 以上地下连续墙，目前仍以平均每年建成 60~80 万 m^2 的速度增长。日本建成了深度 170m、厚度 3.2m 的地下连续墙，垂直倾斜度只有 1/1000~1/2000。目前施工最薄的地下连续墙厚度可达 200mm。

我国是在 20 世纪 50 年代末引入地下连续墙技术的。1957 年，我国水利代表团考察了意大利的地下连续墙施工技术。1958 年开始在北京密云水库和青岛月子口水库进行了槽孔地下连续墙和排桩地下连续墙的施工。1960 年，密云水库白云主坝的地下连续墙完工，使我国的水库大坝防渗技术产生了很大进步。闻名于世的三峡和小浪底工程中都应用了地下连续墙技术。

随着城市建设及改造规模的扩大，深基坑工程越来越多，施工条件也越来越受到限制。地下连续墙在软土地层城市地铁车站工程中有着不可替代的作用。例如：广州文化公园地铁站基坑采用1000mm厚地下连续墙作为围护结构；上海地铁2号线江苏路站深基坑长260m、宽度21m、深15.0~17.0m，采用的地下连续墙作为基坑围护的同时，也作为车站的主体承重墙使用。上海世博会500kV地下变电站深基坑工程，开挖了深度达34m的地下连续墙。上海金茂大厦基坑开挖深度达36m，采用两墙合一方案。

8.3 地下连续墙的结构及构造

地下连续墙的结构及构造是极其重要的，包括钢筋笼和混凝土的构造，墙段之间的压顶梁、刚性接头、柔性接头、防水接头等不同的构造形式。

8.3.1 墙体厚度与槽段宽度

地下连续墙的厚度一般为0.5~1.5m，而随着挖槽设备大型化和施工工艺的改进，地下连续墙厚度可达2.0m以上，常用墙厚为0.6m、0.8m、1.0m和1.2m。壁板式一字形槽段宽度不宜大于6m，T形、折线形槽段的各肢宽度总和不宜大于6m。地层稳定性越好，槽幅可越长，但一般不大于8m。

8.3.2 入土深度

连续墙入土深度与基坑开挖深度的比，一般为0.7~1.0。工程中地下连续墙入土深度在10~50m范围内，最大深度可达150m。当用作隔水帷幕，地下连续墙入土深度需根据基底以下的水文地质条件和对地下水控制要求确定。

8.3.3 混凝土和钢筋笼

地下连续墙的混凝土设计强度等级不应低于C30，抗渗等级不宜小于P6级。保护层在迎坑面不宜小于50mm，在迎土面不宜小于70mm。混凝土浇筑面宜高出设计标高以上300~500mm。

纵向钢筋宜采用HRB400级及以上规格钢筋，直径不宜小于20mm。主钢筋的间距应在3倍钢筋直径以上，其净距还要在混凝土粗骨料最大尺寸的2倍以上。纵向钢筋应尽量减少钢筋接头，并应有一半以上通长配置。水平钢筋可采用HRB335级钢筋，直径不宜小于14mm。封口钢筋直径同水平钢筋，竖向间距同水平钢筋，或按水平钢筋间距间隔设置。一个单元槽段的钢筋笼宜在加工平台上装配成一个整体，一次性整体沉放入槽。

8.3.4 墙顶压顶梁

在地下连续墙顶部与迎土面平齐设置封闭的钢筋混凝土冠梁，冠梁宽度不宜小于地下连续墙的厚度，墙顶嵌入冠梁的深度不小于50mm。

8.3.5 地下连续墙的施工接头

施工接头是指地下连续墙槽段和槽段之间的接头，用于连接两相邻单元槽段。根据受力特性不同，地下连续墙施工接头可分为柔性接头和刚性接头。

不能承受弯矩和水平拉力，主要是为了方便施工的接头称为柔性接头（图8-1）。槽段下放钢筋笼后，再下入直径或宽度与槽宽相等的管体、箱体或预制接头。灌注混凝土后留下不同形状接头，用于与下一个单元槽段相连接。常用的柔性接头主要有圆形（或半圆形）锁口管接头、波形管（双波管、三波管）接头、楔形接头、工字形型钢接头、钢筋混凝土预制接头和橡胶止水带接头等。柔性接头抗剪、抗弯能力差，一般不用作主体结构的地下连续墙结构。

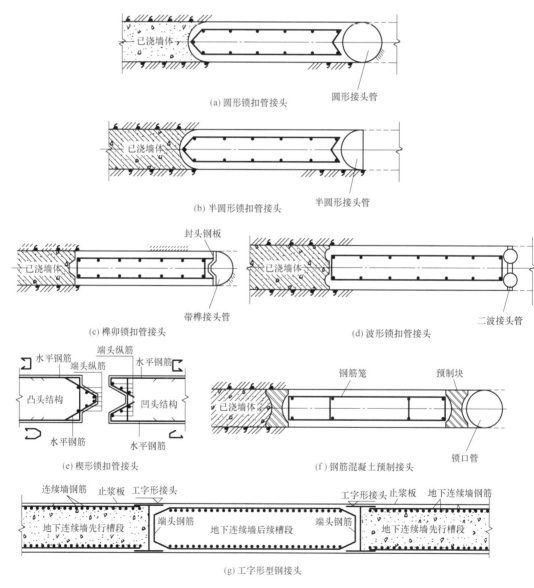

(a) 圆形锁扣管接头

(b) 半圆形锁扣管接头

(c) 榫卯锁扣管接头

(d) 波形锁扣管接头

(e) 楔形锁扣管接头

(f) 钢筋混凝土预制接头

(g) 工字形型钢接头

图8-1 地下连续墙柔性施工接头

能够承受弯矩、剪力和水平拉力的施工接头称为刚性接头（图8-2），包括一字形或十字形穿孔钢板接头、钢筋承插式接头和十字形型钢插入式接头等，当地下连续墙作为主体地下结构外墙时被广泛采用。

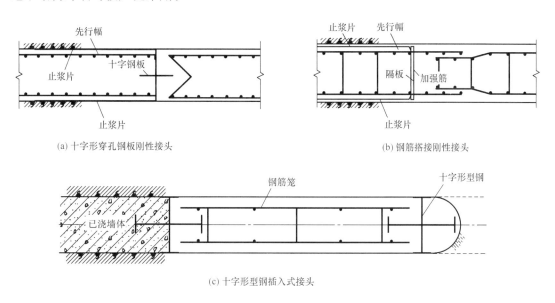

(a) 十字形穿孔钢板刚性接头　　　　　　　　　　　　　　(b) 钢筋搭接刚性接头

(c) 十字形型钢插入式接头

图8-2　地下连续墙刚性施工接头

8.3.6　圆筒形地下连续墙

圆筒形地下连续墙是现浇地下连续墙的一种组合结构形式（图8-3）。采用壁板式槽段或转角槽段可组合成圆筒形结构形式。圆筒形地下连续墙充分利用了土拱效应，降低了作用在支护结构上的土压力。与常规形状的基坑相比，圆形结构具有更好的力学性能，它可将作用在其上的荷载转化为地下连续墙的环向压力，充分发挥混凝土抗压性能好的特点，结合内环梁或内衬墙共同协调受力，有利于控制基坑变形。工程中，根据施工器械成槽有效宽度，每幅地下连续墙划分为2~3段折线，因此圆筒形地下连续墙的平面形状实际为多边形，并非理想的圆形结构，其受力状态以环向受压为主，受弯为辅。圆形地下连续墙适用于主体地下结构为圆形或接近圆形的工程，以及受到条件限制或为了方便施工需采用无支撑大空间施工的工程。

由于常规成槽机只能施工一字形或转角槽段，在槽段施工时可采用直线形槽段或大角度的折线槽段拟合成近似圆筒形的形状。圆筒形地下连续墙槽段接缝尽量设置在平直段，以利于保证接头的施工质量。圆筒形地下连续墙受力以环向轴力为主，施工接头为受力的薄弱环节，施工接头的处理尤为重要，可根据工程的实际需要，采用工字钢接头并预埋注浆管。在地下连续墙施工过程中，应严格清刷结构部位，保证混凝土的浇筑质量，防止结构夹泥，影响地下连续墙整体受力性能。

8.3.7　格形地下连续墙

格形地下连续墙是现浇地下连续墙的另一种组合结构形式，是一种靠自身重量实现稳

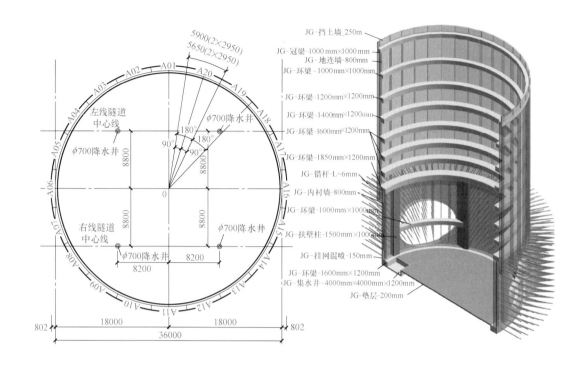

图8-3 圆桶型地下连续墙基坑（单位：mm）

定的半重力式结构，基坑开挖时无须设置支撑。格形地下连续墙适用于无法设置内支撑体系，且对变形控制要求严格的深基坑工程。相对于其他重力式围护结构而言，格形地下连续墙支护的基坑变形小，对周边环境保护较为有利，但受其自身结构的限制，一般槽段数量较多。

格形地下连续墙墙顶设置通长的冠梁或顶板，以连接内墙、外墙和中隔墙，使格形地下连续墙形成整体受力体系。中隔墙槽段之间及中隔墙与内墙、外墙之间，应采用剪拉型刚性接头连接。内墙槽段之间以及外侧槽段之间一般可采用柔性接头。地下连续墙设有钢筋混凝土内衬墙时，内衬墙与地下连续墙结合面除按施工缝凿毛清洗外，尚应通过墙面预埋钢筋、接驳器与预留剪力槽等。格形地下连续墙墙底应选择较好的持力层，可采取注浆措施以满足墙底竖向承载力和变形要求。施工前应根据钢筋笼的形状设置相应的加工平台。对于"T"形槽段和"十"字形槽段，可取用挖槽法设置钢筋笼加工平台。采取槽壁预加固、浅层降水、优化泥浆配比、缩短每幅地下连续墙施工周期以及控制周边荷载等措施，确保槽壁的稳定性。

8.4 地下连续墙的施工

通常地下连续墙采用现场浇筑的方式施工，在地面上采用专用的挖槽机械设备，按一个单元槽段长度，沿着基坑边线，利用膨润土泥浆护壁开挖指定深度。清槽后，向槽内吊放钢筋笼，并用导管法浇筑水下混凝土，形成一道具有防渗和挡土功能的地下连续墙体。

地下连续墙的施工工艺流程包括：砌筑导墙、制备和处理泥浆、成槽施工、钢筋笼加工和吊放、混凝土浇筑等。施工过程演示如图8-4所示。

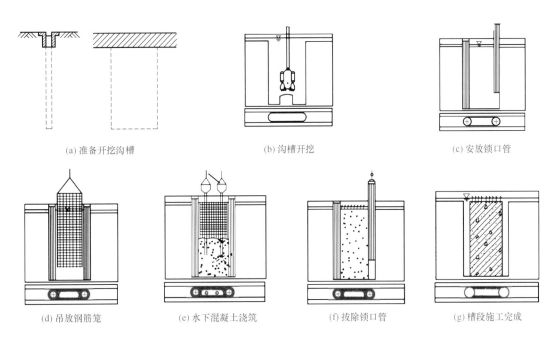

(a) 准备开挖沟槽	(b) 沟槽开挖	(c) 安放锁口管
(d) 吊放钢筋笼	(e) 水下混凝土浇筑	(f) 拔除锁口管	(g) 槽段施工完成

图8-4　地下连续墙施工过程示意图

8.4.1　施工准备

1. 地质勘查

在工程范围内钻探，查明地质、地层、水文情况，为选择挖槽机具、泥浆循环工艺、槽段长度等提供可靠的技术数据，同时进行钻探，摸清地下连续墙部位的地下障碍物情况。

2. 编制施工方案

根据工程结构、地质情况及施工条件制定施工方案，选定并准备机具设备，进行施工部署、平面规划、劳动配备、划分槽段；确定泥浆配合比、配制及处理方法，提出材料、施工机具需用量计划及技术培训、保证质量和安全及节约的技术措施等。

3. 机械进场条件

为把施工机械、设备和材料等运进现场，除调查地形条件外，还需调查所要经过的道路情况，尤其是道路宽度、坡度、弯道半径、路面状况和临时桥梁承载能力等。以便解决挖槽机械、重型机械等进场的可能性。

4. 给水和供电条件

根据施工规模及设备配置情况，计算和确定工地所需的供电量，并考虑生活照明等，设置变压器及配电系统，全面设计施工供水的水源及给水管系统。

5. 现有建（构）筑物调查

当地下连续墙的位置靠近现有建（构）筑物时，要调查其结构高度和类型及基础刚度和类型，还要了解基础以下的土质情况，以便确定地下连续墙的位置、槽段长度、挖槽方法、墙体刚度及土体开挖和墙体支撑等。同时还要研究现有建（构）筑物产生的侧压力是否会增大地下连续墙体的内力，影响槽壁的稳定性及变形。

6. 地下障碍物调查

埋在地下的桩、废弃的钢筋混凝土结构物、混凝土块体、大块石和各种管道、电缆等，是地下连续墙施工时的主要障碍物。应在开工前进行详细的勘查，并尽可能在地下连续墙施工之前加以排除，或者采取其他必要的挖槽辅助措施，否则会使施工难以进行。

地下连续墙施工时的噪声、振动都较小，一般情况下对周围无大的影响。但是在靠近医院、学校等要求安静的地区施工，亦会带来一些问题，因此需事先考虑处理办法。另外，泥浆对地面环境及地下水有污染，排水与弃土也会引起环境污染，因此必须考虑防止污染的措施。

7. 清理和加固场地

按设计地面标高进行场地平整，拆迁施工区域内的房屋、通信、电力设施、上下水管道等障碍物，挖除工程部位地面以下3m内的地下障碍物。确定和安排机械所需作业面积，准备钢筋笼加工及临时堆放场地，接头管、混凝土浇筑导管的临时堆放场地以及其他用地。安装机械用的场地地基必须能够经受住机械的振动和压力，应采取地基加固措施。

8.4.2 砌筑导墙

导墙（图8-5）是地下连续墙挖槽之前修筑的临时结构，对地下连续墙槽坑开挖起到引导作用，可容蓄部分泥浆，承受挖槽机械的荷载，作为安装钢筋骨架的基准，防止泥浆漏失、防止雨水等地面水流入。导墙可采用现浇钢筋混凝土结构、钢结构和预制钢筋混凝土结构，其中使用现场浇筑较多。相比现浇钢筋混凝土导墙，预制导墙可节省材料用量，对地下水施工环境的适应性更强。

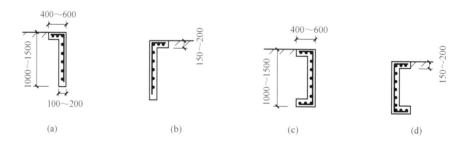

图8-5 常见导墙形式

在确定导墙形式时，应考虑下列因素：

（1）表层土的特性：表层土体是密实的还是松散的，是否为回填土，土体的物理力学性能如何，有无地下埋设物等。

（2）荷载情况：挖槽机械的重量与组装方法，钢筋笼的重量，挖槽与浇筑混凝土时附近存在的静载与动载情况。

（3）地下连续墙施工时对邻近建（构）筑物可能产生的影响。

（4）地下水的状况：地下水位的高低及其水位变化情况。

（5）当施工作业面在地面以下时，对先施工的临时支护结构的影响。

导墙的施工顺序：平整场地→测量定位→挖槽→绑筋→支模板→浇筑混凝土→拆模并设置横撑→回填外侧空隙并碾压。成槽机施工时，履带下面应铺设钢板，减少对地面的压强和对槽壁的影响。抓斗的挖掘应遵循轻提慢放、严禁蛮抓的原则。施工中防止泥浆漏失并及时补浆，始终维持稳定槽段所必需的液位高度。及时拦截施工过程中发现的通至槽内的地下水流。相邻槽段施工应做到紧凑、连续。

导墙沟槽的开挖是砌筑导墙施工的关键。导墙分段施工，分段长度根据模板长度和规范要求，一般控制在20~30m，深度宜为1.2~2.0m，并使墙址落在原状土上。导墙沟槽开挖采用反铲挖掘机开挖，侧面人工进行修直，坍方或开挖过宽的地方做240砖墙外模。为及时排除坑底积水，在坑底中央设置排水沟，隔一定距离设置集水坑，用抽水泵外排积水。在开挖导墙时，若有废弃管线等障碍物，需进行清除，并严密封堵废弃管线断口，防止其成为泥浆泄漏通道。导墙要坐于原状土上。导墙沟槽开挖结束，将中轴线引入沟槽底部，控制模板施工。

8.4.3　成槽施工

1. 单元槽段开挖

根据工程地质和水文地质条件、设备性能、起吊能力和钢筋重量、槽壁稳定等因素确定单元槽段长度。一般采用挖掘机最小挖掘长度作为单元槽段长度；如地质条件良好，施工条件允许，也可采用2~4个挖掘单元组成一个槽段，一般长度为6~8m。槽段分段接缝位置应尽量避开转角部位和内隔墙连接部位，以保证良好的整体性和强度。常用的单元槽段形式有一字形、L形和T形等（图8-6）。

单元槽段成槽时采用"三抓法"开挖。先挖两端最后挖中间，使抓斗两侧受力均匀。在转角处部分槽段，因一斗无法完全挖尽时，或一斗能挖尽，但无法保证抓斗两侧土体时受力均匀，根据现场情况，在抓斗的一侧下放特制钢支架，来平衡另一侧的阻力，防止抓斗因受力不匀导致槽壁左右倾斜。导墙转角外放处处理如图8-7所示。

2. 成槽时泥浆面控制

成槽时，派专人负责泥浆的放送。视槽内泥浆液面高度情况，随时补充槽内泥浆，确保泥浆液面高出地下水位0.5m以上，同时也不能低于导墙顶面0.3m。

3. 清底

槽段挖至设计标高后，将挖槽机移位，用超声波等方法测量槽段断面。如误差超过规定的精度应及时修槽。对槽段接头，用特制的刷壁器清刷先行幅接头面上的沉渣或泥皮，修槽刷壁完成后进行清底。具体施工方法要点如下：

（1）成槽时挖土至设计标高以上50cm后停止挖土，然后进行刷壁。

（2）在刷壁完成后进行清底，采用成槽机抓斗由一端向另一端细抓，抓斗下部由土体封闭，上部可以存装沉渣，每一斗进尺控制在15cm，逐步将槽底沉渣和淤泥清除。

（3）清底至无沉渣和淤泥、槽底标高达到设计标高为止，清底结束后测量槽深和沉渣厚度。

（4）清底结束后达到如下要求：槽深不小于设计深度，沉渣厚度不大于100mm，孔底泥浆比重不大于1：10。

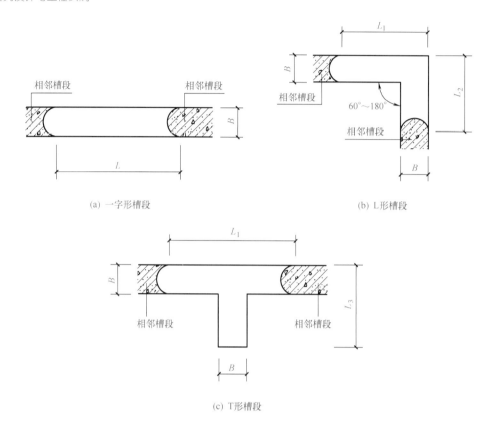

(a) 一字形槽段

(b) L形槽段

(c) T形槽段

图8-6　地下连续墙槽段形式

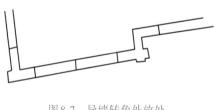

图8-7　导墙转角外放处

4. 刷壁

由于单元槽段接头部位的土渣会显著降低接头处的防渗性能。这些土渣的来源，一方面是在混凝土浇筑过程中，由于混凝土的流动将土渣推挤到单元槽段接头处，另一方面是在先施工的槽段接头面上附有泥皮和土渣。可用钢刷刷除的方法进行刷壁。

刷壁是地下连续墙施工中的一个至关重要的环节，刷壁的好坏直接影响连续墙接头防水效果。地下连续墙槽段挖至设计标高后，用特制的刷壁器清刷先行幅接头面上的沉渣或泥皮，上下刷壁的次数不少于10次，直到刷壁器的毛刷面上无泥为止，确保接头面的新老混凝土接合紧密。

8.4.4　泥浆制备和处理

在制备泥浆前，需对土层、地下水情况和施工条件进行充分的调查和了解。对于土层的调查，包括土层的分布和土质的种类，有无坍塌性较大的土层，有无裂缝、空洞、透水性大，易于产生漏浆的土层，有无有机质土层等。对于地下水的调查，要了解地下水位及其变化情况，了解潜水层、承压水层分布和地下水流速，测定地下水中盐分和钙离子等有害离子的含量，了解有无化工厂的排水流入，测定地下水的pH值。对于施工条件的调查，要了解槽深和槽宽，根据槽深、槽宽、地质条件、地下水位与槽内泥浆液位差以及泥浆重度，验算槽壁稳定性，最大单元槽段长度和可能空置的时间，适合采用的挖槽机械和挖槽方法，泥浆循环方式，泥浆处理的可能性，能否在短时间内供应大量泥浆等。

泥浆质量的优劣直接关系着成槽速度的快慢，也直接关系着墙体质量、墙底与基岩接合质量，以及墙段间接缝的质量。应用最为广泛的膨润土泥浆，是将以膨润土为主、CMC、纯碱等为辅的泥浆制备材料，利用pH酸碱度接近中性的水，按一定比例拌制而成。

制备膨润土泥浆，一定要充分搅拌并溶解充分，否则会影响泥浆的失水量和黏度。常用泥浆拌制方法有：低速卧式搅拌机搅拌、螺旋式搅拌机搅拌、压缩空气搅拌、离心泵重复循环。选用的原则是：能保证必要的泥浆性能；搅拌效率高，能在规定的时间内供应所需要的泥浆；使用方便、噪声小、装拆方便。制备泥浆的投料顺序，一般为水、膨润土、CMC、分散剂、其他外加剂。拌制过程为：搅拌机加水旋转后缓慢均匀地加入膨润土；慢慢地分别加入CMC、纯碱和一定量的水，将充分搅拌后的溶液倒入膨润土溶液中，再搅拌均匀。新配制的泥浆应静置24h以上，使膨润土充分水化后方可使用。使用中应经常测定泥浆指标，每10罐泥浆抽查一组试样，测试泥浆的比重、黏度、含砂率、静切力、触变性、失水量、泥皮厚、胶体率和pH酸碱度等性能指标。在循环使用过程中，要进行两次泥浆质量检测，以便有效地控制好泥浆质量。成槽结束时，要对泥浆进行清底置换，不达标的泥浆应按规定予以废弃。

在地下连续墙成槽过程中，成槽循环和混凝土置换排出的泥浆中，膨润土、外加剂等成分会有所消耗。混入的土渣和电解质离子等，会使泥浆质量显著降低。需要对泥浆进行处理（图8-8）。联合重力沉淀、机械处理和化学处理，进行泥浆处理效果最好。从槽段中回收的泥浆，经振动筛，可除去其中较大的土渣。再进入沉淀池进行重力沉淀。然后，通过旋流器分离颗粒较小的土渣。若仍然不能达到使用指标，需再进行化学处理。根据需要，补充新的泥浆、拌合材料，进行调制，与新调制的泥浆融合后重复使用。

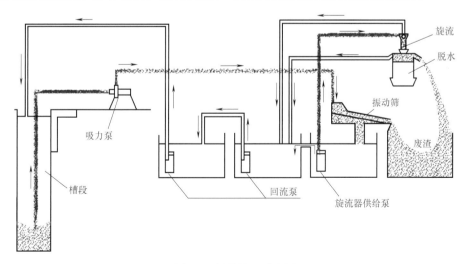

图8-8　泥浆处理示意图

8.4.5　泥浆循环

在地下连续墙成槽过程中，要不间断地供给泥浆。泥浆在槽中起护壁、携渣、冷却机具和切土润滑等作用。有配制泥浆和自成泥浆两种泥浆供给方式。配制泥浆，是用膨润土、羧甲基纤维素、纯碱及木质素磺酸钙等，按一定配合比加水拌成的悬浮液。为了节省费用，需设置一套制浆、回收和再生系统，将泥浆分离处理后再利用。自成泥浆，是在黏土或粉质黏土中成槽，利用钻机旋转切削土体，使土成为很细的颗粒，或再加入纯碱作稳定剂，进行自成泥浆护壁，以简化泥浆再生工艺。省去了配制泥浆和回收处理专用设备，降低了泥浆成本。泥浆分离处理常用机械分离和自重沉淀两种方式。为了满足使用和沉淀处理的要求，泥浆容器的容积应为一个单元槽段挖掘量的 1.5~2.0 倍。一般采用钢制可移动式容器。对于工程量不大的连续墙施工，也可采用砖砌沉淀池。采用自成泥浆护壁，通常只设泥浆沉淀池，安设一台泥浆泵排除沉渣。在成槽过程中，要不断向槽内补充新鲜泥浆，泥浆面应高出地下水位 0.5m 以上，且不应低于导墙顶面 0.3m。施工中要经常测试泥浆性能，调整泥浆的配合比。

8.4.6　清槽与换浆

地下连续墙施工到所要求的深度后，应进行清槽（图 8-9）。清除泥渣和槽底的沉淀物，保证地下连续墙的施工质量。清槽时，一般用吸力泵法、压缩空气法和潜水泥浆泵法排渣。当下放钢筋笼后，利用导管压入清水或泥浆清孔。一般程序是：钻进到设计深度后，停止钻进，使钻头空转 4~6min，再用吸力泵以反循环方式抽吸 10min，将钻渣清除干净。下放钢筋笼后，压入清水或泥浆清槽。对前段混凝土接头处的残留泥皮，可将特制的钢丝刷用吊车吊入槽内，紧贴接头混凝土面，上下往复刷 2~3 遍，将泥皮清除干净。

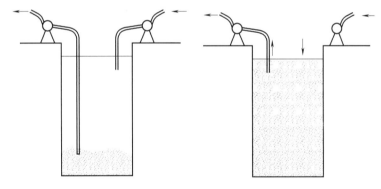

图 8-9　清槽方法示意图

8.4.7　钢筋笼加工

钢筋笼的加工速度应与挖槽速度协调一致。按单元槽段做成一个整体；或分段制作，吊放时再连接，接头宜焊接连接。制作钢筋笼时，先确定浇筑混凝土导管的位置，导管位置需增设箍筋和连接筋。加工钢筋笼时，根据钢筋笼重量、尺寸及起吊方式和吊点布置，在钢筋笼内布置一定数量的纵向桁架（图 8-10）。钢筋笼制作时间较长，需提供足够大的场地，一般要特别准备一块平整的加工平台，平台尺寸不能小于单节钢筋笼尺寸。钢筋笼平台以搬运搭建方便为宜，可以随地下连续墙的施工流程移动。

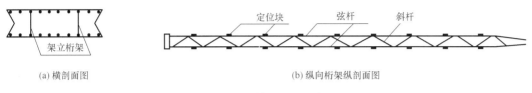

(a) 横剖面图　　　　　　　　　　　　(b) 纵向桁架纵剖面图

图 8-10　钢筋笼构造示意图

8.4.8　钢筋笼的吊放

钢筋笼的起吊采用横吊梁或吊架（图 8-11）。根据钢筋笼重量选取主、副吊设备，并进行吊点布置。对吊点局部加强，沿钢筋笼纵向及横向设置桁架，增强钢筋笼整体刚度，吊点布置处设置吊筋（图 8-12），注意起吊时钢筋笼不能过大变形。钢筋笼起吊前，应检查吊车回转半径 0.6m 范围内无障碍物，并进行试吊。

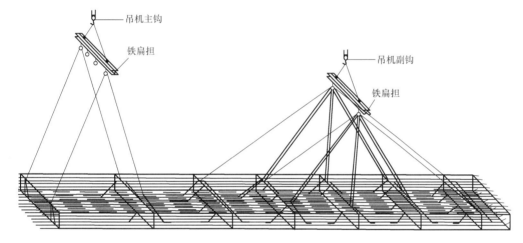

图 8-11　钢筋笼吊放方法

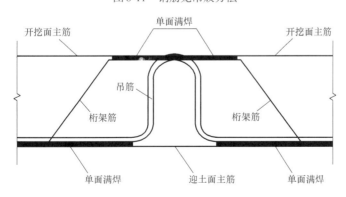

图 8-12　吊筋焊接示意

起吊时，在钢筋笼下端系上拽引绳，以人力操纵，避免钢筋笼下端在地面上拖引。插入钢筋笼时，吊点中心必须对准槽段中心，然后徐徐下降，注意避免钢筋笼产生横向摆动，造成槽壁坍塌（图 8-13）。如果钢筋笼不能顺利插入槽内，应该重新吊出，查明原因

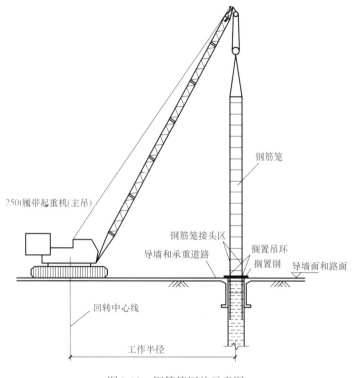

钢筋笼

250t履带起重机(主吊)

钢筋笼接头区

导墙和承重道路

搁置吊环
搁置钢

导墙面和路面

回转中心线

工作半径

图 8-13 钢筋笼沉放示意图

加以解决。

钢筋笼入槽后，检查其顶端高度符合设计要求后，将其搁置在导墙上。如果钢筋笼是分段制作的，吊放时需接长，下段钢筋笼要垂直悬挂在导墙上，然后将上段钢筋笼垂直吊起，上下两段钢筋笼笔直相连。

8.4.9 浇筑水下混凝土

采用导管法浇筑地下连续墙的水下混凝土（图8-14）。水下混凝土强度等级应在设计的混凝土强度等级基础上提高一个等级。混凝土坍落度一般为180~220mm。混凝土还应具有良好的粘聚性和流动性。

水下混凝土浇筑施工前，准备直径为200~300mm的多节钢管作为导管，导管间连接应密封、牢固。施工前应试拼连接，并进行密闭性试验。导管的水平布置间距不应大于3m，距槽段两侧端部不应大于1.5m。导管下端距离槽底宜为300~500mm。导管内放置隔水栓。

控制混凝土浇筑速度，一般槽内混凝土面上升速度大于等于2m/h；浇筑过程中导管下口插入混凝土内深度应大于1.5m，且小于等于9m。

当混凝土浇筑至地下连续墙顶部附近时，为保证导管内混凝土能顺利流出，应控制导管最小埋入深度在1m左右，并且可采用不超过0.3m范围上下抽动。混凝土一般要超浇0.3~0.5m，以便将设计标高以上的浮浆层凿除。

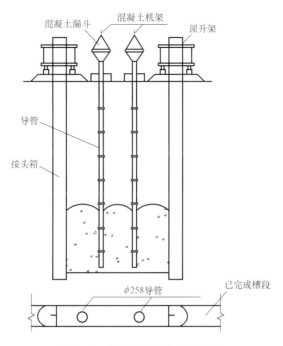

图8-14　浇筑水下混凝土示意图

8.4.10　接头管插拔

由履带起重机分节吊放、拼装接头管。操作中应控制接头管的中心与设计中心线相吻合。在插入接头管时，保持垂直而又完全自由地插入到沟槽的底部。否则，会造成地下连续墙参差不齐或由此产生漏水，失去防渗的作用，致使周围地表出现沉降。当接头管吊装完毕后，须重点检查锁口管与相邻槽段的土壁是否存在空隙，并通过回填土来解决。防止混凝土浇筑中所产生的侧向压力，使接头管移位，影响相邻槽段的施工。

接头管的提拔与混凝土浇筑相结合，记录混凝土浇筑时间，作为提拔接头管时间的控制依据。混凝土浇筑开始拆除第一节导管后4h开始拔动，以后每隔15min提升一次，其幅度不宜大于50~100mm。混凝土浇筑完成后6~8h，即混凝土初凝后，将锁口管逐节拔出并及时清理。

8.5　预制地下连续墙施工

近年来，预制地下连续墙技术成为国内外地下连续墙研究和发展的一个重要方向。所谓预制地下连续墙技术，即按常规的施工方法成槽后，在泥浆中先插入预制墙段、预制桩、型钢或钢管等预制构件，然后以自凝泥浆置换成槽用的护壁泥浆，或直接以自凝泥浆护壁成槽插入预制构件，以自凝泥浆的凝固体填塞墙后空隙，并防止构件间接缝渗水，形成地下连续墙。采用预制地下连续墙技术施工，墙面光洁、墙体质量好、强度高，避免了在现场制作钢筋笼、浇筑混凝土及处理废浆。在常规预制地下连续墙技术的基础上，又研究和发展了一种新型预制连续墙，不采用昂贵的自凝泥浆，而是仍用常规的泥浆护壁成槽，成槽后插入预制构件，并在构件间采用现浇混凝土，将其连成一个完整的墙体，该工艺是一种相对经济又兼具现浇地下连续墙和预制地下连续墙优点的新技术。该技术已在实际工程中进行了成功的尝试和应用，初步形成了独特的预制地下连续墙技术。

8.5.1　施工特点分析

相较传统现浇地下连续墙，预制地下连续墙有以下特点：

（1）工厂化制作可充分保证墙体的施工质量，墙体构件外观平整，可直接作为地下室的建筑内墙，不仅节约了成本，也增大了地下室面积。

（2）由于工厂化制作，预制地下连续墙与基础底板、剪力墙和结构梁板的连接处预埋件位置准确，不会出现钢筋连接器脱落现象。

（3）墙段预制时，可采取相应的构造措施和节点形式，达到结构防水的要求，改善地下连续墙的整体受力性能。

（4）为便于运输和吊放，预制地下连续墙大多采用空心截面，减小了自重，节省了材料，经济性好。

（5）可在正式施工前预制加工，制作与养护不占绝对工期；现场施工速度快；采用预制墙段和现浇接头，免去了常规拔除锁口管或接头箱的过程，节约了成本和工期。

（6）由于大大减少了成槽后泥浆护壁的时间，增强了槽壁稳定性，有利于保护周边环境。

8.5.2　工法流程

首先，选择合适的场地预先制作地下连续墙墙段；同时在施工现场构筑导墙；待预制墙段进入现场后，由液压抓斗挖土成槽、静态泥浆护壁，成槽结束后进行清槽、泥浆置换工序；然后采用测壁仪对槽段的深度、垂直度进行检测，最后吊放预制墙段入槽。施工一定幅数的墙段后，对相邻预制墙段接头进行处理，并在墙底与墙背两侧注浆，形成一块完整的基坑围护墙体。

8.5.3　结构构造

1. 截面形式

由于采用地面预制，并综合考虑运输、吊放设备能力限制和经济性等因素，预制地下连续墙通常设计成空心截面。在截面设计中可按初步确定的截面形式和相应的抗弯刚度，计算在水土压力等水平荷载作用下，各开挖工况的墙体内力和变形，根据计算内力包络图确定设计截面、开孔面积和截面空心率，并进行竖向受力主钢筋和水平钢筋的配筋设计。预制地下连续墙墙段的典型截面形式如图8-15所示。

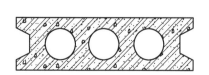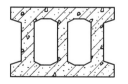

图8-15　预制地下连续墙墙段典型截面

目前，预制地下连续墙施工需采用成槽机成槽、泥浆护壁、起吊插槽的施工方法，因此墙体截面尺寸受成槽机规格限制。通常预制墙段厚度较成槽机抓斗厚度小20mm。墙段入槽时，两侧可各预留10mm空隙以便于插槽施工。

2. 施工接头

预制地下连续墙接头可分为施工接头和结构接头。施工接头是指预制地下连续墙墙段之间的连接接头。由于预制地下连续墙需分幅插入槽内，墙段之间的接头处理，既要满足止水抗渗要求，又要满足传递墙段之间的剪力要求，是预制地下连续墙设计和施工的关键。预制墙段施工接头可分为现浇钢筋混凝土接头和树根桩接头。各幅墙段的两端均采用凹口形式。

现浇钢筋混凝土接头施工中，两幅墙段内外边缘尽量贴近，待两幅墙段均入槽固定就位后，在接缝的凹口中下钢筋笼，并浇筑混凝土用以连接两幅墙段，其深度和预制地下连续墙相同。现浇接头的止水性能较好。为进一步提高槽段接缝处止水的可靠性，可采取一定的构造措施。

3. 结构接头

结构接头是指按照两墙合一的原则，设计预制地下连续墙与主体地下结构构件的连接接头。预制地下连续墙结构接头的设计和构造与现浇地下连续墙基本相同，均需在连续墙内部相应位置预留结构构件所需的钢筋连接器或插筋；与现浇地下连续墙不同之处在于，预制地下连续墙墙身设计的空心截面在与主体结构连接位置难以满足抗弯和抗剪的要求。因此，在与主体结构连接位置一般采用实心截面，该实心截面的范围和配筋由对连接节点处的计算确定。此外预制地下连续墙与基础底板的连接位置，需设置止水片或采取其他有效的止水措施。

8.5.4　施工工艺要点

1. 加工、堆放和运输

（1）预制墙段宜在工厂制作，有条件时也可在现场预制。预制墙段可叠层制作，叠层数不应大于三层。叠层制作时，下层墙段混凝土达到设计强度的30%以后，方可进行上层墙段的制作。各层墙段间应做好隔离措施。

（2）预制墙段应达到设计强度的100%后方可运输及吊放。

（3）预制墙段应四点起吊，起重机钢丝绳与墙段水平的夹角不应小于45°。

（4）预制墙段的堆放场地应平整、坚实、排水畅通。垫块宜放置在吊点处。底层垫块面积应满足墙段自重对地基荷载的有效扩散作用。预制墙段叠放层数不宜超过三层，上、下层垫块应放置在同一直线上。

（5）预制墙段运输叠放层数不宜超过两层。墙段装车后应采用紧绳器与车板固定，钢丝绳与墙段阳角接触处应有护角措施。异形截面墙段运输时应有可靠的支撑措施。

2. 预制节段连接

深基坑工程中，当连续墙墙体较深较厚时，在满足结构受力的前提下，综合考虑起重设备的起重能力，以及运输等方面的因素，可将预制地下连续墙沿竖向设计成为上、下两节或多节，分节位置尽量位于墙身反弯点位置。由于反弯点位置剪力最大，因此必须重点进行抗剪强度验算。通常可采用钢板接头连接，即将预埋在上下两节预制墙段端面处的连接端板，采用坡口焊连接，并结合钢筋锚接连接。工厂制作墙段时，在上节预制墙段底部实心部位预留一定数量的插筋。在下节墙段顶部实心部位预留与上节插筋相对应的钢筋孔。现场对接施工时，先在下节墙段预留孔内灌入胶结材料，然后将上节墙段下放使钢筋插入预留孔中，形成锚接，再将连接端板采用坡口焊连接。

3. 墙底及墙侧加固

在预制地下连续墙的成槽施工过程中，为便于墙板顺利入槽，墙侧和墙底通常都与土体之间留有空隙，会使预制地下连续墙的端阻力和侧壁摩阻力产生了一定损失。因此，需采取措施恢复墙底土体承载力和墙体侧壁摩阻力。

为便于墙底土体承载力的恢复，一方面在成槽结束后及墙段入槽之前，往槽底投放适量的碎石，使碎石顶面标高高出槽底5~10cm左右。待墙段吊放后，依靠墙段的自重压实槽底碎石层及土体，以提高墙端土体的承载力。另一方面，通过在单幅墙板内预先设置的两根注浆管，在墙段就位后进行注浆，直至槽内成槽泥浆全部被置换。从而对墙底和墙侧土体起到加固作用，提高墙体的端阻力和侧壁摩阻力，满足预制地下连续墙作为主体地下结构的受力和变形要求。

4. 空心截面回填

预制地下连续墙的空心截面有利于减轻构件自重，节省材料，提高预制地下连续墙的经济性。但另一方面也存在正常使用阶段的抗渗防水问题。通常预制地下连续墙均作为两墙合一的永久结构外墙，其在空心截面位置较薄的混凝土侧壁，往往不能满足在一定水头压力作用下的永久抗渗要求，必须对底板以上的截面空心区域进行回填，材料可采用素混凝土或密实黏土。从工程使用情况来看，均能达到永久结构抗渗要求。

5. 成槽和吊放

因受起重设备性能的限制，预制地下连续墙的墙段划分宽度一般为3~4m，也可结合基坑外形尺寸及起重设备的性能来确定。预制墙段的安放顺序为先转角墙段后直线墙段。预制墙段间的闭合位置宜设在直线墙段上。闭合墙段安放前，应实测待闭合段的上、下槽宽，并根据实测数据，对闭合墙段的安放位置做相应调整。

为确保墙段顺利吊放就位，并保证其垂直度，成槽时须精心施工。通常导墙宽度需比预制墙段的厚度大4cm左右，成槽深度需大于设计深度10~20cm。

墙段的吊放应根据其重量、外形尺寸选择适宜的吊装设备，吊放时要确保预制墙段的定位准确和垂直度控制的要求，采取切实可行的技术措施。根据墙段设计的平面位置，在导墙上安装垂直导向架，以确保平面位置准确。采用横吊梁对预制墙段进行单端起吊时，应用经纬仪观测预制墙段墙面上弹出的控制线。根据所测得的垂直偏差值，通过横吊梁两端的导链对预制墙段的宽度方向进行校正，使预制墙段的宽度方向垂直度得到控制。预制墙段厚度方向的垂直度，则主要通过成槽时的垂直度、垂直导向架来控制。预制墙段竖直方向设计标高则是通过导墙上搁置点标高、专用搁置横梁高度、临时定位吊耳及墙段的长度来控制的。操作时，可把预制墙段外伸主筋作为临时定位吊耳，通过横梁搁置于导墙上，这样便可实现对预制墙段竖直方向标高的控制。

6. 辅助措施

预制地下连续墙槽段之间的接头处理，需同时满足抗渗和受力要求，是预制地下连续墙设计和施工中的关键问题。目前，常用的预制地下连续墙接头有现浇钢筋混凝土接头和树根桩接头等。采用升浆法树根桩接头和小口径导管浇筑的现浇钢筋混凝土接头，抗渗止水效果一般较好，均能达到工程使用的一般要求。但由于两种接头实质上均为柔性连接，不能完全满足墙体承受剪力的要求。需在接头位置墙板内侧，设置嵌缝式止水条，接缝外侧加固封堵，并在地下室内部设置结构扶壁柱等构造措施。在增强槽段之间连接的整体性，提高抗剪能力的同时，也需在主体结构内部设置抗渗止水措施。

8.6 常见问题及处理办法

地下连续墙是在地上用专门的挖槽设备，在泥浆护壁的条件下，分段开挖成槽，然后向槽内吊放钢筋笼，用导管法浇灌水下混凝土，便在地下形成一段墙体。以这种方式逐段施工，从而形成一条连续的钢筋混凝土墙。地下连续墙施工是单一槽段施工程序的重复作业。但由于在施工过程中，对地下情况既看不见也摸不着，受地质条件、施工机械和施工技术等各种因素影响，仍可能出现许多问题。这些问题若处理不好，将会直接影响施工质量，甚至会造成重大损失。

8.6.1 常见钻头问题及处理办法

地下连续墙施工过程中，与钻头有关的问题多种多样，最常遇到的问题有糊钻、卡钻和架钻三种，对此最常用的处理办法如下：

1. 糊钻

糊钻是指在黏土层造孔时，由于进尺过快，泥渣过多，黏土附着在钻头上的现象。当出现糊钻时，可将钻头提出槽孔，清除钻头上的黏土，对槽孔进行清渣处理后再继续钻进。

2. 卡钻

常见的卡钻情况如下：

（1）在造孔中途停钻时间太长，泥渣沉积在钻头上方，把钻头卡住。为避免这种情况，在钻孔过程中，要不时把钻头提起或下降，避免泥渣淤积或堵塞槽孔，同时也应勤于清渣。当需要中途停钻时，应把钻头提出槽外放置。

（2）地下障碍物卡住钻头。当钻进过程探明有障碍物时，应先对障碍物进行处理，确保扫除障碍物后再继续钻进。

（3）槽孔局部塌方把钻头卡住。要避免塌方，在严格控制泥浆比重的同时，应尽量避免提升或下降钻头对槽壁的碰撞，减小软弱土层塌方的可能。

3. 架钻

当钻头磨损严重，钻头直径变小，会使槽孔宽度变小。更换直径合格的新钻头继续钻进时，新钻头未能到达旧钻头原已钻进的深度，这种现象即为架钻。为避免这种情况，造孔过程应经常检查钻头直径尺寸。当发现钻头磨损严重时，应及时更换合格的新钻头。

8.6.2 常见钻孔质量问题及处理办法

连续墙的施工过程中，钻孔质量对施工进度影响很大，容易出现的质量问题有梅花孔、斜孔和盲孔等。下面简述了这些现象及常用的处理办法。

1. 梅花孔

在钻进质地较硬的岩土地层时,如果使用非圆形钻头,容易出现钻头提起后,只能从某一个方向才能重新回放到原来深度的情况,称为梅花孔。要避免这种现象,在造孔过程中应不时将钻头提起,并转换不同方向进行钻孔。

2. 斜孔

当遇到坚硬地下障碍物时,容易出现斜孔现象。遇到这种情况,应放缓钻进速度,并经常检测孔位的垂直度,确信已完全清除硬物、孔位正常后再行继续钻进。

3. 盲孔

盲孔是指造孔中途停钻时间过长,泥渣沉积在槽孔,堵塞槽孔的现象。为避免出现盲孔,在停钻前先进行清渣处理,尽量缩短停钻时间。此外,槽壁塌方也是造成盲孔的原因,应加以避免。

8.6.3 槽壁塌方的原因及处理办法

地下连续墙施工过程中,常见槽壁塌方现象。引起槽壁塌方的原因很多,处理方法也各异。其中常见的塌方及处理方法有:

(1)泥浆密度及浓度不够,起不到护壁作用,造成槽壁塌方。为避免此类问题的出现,关键是要根据地质情况选择合适泥浆。当遇到软弱土层或流沙土层时,应适当加大泥浆密度。

(2)在软弱土层或砂层中,钻进速度过快或钻头碰撞槽孔壁而造成塌方。为避免出现此类问题,在软弱地质土层施工时,要注意控制进尺速度,不要过快或空转过久,并尽量避免钻头对孔壁的碰撞。

(3)地下水位过高或孔内出现承压水而造成槽孔壁塌方。要解决这种问题,造孔时需根据钻进情况及时调整泥浆密度和液面标高。槽内液面至少高于地下水位0.5m以上,保证泥浆液压力和地下水压力的水头差,达到控制槽壁稳定的目的。为了防止暴雨对泥浆的影响,设置导墙应比地面高出0.2m以上,同时敷设地面排水沟与集水井。

(4)槽段长度过长,完成一个槽段所需时间太长,使得先钻好的孔位因搁置时间过长,泥浆沉淀而引起塌孔。要避免这种问题的出现,应根据地质情况及施工能力划分槽段长度。结合施工工期,尽量缩短完成单一槽段所需时间。槽段一般取6m左右,在地下水位较高,粉细砂层及易塌方的地段,槽段长度取3~4m为宜。成槽后要及时吊放钢筋笼并浇灌水下混凝土。

(5)槽边地面附加荷载过大,造成槽孔塌方。为避免这种问题的出现,在施工槽段附近,应尽可能避免堆放重物,减弱大型机械的动、静荷载的影响。吊放钢筋笼的起重设备应尽量远离槽边,也可采用路基和厚钢板来扩散压力。当由于上述原因出现了严重塌方时,可向槽内填入优质黏土至槽孔上方2~3cm,待沉积密实后再重新造孔。

8.6.4 落笼困难的原因及其处理方法

引起落笼困难的原因很多,其中最常见的原因及处理方法有:

(1)钢筋笼尺寸不准,笼宽大于槽孔宽而无法安放。在设计槽段钢筋笼外形时,钢筋笼宽度应比槽段宽度小200~300mm,使钢筋笼与两端有空隙。二期槽段钢筋笼的制作尺寸，应以从现场实测的两个一期槽段之间的实际宽度为准。

（2）钢筋笼吊放时产生弯曲变形而无法入槽。由于钢筋笼重量较大，一般要采用两台吊车，用横吊梁或吊架并结合主副钩的起吊方式来吊放钢筋笼。

（3）分段钢筋笼因上下两段驳接不直而无法入槽。如果钢筋笼是分段制作的，吊放接长时，下段钢筋笼要垂直挂在导墙上，然后将上段钢筋笼垂直吊起，把上下两段钢筋笼成直线焊接。

（4）槽壁凹凸不平或发生弯曲，使钢筋笼无法入槽。在造孔过程中要对每个孔位进行垂直度检测，要求孔位在沿槽段及垂直槽段两个方向上的偏差，均能满足要求。有斜孔的要先修正后才能进行下一工序施工。

8.6.5 浮笼及其处理

浮笼也是施工过程中经常遇到的现象，结合引起浮笼的实际原因，给予不同的处理办法。

（1）钢筋笼太轻，在浇灌混凝土时容易浮起。钢筋笼太轻，则可在导墙上设置锚固点并焊接固定。

（2）浇灌混凝土时，导管埋置深度过大而使钢筋笼上浮。灌注混凝土时，导管的埋置深度一般控制在2~4m较好，小于1m易产生拔漏事故，大于6m易发生导管无法拔出的情况。

（3）浇灌混凝土速度过快而使钢筋笼上浮。这种情况下要放缓混凝土浇灌速度，甚至停顿浇灌10~15min，待钢筋笼稳定后再继续浇灌。

8.6.6 混凝土返浆不顺的处理

（1）导管变形或异物阻塞，使得隔水栓未能冲出导管底口而造成返浆失败。在安装导管时要仔细检查导管的质量，不使用变形或有损毁的导管。每次拆卸或安装导管时，都用清水将导管冲洗干净，保证导管内壁平滑畅顺。

（2）槽孔内沉渣过厚造成堵塞，返浆失败。在清孔及安放钢筋笼后，均要检测槽孔内沉渣厚度，确定沉渣在允许范围内再进行浇灌混凝土工序。

（3）当混凝土灌注到导墙顶部附近时，由于导管内压力减小，往往会发生导管内混凝土不易流出的现象。此时应放慢浇灌速度，并将导管埋置深度减小，同时辅以上下抽动导管，抽动幅度不宜太大，以免将导管抽离混凝土顶面。

8.6.7 墙体夹泥的处理措施

（1）导管接头不严密或导管破损，泥浆渗入导管内造成墙体夹泥。导管接头应设橡胶圈密封，并用粗丝扣连接紧密。安装时仔细检查导管的完好性，杜绝使用有破损的导管。

（2）剪塞时首批混凝土量不足以埋住导管底端出口，造成墙体夹泥。混凝土初灌量应保证混凝土灌入后导管埋入混凝土深度不少于0.5m，使导管内混凝土和管外泥浆压力平衡。待初灌混凝土足量后，方可剪塞浇灌。

（3）导管摊铺面积不够，部分位置灌注不到，被泥渣充填。在单元槽段内，导管距槽段两端不宜大于1.5m，两根导管的间距不应大于3m。

（4）导管埋置深度不够，泥渣从底口进入混凝土内。浇灌混凝土时，导管应始终埋在混凝土中，严禁将导管提出混凝土面。导管最小埋置深度不得小于1m。当发现探测混凝土面错误或导管提升过猛，将导管底口提离混凝土面时，需准确测出原混凝土面位置后，立即重新安装导管，使导管口与混凝土面相距0.3~0.5m，装上隔水栓，重新剪塞并浇灌混凝土。

8.6.8　混凝土浇灌过程中遇上槽壁严重塌方的处理

若塌方时混凝土浇灌量不多，应将钢筋笼吊起，将混凝土清出并重新清孔后，再安放钢筋笼，安装导管浇灌混凝土。若塌方时部分混凝土已固结，无法将钢筋笼拔起，只能继续把混凝土浇灌完毕，以后用压浆补强的办法处理夹泥层。

参考文献

[1]　江正荣. 基坑工程便携手册 [M]. 北京：机械工业出版社，2000.

[2]　年廷凯，孙旻. 深基坑支护设计与施工新技术 [M]. 北京：机械工业出版社，2017.

[3]　龚晓南. 深基坑工程设计施工手册：第2版 [M]. 北京：中国建筑工业出版社，2018.

[4]　何宇鹏，何东. 地下连续墙施工常见问题及处理办法 [J]. 人民珠江，2003（3）：44-45+75.

[5]　王卫东，邸国恩，黄绍铭. 预制地下连续墙技术的研究与应用 [J]. 地下空间与工程学报，2005（4）：569-573.

[6]　张哲彬. 超深地下连续墙套铣接头施工技术 [J]. 建筑施工，2013，35（4）：273-275.

[7]　杨柳. 深基坑地下连续墙支护结构设计计算及数值模拟分析 [D]. 邯郸：河北工程大学，2013.

[8]　黄梅. 基坑支护工程设计施工实例图解 [M]. 北京：化学工业出版社，2015.

[9]　王善谣. 地下连续墙浇筑吊装施工过程数值模拟及现场实验研究 [D]. 武汉：武汉理工大学，2016.

[10]　林加戍. 浅析地铁地下连续墙接缝渗漏的原因及防治措施 [J]. 江西建材，2016（13）：145-146.

[11]　吴绍升，毛俊卿. 软土区地铁深基坑研究与实践 [M]. 北京：中国铁道出版社，2017.

第9章 ▶▶

加筋水泥土墙支护技术

9.1 概述

水泥土墙在基坑支护中大量用作防渗结构、挡土结构，在浅基坑支护中则作为重力式挡墙。当在水泥土中设置型钢、钢筋或钢绞线等抗拉强度较高的材料，形成加筋水泥土，就弥补了水泥土抗拉和抗弯性能差的特点，可作为集防渗、挡土、承重于一体的支护结构。实际工程中，应用较多的加筋水泥土墙有两种形式，加筋水泥土桩锚和型钢水泥土搅拌墙（SMW工法）。

加筋水泥土桩锚支护技术是在水泥土搅拌桩支护技术基础上的发展和延伸，通过所加钢筋与水泥土的结合，利用水泥土桩和土体的摩擦，使钢筋与水泥土形成一个整体，进一步提高地层稳定性，克服传统支护技术上的局限。加筋水泥土桩锚支护技术将多种工程技术融合在一起，将钻掘成孔、注入浆体、进行搅拌和加入筋体等需要几道工序才能完成的施工任务一次性完成。实现了锚杆在软土层中施工应用的突破，有效防止了基坑土体的失稳破坏。加筋水泥土桩锚支护形式多样，用途广泛。外观形态方面，既有常规断面，又有扩大头形式；布设角度方面，有竖直、水平布置，也可任意角度倾斜成桩；在地层适用性上，可应用于砂土、粉土、黏性土、杂填土、淤泥质土、黄土等多种复杂的软土土层中。中国工程建设标准化协会颁布了《加筋水泥土桩锚支护技术规程》CECS 147—2016，参照此规程规定施工，可有效控制基坑变形，降低施工成本，缩短建设工期，减小事故发生的风险。

型钢水泥土搅拌墙，通常被称为SMW工法，是在多轴水泥土搅拌桩内插入型钢形成的复合围护结构，具有止水并承担水土压力的功能。型钢水泥土搅拌墙工艺简单、成桩速度快，围护结构施工工期较短，地下工程施工完毕后即可拔除型钢。SMW工法节约资源，避免围护结构成为永久地下障碍物，实现了钢材的可重复利用。该工法施工过程无污染、场地整洁干净、噪声小，符合环保概念，较常规围护结构节省工期。总之，加筋水泥土墙支护技术具有节约资源、环保、提高施工效率和节省工期等优点。

9.2 技术应用与发展概况

9.2.1 加筋水泥土桩锚技术发展

李宪奎于1994~1995年提出了加筋水泥土锚桩支护技术，大量工程实践表明该工法具有良好的社会经济效益。加筋水泥土锚桩支护，集挡土和防水的作用于一身，代替支护桩和止水墙两道工序，简化了基坑支护施工过程。该工法可通过专用机具，能在水泥土中快速插入斜筋、竖直筋或型钢，并可实现钢材的回收利用，降低工程造价。

尽管国内加筋水泥土桩锚支护的应用日益广泛，施工技术日臻成熟，但对该技术的理论研究十分缺乏，理论研究严重滞后于工程实践。在编制《加筋水泥土桩锚支护技术规程》CECS 147—2016时，对水泥土锚桩支护的受力、变形机理认识还不是很透彻，较多地参考了相近基坑支护技术。为此，许多学者针对加筋水泥土桩锚支护结构开展了一系列研究工作，取得了一定成果。裴磊通过加筋水泥土桩锚的试验研究，分析了加筋水泥土的抗剪强度、变形模量、锚索扩拔力的影响因素，认为锚索的内力主要与优势滑移面的位置有关。范君宇通过弹性解析法和有限元法，对加筋水泥土门字形支护结构的内力、变形做了初步的探索。陈卫刚和刘全林通过施工变形监测，证实了加筋水泥土桩锚技术在淤泥土层基坑支护工程中的良好效果。

9.2.2 型钢水泥土搅拌墙技术发展

美国在第二次世界大战后首先研制了水泥搅拌桩施工方法MIP，该工法将连续墙做成柱列式地下连续墙，最终形成类似SMW工法桩的雏形。1955年，日本工程技术人员在反复试验的基础上，对MIP方法进行了改良和调整。试验中发现，水泥土搅拌桩施工效率高，产生的噪声较小。随后对施工方法进行了改良和优化，选用了连续打桩的方法，桩间设置了相应的搭接，这可能是最早的SMW工艺。由于是单轴搅拌桩，相邻桩间往往不能完全闭合，导致渗漏、流沙等现象的发生，引发相邻建筑物的沉降，给周围建筑物带来危害。1968年，日本根据搅拌钻机原理开发出一种双轴搅拌钻机，与原型相比水泥土成桩质量有所提高，但仍存在一些缺点：水泥土桩成桩垂直精度难以保证；施工中难以保证相邻桩间的完全搭接；削孔轴遇到障碍物易发生弯曲；在硬质粉土或活性指数较高黏土中搅拌困难，水泥土搅拌质量差，挡墙可靠性差。1971年，日本成辛工业株式会社改进开发出多轴搅拌机，有效解决了以前钻机的缺陷，相邻桩完全搭接，克服了挡墙渗漏、流沙等问题。同时，搅拌钻机刚度的提高，增强了搅拌轴的稳定性，保证了成桩的垂直精度，SMW工法走向成熟。

20世纪80年代，SMW工法引起我国工程技术人员的关注，并做了一些研究。1994年，上海隧道股份公司对SMW工法开展系统的研究，尤其是对型钢的回收起拔技术做了重点攻关，1996年试验取得了成功，1997年8月"型钢水泥土复合搅拌桩支护结构研究"通过上海市科委技术鉴定，1999年被建设部列为科学成果重点推广项目。目前，SMW工法钻机轴数有单轴、双轴、三轴、四轴、五轴和六轴等；施工排数有单排、双排等；芯材种类有H型钢、U型钢、钢管、PC桩等，其中尤以H型钢在工程中应用最多；芯材又可分为可回收和不可回收两种。发展至今，SMW工法最深成墙深度可达65m以上，并已逐步具有先进的施工质量监测手段和保证措施。型钢水泥土搅拌墙支护技术已日趋成熟，施工业绩备受瞩目。

9.3　加筋水泥土桩锚

9.3.1　加筋水泥土桩锚作用原理

加筋水泥土桩锚的本质是将水泥挡土墙和土钉结合起来的基坑支护施工技术。不过土钉锚体以加筋为主，加筋水泥土桩锚的锚体以置换为主。加筋水泥土桩锚特别适应于较松软的地层，通过大直径的锚体改善加固区的土体，减少其流变性，增加其抗剪强度，同时增大锚体的总摩阻力。虽然水泥砂浆或混凝土对钢筋的握裹力远大于水泥土对钢筋的握裹力，但由于软土层对水泥土杆体的总摩擦力不大，钢筋一般不会被拉出水泥土。

由高压旋喷而成的大直径水泥土桩体，有效地改善了软土的力学性能，使其转变为具有较高强度的水泥土体，从而进一步提高了土体的内摩擦角、黏聚力以及抗渗能力；另外，由于大直径、变直径的水泥土桩体与土层具有较大的接触面积，使它们之间能够产生较大的摩擦阻力，有效确保了支护结构的锚固力达到设计要求。

9.3.2　加筋水泥土桩锚的特点

与常规基坑支护技术相比，这种技术有如下几个优点：

（1）可较大程度地提升地层物理力学指标，避免传统锚杆锚索与松散地层之间锚固力不足的弊端，同时也不用担心钻孔塌陷阻碍施工。

（2）适用范围宽广，在差异性很大的地层状况，都能组织施工，而且所需作业面小。

（3）在用于深大基坑工程时，与钢支撑方式相比较而言，拥有作业面宽敞、施工简单方便、安全系数高等优势。

（4）与常规基坑支护技术相比，能很大程度节约工程成本，缩短施工时间。

9.3.3　加筋水泥土桩锚施工工艺

1. 施工准备

（1）掌握待建地下建筑的基本情况、工程周边环境，对可能出现的问题事先进行预测，并针对这些问题提出相应的解决方式。

（2）在施工加筋水泥土桩锚前，须深入了解设计内容、设计要求，同时了解水文及地质条件。

（3）仔细对材料种类、设备型号和构件规格进行检查，确保其性能符合设计规定。

（4）进一步对设计阶段指出的地下埋设物和障碍物进行核查，确定地下埋设物和障碍物的位置、形状、尺寸以及数量，并提出相应的排除和防护处理措施。

（5）为取得具有较强针对性的施工参数，施工前，对于重大工程或地质条件特殊的工程应进行钻孔成桩、张拉锁定试验，同时应检验施工工艺及施工设备的适应性。

2. 钻机定位

（1）开挖沟槽土方后，在加筋水泥土桩施工前，测量人员应根据图纸确定钻孔的方位，并对其进行编号。

（2）钻机的安装定位应严格遵循"正、平、稳、固"原则，以确保钻机受力后不会产生摇摆、移位现象。

（3）钻机定位后，采用其自带的罗盘对钻孔开孔角度进行校核，使开孔处的水平和垂直误差不大于50mm。

（4）为避免因泥浆任意排放而影响正常施工，钻进施工前，应事先在场地中开挖排水沟及循环浆池。

3. 水泥浆液配合比

（1）通常选用42.5级普通硅酸盐水泥净浆作为注浆材料，也可根据特殊需要添加外加剂。

（2）施工中水泥浆须随拌随用，水泥浆要求拌合均匀，初凝前将已拌合的水泥浆全部用完。

（3）一般情况下，水泥掺入量为20%~30%，水灰比为0.7~1.0；为确保加筋水泥土桩的成桩质量，如遇特殊的地层条件，须现场进行配合比试验。

4. 钻进成孔

（1）加筋水泥土桩采用专用钻机成孔，钻杆为中空钻杆，在钻进过程中，通过钻杆的中空通道在钻进的同时搅拌注浆。钻头由一次性钻头和搅拌叶片组成。

（2）一般情况下，搅拌钻机的钻进压力为15~20MPa，搅拌钻杆的转速控制在20~50r/min，搅拌钻杆的钻进、提升速度分别控制在0.3~0.5m/min，0.7~0.9m/min，实际使用中可根据工程地层条件进行调整。

（3）钻进过程中，合理设置钻进压力、钻进速度与钻杆转速，控制桩径偏差不大于5cm，桩长偏差不大于10cm。

（4）为确保扩大头的直径，扩大头处的旋喷搅拌次数，比桩身处增加两次。

5. 锚筋制作

（1）锚筋体的制作以及安装须按照《岩土锚杆（索）技术规程》CECS 22—2005的有关规定执行。

（2）按照设计规定，选用钢筋、钢绞线、型钢等材料制作锚筋体，所用材料须确保达到其强度的标准值，钢绞线应于制作前经相关单位检验合格方可投入使用。

6. 锚筋安放

（1）在钻进至设计深度后，依次退出并拆卸钻杆。待钻杆拆卸完成，将制作好的锚筋通过钻机插放至搅拌桩内。

（2）锚筋插入前，须确保其在搅拌桩的中心点处；锚筋插入过程中，应严格控制钻进角度，缓慢、均衡地插入锚筋体，确保锚筋不出现变形。

（3）锚筋体插入孔内深度不应小于筋体总长度的95%，安装到位后的锚筋体不得悬挂重物或随意拉伸。

7. 预应力基座的制作与安装

（1）预应力基座的形式应根据实际工程情况进行选择，制作材料可采用钢筋混凝土或型钢。

（2）预应力基座在制作、安装过程中，应首先在该道加筋水泥土桩锚的水平位置上下一定范围内的围护结构桩体上切水平槽，水平槽的深度、宽度须符合预应力基座尺寸要求，确保能够将预应力基座置入槽中。

（3）在锚筋体张拉过程中，预应力基座作为直接受力构件，其受力面须保证平整可靠，受力面与锚筋体在轴线方向垂直。

8. 锚筋张拉与锁定

（1）应在完成加筋水泥土桩施工，经养护达到强度设计值后，进行锚筋的张拉锁定。

（2）锚筋张拉应按一定顺序进行，张拉时应考虑临近锚筋之间的相互影响。

（3）锚头与张拉锁定设备按照设计要求选取，设备应在进场前通过相关检验标准检定，之后根据标定数据进行张拉。张拉前，必须对油泵及各阀门工作情况、油管是否畅通进行检查，以防张拉过程中油泵无法正常工作导致张拉失败。

（4）分级施加荷载及观测变形的时间应按规范执行。锚筋张拉须分级逐步施加荷载，禁止一次加载至锁定荷载。

9.3.4　质量控制标准与要点

加筋水泥土桩锚施工质量按照《加筋水泥土桩锚支护技术规程》CECS 147—2016和《岩土锚杆（索）技术规程》CECS 22—2005执行。

加筋水泥土桩锚的施工质量控制要点为：

（1）为防止速度过快导致搅拌不均匀、浆液过少，钻进速度应严格控制在0.3~0.5m/min范围内，回转速度控制在20~50r/min。

（2）应根据设计要求和土层条件，在施工前选择合理可行的施工工艺。

（3）为防止钢绞线产生锈蚀，应严格控制注浆用水、水泥及其添加剂的氯化物与硫酸盐含量。

（4）锚筋体制作前须除锈、除油污，尺寸下料严格按照设计要求进行，其长度误差不得大于50mm。

（5）应在锚筋体插入钻孔之前，对其质量进行检查，锚筋体安放后不得对其随意敲击，也不可在上面悬挂重物。

（6）张拉前对张拉设备进行标定，加筋水泥土桩体强度达到1MPa，且锚固体养护时间不应少于5d时，方可进行张拉，张拉应充分考虑邻近加筋搅拌桩之间的影响，严格按照程序进行。

9.3.5　适用性分析

目前，较为常用的支护方法包括钢板桩支护、地下连续墙支护、排桩支护、土钉支护、内支撑和锚杆支护等，但是这些传统的支护方法或受制于基坑地质条件，或施工流程复杂，或无法完成变形要求，或对环境有一定污染。而加筋水泥土桩锚支护技术能够很好地克服以上传统方法的弊端。加筋水泥土桩锚支护技术的显著特点是使原本复杂的钻掘成孔、注浆、搅拌、插入筋体等程序一次完成。同时，该技术还有施工噪声小、无污染、充分利用原地层、对周围既有建筑物和地下管线影响较小、节约钢材等特点。针对加筋水泥土桩锚支护的技术特点，从经济性、施工要求及环境保护3个方面对该技术进行适用性分析。

1. 经济适用性

加筋水泥土桩锚支护施工工艺简单，其钻孔、注浆、搅拌、插筋等程序可一次性完成，缩短了施工工期，简化了施工流程，同时也可减少施工人员数量。在深大基坑工程中，与传统的地下连续墙和土钉方法比较，会降低造价。就目前的深基坑工程实例来看，选用加筋水泥土桩锚支护的造价要比原有传统基坑支护低5%左右。

2. 施工适用性

在我国的沿海发达城市，超过100m的超高层建筑随处可见，其海相沉积的软弱地层给施工带来很大难度和要求，像排桩支护就很大程度上受制于开挖深度和基坑土质条件。另外，城市中地下管线众多、交通网络复杂，也会给深基坑工程带来困难。在建筑物密集的区域施工，传统的内支撑由于所需施工面积较大而无法施工；而在对变形有严格要求的基坑支护工程中，土钉支护很难满足要求。加筋水泥土桩锚支护则可以充分发挥其特点，克服地下管线众多、施工空间狭小、变形要求高的困难，完成基坑工程支护任务。

3. 环境适用性

在既有建筑物周边施工时，除了要保证基坑工程安全之外，还需要尽可能地降低对周围群众生活的影响。加筋水泥土桩锚支护是众多支护方法中施工噪声最小的方法。一些城市对于建筑环保指标的监控十分严格，在地下连续墙支护过程中产生的大量水泥浆需要迅速处理，而加筋水泥土桩锚支护是利用水泥作为固化剂，通过深层机械搅拌，将软土固化成有足够强度、稳定性和变形模量的水泥土，不用排污，对于环境污染甚小。

9.4 型钢水泥土搅拌墙

型钢水泥土搅拌墙通常称为SMW工法，是一种在连续套接的水泥土搅拌桩内插入型钢形成的复合挡土截水结构。即利用搅拌桩钻机在原地层中切削土体，同时钻机前端压注水泥浆液，与切碎土体充分搅拌形成截水性较高的水泥土柱列式挡墙，在水泥土浆液尚未硬化前插入型钢的一种地下工程施工技术。型钢水泥土搅拌墙的应用形式有防渗墙、重力式挡墙、结合内支撑或锚索支护和结合土钉形成复合土钉支护结构。

型钢水泥土搅拌墙是基于深层搅拌桩施工工艺发展起来的，具有防渗截水、挡土，以及承担拉锚或逆作法工程中竖向荷载的功能。这种结构充分发挥了水泥土混合体和型钢的力学特性，具有经济、工期短、高截水性、对周围环境影响小等特点。型钢水泥土搅拌墙围护结构在地下主体结构施工完成后，可以将H型钢从水泥土搅拌桩中拔出，达到回收和再次利用的目的。因此，该工法与常规的围护形式相比，不仅工期短，节省场地，抗渗性好，废土产量少，泥浆污染小，施工过程对周围地层影响小，场地整洁干净，施工噪声及振动小，适用土质范围广，而且可以节约社会资源，避免围护结构在地下室施工完毕后永久遗留于地下，成为地下障碍物。在提倡建设节约型社会，努力实现可持续发展的今天，推广应用该工法更加具有现实意义。

型钢水泥土搅拌墙由连续套打搭接的搅拌桩和插入于其中的型钢组成，根据钻轴的数量不同，搅拌桩可分为单轴、双轴、三轴、五轴搅拌桩等。目前国内各地区的应用中，三轴水泥土搅拌桩居多。多轴水泥土搅拌桩相对于单、双轴水泥土搅拌桩，具有以下优点：

（1）多轴水泥土搅拌桩成桩质量和均匀性较好，成桩的垂直精度较容易保证。

（2）施工中更容易保持相邻桩之间的完全搭接，尤其是在搅拌桩施工深度较深的情况。

（3）施工过程中一旦遇到障碍物，钻杆不易发生弯曲，搅拌桩的截水效果更容易得到保证。

（4）在硬质粉土或砂性土中搅拌较容易，成桩质量较好。

考虑到型钢水泥土搅拌墙中的搅拌桩不仅起到基坑的截水帷幕作用，更重要的是还承担着对型钢的包裹嵌固作用，因此型钢水泥土搅拌墙中的搅拌桩一般应采用多轴水泥土搅拌桩，以确保施工质量和围护结构较好的截水封闭性。

9.4.1 型钢水泥土搅拌墙的特点

型钢水泥土搅拌墙与基坑围护结构中经常采用的钻孔灌注桩相比，具有下面几方面的不同。首先，型钢水泥土搅拌墙由H型钢和水泥土组成，一种是力学特性复杂的水泥土，一种是近似线弹性材料的型钢，二者相互作用，工作机理非常复杂。其次，针对这种复合围护结构，从经济角度考虑，H型钢在地下室施工完成后可以回收利用是该工法的一个特色；从变形控制的角度看，H型钢可以通过跳插、密插调整围护结构刚度，是该工法的另一特色。最后，在地下水水位较高的软土地区，钻孔灌注桩围护结构尚需在外侧施工一排截水帷幕，截水帷幕可以采用水泥土搅拌桩或旋喷桩。当基坑开挖较深，搅拌桩入土深度较大时，为保证截水效果，常采用三轴水泥土搅拌桩截水。型钢水泥土搅拌墙是在水泥土搅拌桩内插入H型钢，本身就已经具有较好的截水效果，不需额外施工截水帷幕，因此造价一般相对于钻孔灌注桩要经济。

与其他围护形式相比，型钢水泥土搅拌墙具有以下特点：

（1）施工过程对周围地层影响小

型钢水泥土搅拌墙是直接把水泥类悬浊液就地与切碎的土砂混合，与地下连续墙、灌注桩需要开槽或钻孔相比，对邻近地面下沉、房屋倾斜、道路裂损或地下设施破坏等的危害小。

（2）抗渗性好

由于钻头的切削与搅拌反复进行，使浆液与土得以充分混合，形成较均匀的水泥土，且墙幅完全搭接无接缝，相比传统地下连续墙，水泥土渗透系数很小，具有更好的止水性。

（3）节省场地、施工噪声及振动小、工期短

型钢水泥土墙所需施工空间仅为水泥土搅拌桩的厚度和施工机械必要的操作空间，与其他围护形式相比具有空间优势。成桩速度快，墙体构造简单，施工效率高，省去了挖槽、安放钢筋笼等工序。

（4）废土产量少、泥浆污染小

水泥悬浊液与土的混合，不会产生废泥浆，不存在泥浆回收处理问题。先做废土基槽，限制了废水泥土的渗流污染。最终产生的少量废水泥土经处理还可以再利用为铺设场地道路的材料。既降低了成本，同时又消除了建筑垃圾的公害。

（5）大壁厚、大深度

型钢水泥土搅拌墙的水泥土搅拌桩成墙厚度在550~1300mm之间，视地质条件一般可施工10~30m的深度，并且成孔垂直精度高，安全性好。

（6）适用土质范围广

采用多轴螺旋钻机方式的SMW工法适用于从软弱地层到砂、砂砾地层及直径100mm以上的卵石地层，甚至风化岩层等。如果采用预削孔方法还可适用于硬质地层或单轴抗压强度60MPa以下的岩层。

（7）技术经济指标好

SMW挡土墙的主要消耗材料是水泥类悬浊液和芯材，内插H型钢在主体地下结构施工完成后可以拔除，不仅可避免形成地下永久障碍物，而且拔除的型钢可以回收利用，节约资金。

9.4.2　型钢水泥土搅拌墙的适用范围

型钢水泥土搅拌墙的适用条件与基坑的开挖深度、基坑周边环境条件、场地土层条件、基坑规模等因素有关。从基坑安全的角度看，型钢水泥土搅拌墙的选型主要是由基坑周边环境条件所确定的容许变形值控制的，即型钢水泥土搅拌墙的选型及参数设计首先要能够满足对周边环境的保护要求。

1. 土质条件及适用开挖深度

型钢水泥土搅拌墙的适用开挖深度与地质条件、环境条件、搅拌桩直径、基坑的平面尺寸、内插型钢的规格及密度等因素有关。根据目前的工程经验，应用的基坑深度不宜超过15m，超深基坑采用水泥土搅拌桩作为截水帷幕时，基坑最大开挖深度可达到18m。

（1）对深厚软土地基上的一层地下结构基坑，一般采用650mm或850mm三轴水泥搅拌桩内插H型钢，结合一道内支撑支护；由于工期短，围护结构造价比较经济。

（2）对二层地下结构基坑，一般采用850mm三轴水泥搅拌桩内插H型钢结合两道内支撑支护。土质条件及环境条件较好时，也有项目采用一道内支撑取得了成功。

（3）对三层地下结构基坑，即使850mm直径的三轴水泥搅拌桩形成的型钢水泥土墙的刚度及施工质量也难以满足要求，应用风险很大，不建议采用。

（4）对深厚粉土地基上的一层地下结构基坑，采用650mm直径或850mm直径三轴水泥搅拌桩内插型钢的支护体系，具有变形控制效果及截水性能好的特点。

（5）对深厚粉土地基上的两层地下结构基坑，采用850mm直径三轴水泥搅拌桩内插型钢形成的型钢水泥土墙支护体系，在工程中应用较为广泛。对比较密实的粉土地层，应选择动力强、钻杆性能好的水泥土搅拌桩机。

2. 对狭小施工场地的适用性

当施工场地狭小或距离用地红线、建筑物等较近时，采用钻孔灌注桩＋截水帷幕等围护方案常常不具备足够的施工空间，而型钢水泥土搅拌墙只需在三轴水泥土搅拌桩中内插型钢，所需施工空间仅为三轴水泥搅拌桩的厚度和施工机械必要的操作空间，具有较明显的优势。

3. 对周边环境的适应

与地下连续墙、钻孔灌注桩相比，型钢水泥土搅拌墙的刚度较低，因此常常会产生相对较大的变形。在对周边环境保护要求较高的工程中，如基坑周边紧邻煤气管等重要管线、浅基础建筑物、历史保护建筑、运营中的地铁或下穿隧道时，应谨慎选用该工法。

4. 对地下水的适用性

当基坑周边环境对地下水位变化较为敏感，搅拌桩桩身范围内大部分为砂（粉）性土等透水性较强的土层时，若型钢水泥土搅拌墙变形较大，搅拌桩桩身易产生裂缝、造成渗漏，后果较为严重。这种情况，如果基坑支护设计采用型钢水泥土搅拌墙，围护结构的整体刚度应该适当加强，并控制内支撑水平及竖向间距，必要时应选用刚度更大的围护结构方案。

5. 工期适用性

当基坑面积较大，施工难度较大，或因为设计调整、修改等原因，施工工期在1年以上时，选用型钢水泥土搅拌墙桩的成本较高，经济优势不明显。为缩短施工工期，型钢水泥土搅拌墙与钢支撑结合应用较多。钢支撑具有安装、拆除方便、不需要养护等特点，与混凝土支撑相比，在建设工期方面有明显优势。

9.4.3 型钢水泥土搅拌墙的结构及构造

型钢水泥土搅拌墙以内插型钢作为主要受力构件。施工时，三轴水泥土搅拌桩一般采用套接孔法方式施工，即在连续的三轴水泥土搅拌桩中有一个孔是完全重叠的施工工艺。

1. 桩长

型钢水泥土搅拌墙中搅拌桩的深度不应小于内插型钢，其桩端应比型钢端部深 0.5~1.0m。

2. 型钢插入密度

当水泥土搅拌墙应用于砂土、粉土等透水性较强的土层，周边环境要求高，位移控制严格时，需加大型钢插入密度。此外，基坑的转角处应设置一根型钢，转角周边2m范围及平面形状复杂处宜加大型钢插入密度。

3. 桩顶冠梁构造

型钢水泥土搅拌墙的顶部，应设置封闭的钢筋混凝土冠梁，冠梁宜与第一道钢筋混凝土支撑浇筑在一起。冠梁在板式支护体系中，对提高围护体系的整体性，并使围护桩和支撑体系形成共同受力的稳定结构体系，具有重要作用。由于型钢水泥土搅拌墙由两种刚度相差较大的材料组成，冠梁作用的重要性更加突出。

型钢回收时，冠梁可作为拔除设备的支座。冠梁截面设计高度随搅拌桩直径增大，且不应小于600mm。型钢应锚入冠梁，并高出冠梁顶面500mm以上，但不宜超出地面，以免影响地面施工，且不便保护。型钢有回收要求时，应采取有效措施使型钢与冠梁混凝土隔离，同时应保证冠梁的受力性能满足要求。冠梁的箍筋宜采用四肢箍筋，直径不应小于8mm，间距不应大于200mm；在支撑节点位置，箍筋宜适当加密；由于内插型钢而未能设置的箍筋应在相邻区域内补足面积。

4. 与支撑体系连接节点构造

在型钢水泥土搅拌墙内支撑体系中，支撑与腰梁的连接、腰梁与型钢的连接以及钢腰梁的拼接，特别是后两者对于整个支撑体系的整体性非常关键。应对上述连接节点的构造充分重视，施工单位应严格按设计图纸施工。型钢水泥土搅拌墙围护体系中腰梁可以采用钢筋混凝土腰梁，也可以采用钢腰梁。钢腰梁和钢支撑杆件的拼接一般应满足等强度的要求，但在实际工程中受到拼接现场施工条件的限制，很难达到要求，应在构造上对拼接方式予以加强，如附加缀板、设置加劲肋板等。同时应尽量减少钢腰梁的接头数量，拼接位置也尽量放在腰梁受力较小的部位。

5. 施工冷缝处理措施

当型钢水泥土搅拌墙遇到地下连续墙或灌注桩等围护结构需断开时，或者在型钢水泥土墙的施工过程中出现冷缝时，冷缝位置可采用在坑外增设两幅三轴水泥搅拌桩予以封闭，以保证围护结构整体的截水效果。在三轴水泥土搅拌桩施工空间不足的情况下，可在冷缝处采用高压旋喷桩封堵。

9.4.4 型钢水泥土搅拌墙复合结构工作原理

型钢水泥土搅拌墙实质上是由型钢和搅拌桩组成的一种复合围护结构。水泥土与型钢之间的粘结是一种柔性粘结，其粘结强度不能与混凝土和钢筋之间的粘结强度相比，但侧向水土压力并非全部由型钢承担。水泥土搅拌桩的主要作用是抗渗截水，但这并不是意味着水泥土搅拌桩对型钢不起作用，水泥土对型钢的包裹作用能够提高型钢的刚度，防止型钢失稳。当SMW工法作为挡土墙时，墙体的应力实际上是由芯材和水泥土共同承担的，但在设计中一般只考虑芯材的刚度，而忽略水泥土的贡献，将水泥土的刚度贡献作为墙体的刚度储备。近些年来，随着型钢水泥土搅拌墙的逐步应用，设计、施工水平得到了不断提高，同时对于型钢与水泥土相互作用机理及水泥土的包裹作用均进行了一些理论和试验探讨。型钢水泥土受荷过程中，截面的应力变化可分为五个阶段：

（1）弯矩较小时，截面上水泥土与型钢应力均呈线性分布。

（2）随着弯矩增大，受拉区水泥土应力达到抗拉强度，开始开裂。水泥土开裂后即退出工作，中性轴略上移，这一阶段一般持续时间较短。

（3）型钢受拉区达到屈服强度，应力分布不再呈线性，而受压区由于水泥土对截面内力的分担，型钢还未屈服。

（4）型钢受压区达到屈服强度。由于水泥土弹性模量较低，水泥土所受应力一般还未达到其抗压强度，中和轴继续上移。弯矩-挠度曲线表现出明显的非线性。

（5）受压区水泥土达到抗压强度，开始出现破碎，所承担截面应力下降，中性轴下移，型钢塑性区扩大，直至结构破坏。

通过上面的分析，可以看出型钢水泥土搅拌墙从受力特征角度可以分为弹性共同作用阶段、非线性共同作用阶段和型钢单独工作阶段三个工作阶段。弹性共同作用阶段在水泥土开裂前，型钢水泥土组合结构基本处于弹性工作状态，组合刚度即为型钢与水泥土刚度之和。非线性共同作用阶段在水泥土开裂初期，两种材料之间发生微量粘结滑移，组合结构的挠度增大，但组合结构的刚度下降速率较慢。型钢单独工作阶段，水泥土开裂深度越来越大，新的裂缝不断产生，组合结构挠度增长较快，水泥土的作用已不明显，可以认为只有型钢单独起作用。在小变形条件下，水泥土对型钢水泥土搅拌墙的刚度贡献是不能忽视的。水泥土对型钢的包裹作用提高了型钢刚度，减少了位移。型钢水泥土搅拌墙围护结构中，如果型钢与水泥土的接触足够紧密，可以认为它们是共同作用的。

9.4.5 型钢水泥土搅拌墙施工机械

型钢水泥土搅拌墙多采用三轴搅拌机成桩。应根据地质条件、作业环境与成桩深度选用不同形式或不同功率的三轴搅拌机，配套桩架的性能参数必须与三轴搅拌机的成桩深度和提升能力相匹配。

三轴搅拌机由多轴装置、减速器和钻具组成，钻具包括：搅拌钻杆、钻杆接箍和钻头。三轴搅拌机有普通叶片式、螺旋叶片式或同时具有普通叶片和螺旋叶片的形式，搅拌转速也有高低档之分。在黏性土中宜选用以叶片式为主的搅拌形式；在砂性土中宜选用螺旋叶片式为主的搅拌形式；在砂砾土中宜选用螺旋叶片搅拌形式。在软土地层选用鱼尾式平底钻头；在硬土地层选用定心螺旋式钻头。

三轴搅拌桩机应符合以下规定：

（1）搅拌驱动电机应具有工作电流显示功能。

（2）应具有桩架垂直度调整功能。

（3）主卷扬机应具有无级调速功能。

（4）采用电机驱动的主卷扬机应有电机工作电流显示，采用液压驱动的主卷扬机应有油压显示。

（5）桩架立柱下部搅拌轴应有定位导向装置。

（6）在搅拌深度超过20m时，应在搅拌轴中部位置的立柱导向架上安装移动式定位导向装置。

9.4.6 型钢水泥土搅拌墙施工准备

（1）在无工程经验及特殊地层地区，必须通过现场试验确定型钢水泥土搅拌墙的适用性。对于杂填土地层，施工前需清除地下障碍物；对于粗砂、砂砾等粗粒砂性土地层，应注意有无明显的流动地下水，防止固化剂尚未硬化时流失，影响工程质量。

（2）水泥土搅拌桩施工前，对施工场地及周围环境进行调查，包括机械设备和材料的运输路线、施工场地、作业空间、地下障碍物的状况等。对影响水泥土搅拌桩成桩质量及施工安全的地质条件必须详细调查。

（3）施工现场应先进行场地平整，清除搅拌桩施工区域的表层硬物和地下障碍物。遇到明浜、暗塘或低洼地等不良地质条件时应抽水、清淤、回填素土，并分层夯实。现场道路的承载能力应满足桩机和起重机平稳行走的要求。

（4）水泥土搅拌桩施工前，应按照搅拌桩柱位布置图，进行测量放样并复核验收。根据确定的施工顺序，安排型钢、配套机具、水泥等物资的放置位置。

（5）根据型钢水泥土搅拌墙的轴线开挖导向沟，在沟槽边设置搅拌桩定位型钢，并在定位型钢上标出搅拌桩和型钢插入位置。

（6）若采用现浇的钢筋混凝土导墙，导墙宜筑于密实的土层上，并高出地面100mm，导墙净距应比水泥土搅拌桩设计直径宽40~60mm。

（7）搅拌桩机和供浆系统应预先组装、调试，在试运转正常后方可开始水泥土搅拌墙施工。

（8）施工前通过成桩试验确定搅拌机钻杆下沉和提升速度、水泥浆液水灰比等工艺参数及成桩工艺，成桩试验不宜少于2根。测定水泥浆从输送管到达搅拌机喷浆口的时间。当地下水有侵蚀性时，宜通过试验选用合适的水泥。

（9）型钢定位导向架和竖向定位的悬挂构件应根据内插型钢的规格尺寸制作。

9.4.7 施工顺序及流程

1. 施工顺序

水泥土搅拌桩可采用跳槽式全套打复搅方式、单侧挤压方式、先行钻孔套打方式的施工顺序。当在硬质土层中成桩困难时，宜采用预先松动土层的先行钻孔套打方式施工。桩与桩的搭接时间间隔不宜大于24h。

（1）跳槽式全套打复搅式连接方式

跳槽式双孔全套打复搅式连接是常规情况下采用的施工方式，一般适用于标准贯击数50以下的土层。施工时先施工第一单元，然后施工第二单元。第三单元的A轴及C轴分别插入到第一单元的C轴孔及第二单元的A轴孔中，完全套接施工。依次类推，施工第四单元和套接的第五单元，形成连续的水泥土搅拌墙体。

（2）单侧挤压式连接方式

单侧挤压式连接方式适用于标准贯击数50以下的土层，一般在施工受限制时采用，如：在型钢水泥土搅拌墙转角处，密插型钢或施工间断的情况下，施工顺序为：先施工第一单元，第二单元的A轴插入第一单元的C轴中，依次类推施工完成水泥土搅拌墙。

2. 施工流程

型钢水泥土搅拌墙的施工流程为：由多轴搅拌机，将一定深度范围内的原状土，与由钻头处喷出的水泥浆液、压缩空气进行原位均匀搅拌成桩；在各施工单元间采取套接孔法施工；及时插入H型钢，形成有一定强度和刚度，连续完整的地下连续复合挡土截水结构。

9.4.8 施工技术要点

1. 钻杆及注浆控制

三轴搅拌机主轴正转喷浆搅拌下沉速度应为0.5~1.0m/min，反转喷浆复搅提升速度应为1.0~2.0m/min，尽可能匀速下沉和提升，使水泥浆和原地基土充分搅拌。搅拌下沉时喷浆量控制在每幅桩总用浆量的70%~80%，提升时喷浆量控制在20%~30%。施工时如因故停浆，应在恢复压浆前，将搅拌机提升或下沉0.5m后，再注浆搅拌施工，以确保搅拌墙的连续性。

2. 涌土率控制

当水泥土搅拌过程中置换涌土量很大时，可调整搅拌翼的形式，增加反复下沉、提升搅拌的次数，适当增大送气量，水灰比控制在1.5~2.0左右。

当置换涌土少时，宜调整水灰比为1.2~1.5，并控制下沉和提升速度以及送气量，必要时在水泥浆液中掺加一定量的膨润土，膨润土掺量一般为3%~5%。

3. 型钢的加强和保护

（1）型钢焊接接头

避免将型钢焊接接头设置在型钢受力较大处；严禁开挖面以上及附近位置的所有接头设置在同一标高处；为减小型钢回收时的起拔阻力，接头焊接应光滑、平整。

（2）型钢表面处理

① 型钢表面应进行清灰除锈，并在干燥条件下，涂抹经过加热融化的减摩剂。

② 减摩剂完全熔化且拌合均匀后，涂敷于H型钢的表面。

③ 如果型钢表面潮湿，先用抹布将型钢表面擦干，然后烘干方可涂刷减摩剂。

④ 拆除托架（或牛腿）和吊筋后，应磨平型钢表面，重新涂刷减摩剂。

⑤ 完成涂刷后的型钢，在搬运过程中应防止碰撞和强力擦挤，减摩材料如有脱落、开裂等现象应及时补救。

⑥ 如果减摩剂干裂剥落，须将其彻底铲除，重新涂刷减摩剂。

⑦ 浇筑冠梁时，埋设在冠梁中的型钢部分必须用油毡等材料将其与混凝土隔开，以利于型钢的起拔回收。

（3）型钢插入

① 型钢的插入宜在搅拌桩施工结束后 30min 内进行，插入前必须检查其笔直度和接头焊缝质量，并确保满足设计要求。

② 型钢的插入必须采用牢固的定位导向架，用吊车起吊型钢，必要时可采用经纬仪校核型钢插入时的垂直度，型钢插入到位后，用悬挂物件控制型钢顶标高。

③ 依靠型钢自重插入，也可借助带有液压钳的振动锤等辅助手段下沉到位；严禁采用多次重复起吊型钢、松钩下落的插入方法；若采用振动锤下沉工艺时，不得影响周围环境。

④ 当型钢插入设计标高时，用吊筋将型钢固定，溢出的水泥土必须进行处理，以便进行下道工序施工。

⑤ 待水泥土搅拌桩硬化到一定程度后，将吊筋与槽沟定位型钢撤除。

（4）型钢拔出及回收

① 在主体地下结构外墙与搅拌墙之间回填密实后拆除支撑和腰梁，然后将型钢表面留有的腰梁限位或支撑抗滑构件、电焊等清除干净，回收型钢。

② 型钢拔除通过液压千斤顶配以吊车进行，对于吊车无法吊到的部位，由塔式起重机配合吊运或采取其他措施。顶升初始阶段采用专用钢结构构件支座顶升，千斤顶到位后，调换到另一提升孔继续重复顶升，直到能使用液压夹具为止。当型钢有足够外露长度后，通过专用液压夹具夹紧型钢腹板，构成顶升反力支座，咬合型钢后，使夹具与型钢共同提升。型钢拔除过程中，逐渐升高的型钢用吊车跟踪提升，直至全部拔除，运离现场。

③ 采用跳拔的方式进行型钢拔除回收，限制日拔除型钢数量，及时对型钢拔除后形成的空隙注浆充填。

④ 一旦基坑施工过程中围护结构变形过大，将导致型钢挠曲严重。该种情况下，型钢的回收易出现如下阻力偏大、型钢起拔困难等问题，包括：型钢起拔时，水泥土破坏严重，地基土体有明显扰动，影响到周边环境的安全；型钢挠曲、破坏。因此应根据型钢的回收需要合理控制围护体的侧向位移，对型钢回收过程的环境影响进行评估，并采取有效的环保措施。

⑤ 型钢回收后，不仅应校正其平直度，复核其截面尺寸，还应复核强度，确保型钢二次利用的安全性。

9.4.9　施工质量控制

1. 质量检查与验收标准

（1）型钢水泥土搅拌墙质量的检查与验收，可分为施工成墙期的监控、成墙后的质量验收和基坑开挖时期的质量检查三个阶段。

（2）型钢水泥土搅拌墙在成墙期的监控内容主要包括：验收施工机械的各项性能指标、进场材料的质量、试桩的资料及逐根检查水泥土搅拌桩和型钢的定位、长度、标高、垂直度偏差等；严查水泥土搅拌桩的水灰比、水泥的质量及强度等级、水泥掺量、桩机下沉及提升速度、搅拌桩施工间歇时间以及型钢的规格、质量、焊缝的质量等是否满足设计和施工工艺技术方面的要求。

（3）型钢水泥土搅拌墙在成墙后的质量验收，宜按照施工段分为若干个检验批，除水泥土搅拌桩桩体强度检验项目外，每检验批抽查的桩数不得少于总桩数的20%。

（4）在基坑开挖期间，应重点检查开挖面墙体的质量和墙体渗漏水的情况，如果不符合设计的要求，应采取积极的补救措施。

2. 搅拌桩的质量控制

搅拌桩是型钢水泥土搅拌墙的重要组成部分，桩体具有隐蔽性，对其质量的控制应坚持"把关料源，控制过程"。针对特定的地质条件设计符合自身实际的桩体参数和施工工艺，从而确保型钢水泥土搅拌墙施工合理可靠、质量上乘。

（1）原材料

搅拌桩的主要原材料为固化剂和水，原材料的好坏将直接决定搅拌桩的强度和可靠性。合乎设计规范的固化剂是保证搅拌桩施工质量的前提。水泥的使用要综合考虑土质情况、供应关系、成本核算等多方面的原因，根据搅拌桩桩身无侧限抗压强度要求、水泥掺量要求、水泥浆水胶比要求及地质情况，选用合适的固化剂。现场所用固化剂品种和质量必须按要求抽样做安定性、强度等试验，并取样进行试验，检验合格后方可使用。水是固化剂的主要运输载体，施工现场周边的自来水管道、河流、沟渠、深井等都是潜在的水源。搅拌桩的施工用水首先要考虑自来水及人畜可饮用水源，且必须做水质和腐蚀性分析，符合检验标准后方可使用。

（2）配合比控制

同一地质条件下，相同品质的水泥和水，不同水泥浆掺入量形成的搅拌桩的强度差异较大。实际应用过程中，同一地质条件下的配合比应结合理论分析、实验室检测和现场试验共同确定。施工现场应根据地质情况及室内配比进行工艺性试桩，通过试验确定水泥掺量及水灰比。在确保水泥土强度的同时，尽量使型钢靠自重插入，或略微借助外力，就能使型钢顺利插入到位。水灰比可取1.2~2.0左右，常取1.5。对含水量较高的淤泥和淤泥质土，水灰比取值宜适当降低。水泥土28d的无侧限抗压强度需满足设计要求；水泥土与涂有减摩剂的型钢之间要具有良好的握裹力，确保整体受力性能满足要求，并创造良好的型钢回收条件，使型钢拔除时，水泥土能够自立不坍，便于充填空隙。

（3）水泥浆剂量的控制

配合比是保证搅拌桩强度的前提，单桩水泥剂量及水泥浆的均匀性直接决定了搅拌桩的质量好坏。施工前必须根据配合比标定用水量及水泥掺入量，严格按设计给出的水胶比进行制浆，以确保桩体水泥掺入量及水泥浆用量达到设计要求。

桩机的钻进速度、搅拌速度及提升速度是保证桩体泥浆均匀性的关键，试验表明：均匀性与搅拌次数成正比，但与施工质量却呈反比，当加固范围内任意点的水泥土经过20次拌合后的强度可以达到峰值。

　　根据载荷的传递规律，搅拌桩的桩身为应力传递区，桩头和桩底部位是主要的承载区，需增加桩头和桩底区域的水泥浆用量，并增加复搅程序，以增加该区域的强度和均匀性。

　　（4）桩长、桩位、桩径的控制

　　通过试验确定好桩长、桩径和布置方式并应用现场实践时，桩长的控制可分为机械控制和人工控制两种方式。机械控制是在桩机机体上布置度盘读数器，通过控制钻杆钻入深度的圆盘指针读数，直接反映出钻桩的长度；人工控制需要在钻机搭架上做出明显的标记，在设计桩长深度位置、没进钻的钻顶的位置贴上或划上明显标记，通过人为识别确认桩长。桩位的控制主要分为桩间距控制和垂直度控制两方面。桩间距控制可以提前布桩，通过测量放样确定桩位后钉入小桩，然后撒上白灰点；垂直度控制是桩位控制的关键，可在装机的钻塔上布置一定绳长的吊锤球。桩径控制的要点在于钻头的尺寸控制，要求不小于设计直径，磨损量不得大于10mm，磨损超限时及时焊补。

　　（5）工字钢插拔质量控制

　　① 型钢要确保垂直度和平整度，不允许出现扭曲现象。插入时要保证垂直度，垂直度偏差不宜大于0.3%。插入H型钢时若有接头，接头应位于开挖面以下，且相邻两根H型钢接头应错开1m以上。

　　② 对需拔除回收的H型钢，插入前须涂减摩剂，型钢拔除后应及时用水泥砂浆灌注密实，水泥砂浆比率为1∶2。

　　③ 对需回收型钢的工程，型钢拔除后留下的空隙应及时注浆填充，并应编制包括浆液配合比、注浆工艺、拔除顺序等内容的专项方案。

　　（6）冬季施工质量控制

　　冬季是搅拌桩施工的困难期，冰冻和低温是威胁搅拌桩施工质量的两大因素，因此冬季搅拌桩的施工要在常规施工质量控制的基础上重点做好防冻和保温措施。

　　① 防冻控制关键点。冬季测量放样点、浆液配合比容易受冰冻的影响，冬期施工布桩轴线引出的距离应适当增加，以免在打桩时受冻土硬壳层的影响，且水准点的数量不应少于两个，并随时与永久性的水准点校核。在进入冬期施工前，试验室对配合比进行调整，水泥浆加入适量的早强防冻剂，并对水源采取加温处理，确保钻头出浆口的浆液温度符合设计要求。

　　② 保温控制关键点。冬期天气寒冷，气温较低，首先要对原材料和浆液输送管路采取保温措施。水泥采用土工布、防火草帘进行覆盖保温，制浆用水及浆桶采取加温措施，泥浆输送管采用保温材料包裹进行保温输送。每日的施工时间选择在温度较高的9∶00~16∶00之间。在成桩的过程中随时监测外界和桩体内部的温度变化，并绘制测温孔布置图。搅拌桩施工完成后要有保温层，现场必须在增加桩头喷浆量的基础上，采用桩头上方空搅50cm地表土，作为保温覆盖层。

　　（7）雨季施工质量控制

　　雨季的潮湿和降雨环境对施工所用原材料、配浆桶及施工场地等影响较大。雨季施工，首先要做好场地的排水设施，场地整平时按照4%坡度做好人字形排水坡，施工时由场地中间向两侧循环进行；管理好施工材料，水泥必须堆放在有防水防潮措施的密封料场内，料场周边挖好排水边沟，防止水泥受潮；配浆桶位置必须高于原地面20cm以上，且布置防水防风顶棚。雨季施工时需在桩顶一定范围内增加喷浆量以提高桩顶强度。当降雨量较大时，停止施工。

（8）环境保护

① 型钢水泥土搅拌墙施工前，应掌握下列周边环境资料：邻近建（构）筑物的结构、基础形式及现状；被保护建（构）筑物的保护要求；邻近管线的位置、类型、材质、使用状况及保护要求。

② 对环境保护要求高的基坑工程，宜选择挤土量小的搅拌机头，并应通过试成桩及其监测结果调整施工参数。当邻近保护对象时，搅拌下沉速度宜控制在0.5~0.8m/min，提升速度宜控制在1m/min内；喷浆压力不宜大于0.8MPa。

③ 施工中产生的水泥土浆液，可集积在导向沟或现场临时设置的沟槽内，待自然固结后方可外运。

④ 周边环境条件复杂、支护要求高的基坑工程，型钢不宜回收。

⑤ 对需回收型钢的工程，型钢拔除后留下的空隙应及时注浆填充，并应编制包括浆液配比、注浆工艺、拔除顺序等内容的专项方案。

⑥ 在整个施工过程中，应对周边环境及基坑支护体系进行监测。

参考文献

[1] 刘国彬，王卫东. 基坑工程手册：第2版［M］. 北京：中国建筑工业出版社，2009.

[2] 宋明健. 基坑动态支护技术与应用实例［M］. 北京：中国建筑工业出版社，2017.

[3] 龚晓南. 深基坑工程设计施工手册［M］. 北京：中国建筑工业出版社，2018.

[4] 中国土木工程学会土力学及岩土工程分会. 深基坑支护技术指南［M］. 北京：中国建筑工业出版社，2012.

[5] 型钢水泥土搅拌墙技术规程JGJ/T 199—2010［S］. 北京：中国建筑工业出版社，2010.

[6] 型钢水泥土搅拌墙技术规程DB33/T 1082—2011［S］. 北京：中国建筑工业出版社，2011.

[7] 裴磊. 加筋水泥土桩锚支护试验结果分析及工程应用［D］. 阜新：辽宁工程技术大学，2008.

[8] 董爱民. 型钢水泥土搅拌墙技术在基坑支护中的应用研究［D］. 北京：中国地质大学，2008.

[9] 范君宇. 加筋水泥土锚桩对土体变形约束的作用分析与应用［D］. 淮南：安徽理工大学，2009.

[10] 陈卫刚，刘全林. 水泥土锚桩基坑围护结构监测与数据分析［J］. 岩土工程技术，2009，23（5）：251-254.

[11] 张辉. 加筋水泥土桩锚支挡结构性状研究［D］. 福州：福州大学，2011.

[12] 许彩琴. 型钢水泥土搅拌墙在太原地区的设计应用［J］. 山西建筑，2013，39（3）：66-67.

[13] 周民，黄磊. 加筋水泥土桩锚施工技术［J］. 建筑技术开发，2014，41（10）：13-16.

[14] 梁林森，陈先华，王婷婷. 加筋水泥土桩锚支护技术在深基坑工程中的应用分析［J］. 工程建设，2015，47（5）：41-46.

[15] 黄梅. 基坑支护工程设计施工实例图解［M］. 北京：化学工业出版社，2015.

[16] 祝启峰. 浅谈水泥搅拌桩施工质量控制［J］. 价值工程，2017，36（8）：137-139.

[17] 李贞，赵祉淇，梁汇溪. 加筋水泥土桩锚支护施工技术在工程中的应用［J］. 辽宁工业大学学报（自然科学版），2017，37（2）：100-103.

[18] 吴斌. SMW工法桩+锚索联合支护技术在芜湖某深基坑中的应用与研究［D］. 合肥：合肥工业大学，2018.

[19] 吴绍升，毛俊卿. 软土区地铁深基坑研究与实践［M］. 北京：中国铁道出版社，2017.

第 10 章 ▶▶

渠式切割水泥土连续墙支护技术

10.1 概述

渠式切割水泥土连续墙支护技术又被称为TRD工法。该工法是将链式切削器插入土中，靠链式切削器的转动并沿水平方向掘削前进，形成连续的沟槽，同时将固化液从切削器的端部喷出，与土在原地搅拌混合，形成水泥土地下连续墙。固化液是由水泥系固化材料添加剂和水等混合而成的悬浊液体。当用于基坑支护结构，则在水泥土墙中插入型钢，以增加连续墙的强度和刚度。国内在型钢水泥土墙推广应用的过程中，内插芯材除了目前最为常用的型钢以外，也出现了内插钢管、槽钢以及预制钢筋混凝土T形桩。预制钢筋混凝土T形桩具有刚度大、无须回收的优点；但相对于型钢，其截面尺寸大，重量轻，施工时须采取专门压桩设备。

TRD工法可用于基坑工程的挡土结构、止水帷幕以及主、被动区土体加固。当开挖深度较浅时用作重力式挡墙；当开挖深度较深时在墙体内插入芯材作为深嵌入形式地连墙；用于渗透系数较大的土层或地下水流动性较强的潜水含水层中时，同时作为止水帷幕。还可以在坑底形成纵、横向刚度较大的格式加固体，加固基坑坑底处被动区土体。

TRD工法是在SMW工法基础上，针对三轴水泥土搅拌桩桩架过高、稳定性较差、成墙垂直度偏低和成墙深度较浅等缺点研发的工法，适用于开挖面积较大、开挖深度较深、对止水帷幕的止水效果和垂直度有较高要求的基坑工程。具有如下特点：

（1）TRD工法施工机架高度10~12m，由于机械在地上部分的高度低，并且整个切削器都在地下，所以能确保机械的高稳定性。TRD工法可施工墙体厚度为450~850mm，深度最大可达60m。

（2）施工垂直度高，墙面平整度好。通过刀具立柱内安装的多段倾斜计，对施工墙体平面内和平面外实时监测，以控制垂直度，对砂砾、砂质硬土及黏性硬土等所有土质均能高速掘削，实现高精度、高速施工。

筑成墙体的垂直精度可达 1/100~1/500，透水系数可达 10^{-5}~10^{-7}cm/s，可实现高精度施工。

（3）在已有建筑物或构筑物旁边施工时，TRD工法的近接性特别好，从连续墙中心至已有墙边的距离，最小可达0.65m。

（4）墙体连续等厚度，横向连续，截水性能好。由于TRD工法是连续施工的，所造成的整个地下连续墙没有接缝，可用于止水防渗墙体。芯材可在建造成的墙体内以最佳间距任意设置，从而减少了钢材、降低了施工成本。

（5）TRD工法的主机架可变角度施工，其与地面的夹角最小可为30°，从而可施工倾斜的水泥土墙体，满足特殊设计要求。

（6）TRD工法在墙体全深度范围内，对土体进行竖向混合、搅拌，墙体上下固化性质均一，墙体质量均匀。

（7）TRD工法转角施工困难，对于小曲率半径或90°转角位置，须将箱式刀具拔出、拆卸；改变方向后，再重新组装并插入地层，拆卸和组装时间长，转角施工过程较复杂。

（8）对于硬质地层（砂砾、泥岩、硬黏土层、软岩等），同样具有一定的切削能力，切削地层的过程中可以自动排除地下障碍物，缩短工期。

10.2 应用及发展概况

TRD工法最早源于日本，并命名为横方向连掘削式地下连壁工法，1997年，该工法通过日本建设机械化协会技术审查，同年成立TRD工法协会。1998年，李茂坤等将这种最新的水泥土地下连续墙的施工方法介绍到国内，并指出其具有稳定性高、精度高、止水性强、连续墙厚度均匀以及连续墙沿深度方向密实度均匀等优点。2005年，国内对TRD工法进行了更深入的研究，安国明等对TRD工法的施工装置、连续墙筑成原理以及筑成连续墙体的质量均做了较详细的介绍，并且将TRD工法与SMW工法做了相应的比较，认为TRD工法有施工机械的外形高度比SMW工法的机械高度低、可以作为临时设施水泥加固土的挡土墙、筑成的墙体为等厚度无接缝墙体，以及施工时土砂飞溅少等优势。2009年，国内正式投产组装TRD桩机设备，并于同年试车成功。这一制造技术弥补了我国TRD桩机生产的空白。目前，TRD工法在我国已广泛投入使用，典型的工程实例有：上海国际金融中心项目、南昌绿地中心项目、武汉航运中心项目等。

王卫东等研究了TRD工法形成的等厚度型钢水泥土搅拌墙围护结构的承载变形性能，认为等厚度型钢水泥土搅拌墙的受力机理和承载特性与柱列式型钢水泥土搅拌墙类似，肯定了采用相关规范中关于板式支护结构的设计计算方法，并提出了相应的检测方法。陈冬瑞按用途不同将TRD工法的适用范围分为3类：基坑围护和止水帷幕，建筑物基础和堤坝基础，铁路和高速公路路基抗滑坡。对采用TRD工法的实际工程进行了施工评价，认为其施工工艺简单，所形成的墙体不仅抗渗性能好，强度也能得到保证，采取该工法可提高基坑止水帷幕工程的施工质量与进度。黄梅根据TRD工法和SMW工法在杭州某工程深基坑支护中同时应用的监测结果，对两种工法所建造的水泥土地下连续墙的支护效果进行对比分析，证明了与SMW工法地下连续墙相比，TRD工法所造墙体刚度更大、止水性更好。由于工期、成本、质量、技术上的诸多优势，TRD工法逐步成为主流的水泥土搅拌工法。

美国和新加坡等地也逐步引进该工法并应用于工程中，取得了良好的社会效益和经济效益。TRD工法在日本、新加坡、美国的施工工程数量已累计为500余件，建造面积约达$3.5×10^6 m^2$。经过长期的施工实践，TRD工法已经逐渐成为深基坑支护中最为常用的方法。

10.3　适用范围

10.3.1　适用深度

TRD工法技术的切割设备理论上可在地层中任意接长，墙体的深度完全不受地面机架高度的影响。深度加深后，墙体施工难度增大，质量控制要求提高，机械的损耗率大大增加。相应的，TRD主机的施工功率、配套辅助设备均应提高或加强。目前，国内实际工程的成墙深度约为50m，理论成墙深度能到60m以上。当成墙深度超过50m时，应采用性能优异的机械，通过试验确定施工工艺和施工参数。

10.3.2　适用的土层

TRD工法广泛适用于人工填土、黏性土、淤泥和淤泥质土、粉土、砂土、碎石土等地层，亦可切削砂卵石、圆砾层，切割硬质花岗岩、中风化砂砾岩层。需针对不同地层特点开展适配性调整：

（1）当施工中必须切削硬质地层时，需进行试成槽施工，以确定施工速度和刀头磨损程度，以备施工中及时更换磨损的刀头。当卵石层中混有的砾石含量较多，且直径大多超过100mm时，应预先进行试成槽施工。

（2）切割地层含有硬塑的黏土层时，应调整切割液配比和施工速度，采取措施防止黏土粘附于刀具系统，阻碍链式刀具的旋转和切割；同时，也可采用事先引孔的措施，减少机械切割的阻力。

（3）当土层有机质含量大，如含有较多有机质的淤泥质土、泥炭土、有机质土，或地下水具有腐蚀性时，固化液应掺加一定量的外加剂，减小有机质对水泥土质量的影响，确保水泥土的强度。

（4）冬季施工时，应防止地基冻融深度影响范围内的水泥土冻融导致的崩解。必要时，可在水泥土表面覆盖养护，或采取其他保温措施。

（5）粗砂、砂砾等粗粒砂性土地层，地下水流动速度大，承压含水层水头高时，应通过试验确定切割液和固化液的配比。如掺加适量的膨润土等以防止固化液尚未硬化时的流失，影响工程质量。

（6）当涉及湿陷性土、膨胀土和盐渍土等特殊性土层时，应结合地区经验，通过试验确定TRD工法水泥土连续墙的适用性。

（7）杂填土地层或遇地下障碍物较多地层时，应提前充分了解障碍物的分布、特性以及对施工的影响，施工前需清除地下障碍物。

10.4　施工机具

10.4.1　TRD主机

TRD主机由4大部分组成：底盘系统、动力系统、操作系统和刀架系统。

底盘系统用两条履带板行走，底盘上承载所有设备，工作时下放液压支腿，以平衡地压力和增加整机的稳定性。

动力系统包括液压和电力驱动系统，为TRD主机的移动和刀具系统切割土体提供动力。

操作系统包括电脑控制系统、操作传动杆以及各类仪器仪表。主机底板上设有操作室，室内装有操纵机构以及对各部位的监视装置。为了减轻操作员的疲劳，操作室内装有自动切削控制系统等附属设备。在操作室内可以观察到机械各部位、各机构的工作状态。电脑控制系统实现了整个操作过程的自动控制，将各种信息反馈给计算机，随时调整各项操作参数，操作系统是TRD工法的核心内容。

刀架系统是TRD机设计的独特之处。横向架为一个框架式结构，上下有两条滑轨，容纳竖向导杆和驱动轮。下滑轨绞接在主机底盘上，上滑轨由液压装置支撑，平时锁定在垂直位置上，根据造墙需要，可在30°~90°范围内通过液压杆调整，即最大可进行与水平面成30°的斜墙施工。竖向导杆和驱动轮可沿横向架滑轨进行水平运动，驱动轮本身可以旋转，同时也可沿竖向导杆上下移动，用以提升或下放刀具。驱动轮的旋转带动链条产生直线运动，链条上的刀具切割、搅拌、混合原状土。驱动轮在横向架上带动整个刀具做水平运动，同时在刀具的适当深度上灌入水泥浆液，完成造墙过程。当驱动轮水平走完一个行程后，解除压力后呈自由状态。主机向前开动，相对的驱动轮又移回到起始位置，开始下一个行程。如此反复运行直至完成全部地下连续墙的施工。TRD 施工装置如图10-1所示。

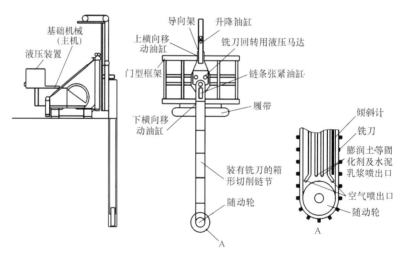

图10-1　TRD施工装置示意图

10.4.2　刀具

刀具系统是TRD主机的专用设备，包括刀具立柱、刀具链条、刀头底板和刀头等。刀具链条、刀头底板、刀头组成链式刀具，安装于刀具立柱节外侧。刀具立柱节、链状刀具节组成箱式刀具节。箱式刀具节和顶部驱动轮、底端随动轮共同组装构成TRD箱式刀具，形成TRD刀具系统。刀具链条根据工程条件可选择6、12或18链节的排列组合形式，相邻刀具链节为活动连接；链节间连接应牢固、不易松动。

刀具立柱节按标准长度做成箱形，以便逐节安装接长，同时对链条起到导向和支撑作用。刀具立柱节除了标准长度外，还有非标准节。通常非标准节长度为1/3标准节长度和2/3标准节长度。根据实际工程需要，可组合成为以1/3标准节长度为一级、递进变化的刀具系统。扣除顶部和驱动轮相连的刀具立柱伸出地面的长度，刀具系统伸入地下最深可达60m以上。链条节间装有刀刃，与刀刃板一起带动土体运动，一直带出地面，并在刀具箱的另一侧又将其带入地下，形成较为均匀的新的混合土。根据所要施工的墙体深度，刀具立柱标准节、非标准节以及驱动轮和底端随动轮组合形成要求长度的刀具系统。

TRD工法可通过改变刀头底板的宽度，形成以50mm为一级、范围在450~850mm的不同厚度的水泥土地下连续墙。可拆卸刀头在切削施工导致刀具链条磨损后，可方便地将刀具链条上的刀头拆卸、更换，有效地降低了维护成本和维护人员的劳动强度，提高了设备的工作效率，具有较高的实用性和经济效益。

10.4.3　刀具系统的组装

TRD工法水泥土连续墙施工前，首先需将箱式刀具节组装并插入地下至设计深度，形成刀具系统。刀具系统组装需TRD主机和吊机联合工作，具体步骤如下：

（1）将带有随动轮的箱式刀具节与主机连接，切削出可以容纳1节箱式刀具的预制沟槽。

（2）切削结束后，主机将带有随动轮的箱式刀具提升出沟槽，往与施工方向相反的方向移动；移动至一定距离后主机停止，再切削1个沟槽。切削完毕后，将带有随动轮的箱式刀具与主机分解，放入沟槽内，同时用起重机将另一节箱式刀具放入预制沟槽内，并加以固定。

（3）主机向预制沟槽移动。

（4）主机与预置沟槽内的箱式刀具连接，将其提升出沟槽。

（5）主机带着该节箱式刀具向放在沟槽内带有随动轮的箱式刀具移动。

（6）移动到位后主机与带有随动轮的箱式刀具连接，同时在原位置进行更深的切削。

（7）根据待施工墙体的深度，重复（2）~（6）过程，直至完成刀具系统的架设。当刀具系统抵达设计所需的深度后，TRD主机就可以进行水泥土连续墙的施工。

10.4.4　运行特性分析

1. 大功率驱动、高效便捷

TRD工法机为关键施工装置，得益于大功率驱动马达的应用，能够提供较强的切割柱提升力和切割力，以便适应各类土质条件下的切割作业需求。TRD工法机的动力途径包含两种：一是电动机驱动，特点在于可节约油耗，运行期间无明显的污染物排放问题；二是柴油机驱动，其能够摆脱作业现场无电力供应的局限性，也可避免因电力供应异常而导致施工中断的问题。

2. 底盘安全可靠、灵活性高

TRD工法机配套的履带式底盘综合应用效果较佳：一是适应性强，即便在深硬地层施工环境中也能够正常使用；二是行走便捷，可精准控制整机装置的直线度，以保证墙体成型后的直线特性；三是受力合理，在横向切割过程中，底盘可提供足够的摩擦力，由此加大横向的切割力，推动工作的顺利开展。

3. 智能化控制、准确可靠

通过高精度传感器的应用，能够实时监测包含笔直度、垂直度在内的各项质量控制参数。该部分数据可通过显示屏呈现，以便操作者对实际施工情况做出正确判断。此外，依托于智能化的控制机制，当出现偏差后，可自动调控油缸，达到纠偏的效果。

4. 切割箱规格多样，零部件组成合理

TRD 工法的显著特征在于墙体高度方向的质量具有均匀性，其主要与开挖和混合工艺的先进性有关，而实现该项技术的关键装置在于切割箱。切割箱的尺寸有多个模数，各自的适用场景各异，可以根据现场地质条件以及成墙深度要求，合理选择。切割箱内部的零部件组成方式合理，例如测斜仪可以满足成墙角度的控制要求，润滑油可以提高切割箱内的润滑水平。

10.5 混合浆液

渠式切割水泥土连续墙浆液的主要材料是切割液和固化液。切割液是指切削时为了使切削土产生流动，并维持在所规定的时间内的流动性，注入的水、膨润土及添加剂混合而成的液体。其主要作用是：促进切削土体的流动、护壁，及冷却切削刀具。固化液可使混合的泥浆固化，形成墙体，主要材料为水泥及添加剂。

10.5.1 切割液

切割液与被切割土体形成的混合泥浆应满足适度的流动性、较小的泌水性，以及包含适量的可悬浮的细颗粒土。为了保证泥浆具有一定的流动性和浮力，混合泥浆中的细颗粒需具有一定的浓度。因此，针对场地不同的土质，需要在切割液中加入相应的粒组调整材料。黏土成分较少的碎石、卵石层，应添加细颗粒粒组调整材料以及适量的增粘剂，增加混合泥浆的黏稠度，防止混合泥浆脱水或流失。砂性土地基中施工深度较大时，为防止砂土颗粒沉淀或泥浆散失，应掺入微细颗粒或黏粒粒组调整材料。硬塑的黏土则相反，可掺加适量的粗颗粒粒组调整材料，促进混合泥浆的流动性，防止黏土粘附链式刀具。对于含盐类土或土中溶解金属阳离子较多，或有机质含量高的软土、盐渍土、污染土、湿陷性土等特殊性土，必须通过室内和现场试验确定切削液的配合比。

10.5.2 固化液

固化液使原位的混合泥浆固化，形成墙体。固化液由水泥系固化材料、外加剂和水组成，其主要材料为普通硅酸盐水泥。固化液的配合比是影响水泥土连续墙施工质量的重要因素，主要与土层性质有关。应根据土质条件、机械性能指标和水泥土的强度要求，通过对原状切削地段的土样进行室内配合比试验，确定固化液的配合比。当固化液兼作切割液时，黏粒含量较高土层中需掺加促进固化液混合泥浆流动性的外加剂。切割液和固化液的配制过程中，可根据场地土质条件加入相对应的外加剂，包括膨润土、增粘剂、缓凝剂、分散剂和早强剂等。

10.6　TRD工法原理

TRD工法的最基本的原理是利用链锯式刀具箱插入地层中做水平横向运动，同时由链条带动刀具做上下的回转运动，搅拌混合原状土并灌入水泥浆液，形成表面平整、厚度一致、均匀性好的水泥土墙体。

10.6.1　施工装置的架设

（1）首先将带有随动轮的一节箱式刀具与主机连接，切削出1个可以容纳1节箱式刀具的预制沟槽。

（2）切削结束后，主机将带有随动轮的箱式刀具提升出沟槽，主机往与施工方向相反的方向移动，当移动一定距离后主机停止，并再切削1个沟槽，切削完毕后，将带有随动轮的箱式刀具与主机分解，放入沟槽内，同时用起重机将另一节箱式刀具放入预制沟槽内，并用承台固定。

（3）主机向放入预制沟槽内的箱式刀具处移动。

（4）当主机移动到位后停止，并与之相连接，连接后将箱式刀具由沟槽内提升出沟槽。

（5）主机带着这一节箱式刀具向放在沟槽内带有随动轮的箱式刀具处移动。

（6）当主机移动到位后，与箱式刀具连接，同时在原位置进行更深的切削；根据设计施工深度的要求，重复上述步骤，便完成施工装置的架设。

施工装置的架设如图10-2所示。

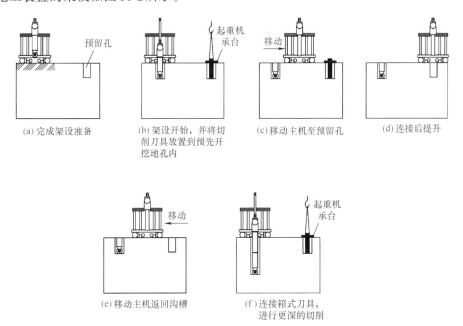

图10-2　施工装置的架设

10.6.2 施工顺序

（1）主机沿沟槽的切削方向做横向移动，此时刀具的旋转方向多采用向上切削方式，即面对箱式刀具做逆时针旋转。在切削的过程中由下端喷出切削液，同时用激光探测其切削状态。

（2）当切削一定距离后切削终止，主机往原来的位置，即向相反方向移动，在移动的过程中由下端喷出固化液，同时刀具旋转，使切削土与固化液混合搅拌。

（3）主机再次向前移动，在移动的过程中，将工字钢芯材按设计要求插入拌合土中，插入深度用直尺测量，此时即筑成了加劲水泥土地下连续墙体。

施工顺序如图10-3所示。

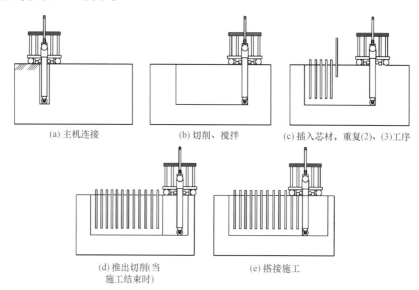

（a）主机连接   （b）切削、搅拌   （c）插入芯材，重复(2)、(3)工序

（d）推出切削(当   （e）搭接施工
施工结束时)

图10-3 施工顺序

10.6.3 切削方式

TRD的切削方式可分为一次完成切削和分段完成切削两种方式。分段切削所需切削时间比一次性切削所需切削时间短。分段切削的切削阻力小，所需动力小。根据刀具旋转方向的不同，可分为向上切削和向下切削。当向上切削时，固化液、切削液由下端喷出，而向下切削时固化液、切削液由上端喷出。向上切削方式的切削速度比向下切削方式的切削速度快。

10.6.4 切削原理

TRD工法的切削原理及搅拌、混合原理如图10-4所示。当刀具进行切削时，将切削刀头挤压在原位置的地基上，挤压力不宜过大，然后以向上切削方式进行切削，被切削下来的土，借助于切削刀具的回转以及泥水的流动作用被带向上方，经过沟槽壁和箱式刀具链节的间隙向后方流动。

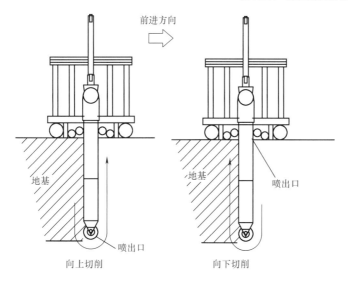

图10-4　TRD工法切削方式

10.6.5　搅拌混合原理

刀具在做向上切削的同时，主机做横向水平移动，被切削下来的松散土与固化液在原位置混合。由于链条的转动，混合的泥浆形成漩涡产生对流，松散土便与固化液搅拌、混合。经过一段时间的固化便形成了水泥土地下连续墙。

TRDI法切削、混合、搅拌工作原理如图10-5所示。

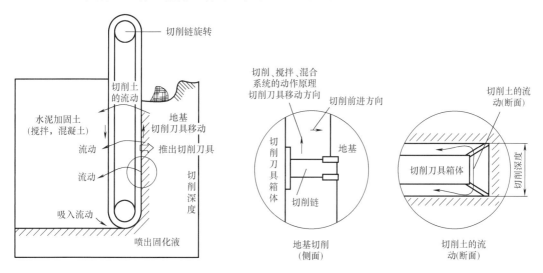

图10-5　TRD工法切削、混合、搅拌工作原理

10.6.6　排土原理

TRD工法是将原位置的土与固化液搅拌混合，筑成水泥土连续墙。这样就不需要将原位置的土切削后排出沟槽外部。但是当作为挡水墙基础承重墙，仍需要将原位置的切削土排出沟槽后，再插入挡水薄板、护墙板、工字钢等芯材。

在箱式刀具的两侧设置挡泥板以防止切削的过程中切削土向后方流动。切削土借助于切削液改善流动性，被顺利带到地面。为了使排土效率更高，在箱式刀具下端设置高压空气喷出口，借助于高压空气的提升作用，切削土被排出沟槽。这样的排土效果几乎可达到100%。

10.7 TRD施工工艺

10.7.1 施工方法

TRD工法可分为一步、二步和三步施工法。一步施工法即同时注入切割液和固化液。二步施工法即第一步横向前行注入切割液切削，然后反向回切注入固化液。三步施工法中第一步横向前行时注入切割液切削一定距离后切削终止；主机反向回切（第二步），即向相反方向移动；移动过程中链式刀具旋转，使切削土进一步混合搅拌，此工况可根据土层性质选择是否再次注入切削液；主机正向回位（第三步），刀具立柱底端注入固化液，使切削土与固化液混合搅拌。

一步施工法直接注入固化液，易出现箱式刀具周边水泥土固化的问题，一般用于深度较浅的水泥土墙的施工。二步施工法施工的起点和终点一致，一般仅在起始墙幅、终点墙幅或短施工段采用。三步施工法搅拌时间长，搅拌均匀，可用于深度较深的水泥土墙施工，其中第一步所施工的墙幅的长度不宜超过6m。一步和三步施工法更普遍。

TRD工法机械施工时，前进距离过大，容易造成墙体偏位、卡链等现象，不仅影响成墙质量，而且对设备损伤大。一般横向切削的步进距离不宜超过50mm。水泥土连续墙施工时，施工机械须反向行走，并与前一天的水泥土墙进行搭接切削施工，搭接长度不宜小于500mm。

10.7.2 施工流程

TRD工法是以设置在门架上的横行油缸推动导向架及切削箱体。在横向推压在地层的状态下，使装有刀具的链条旋转切削地层，同时注入固化液与切削土混合、搅拌，在原位置的沟槽内固化形成地下连续墙。TRD工法施工应充分理解施工流程，制定作业计划、作业人员配备、作业人员的分工及作业步骤等。特别是当施工场地比较狭窄，不能设置泥土堆放场地时，TRD施工机械的工作效率会急剧下降。TRD工法施工流程如下：

1. 施工前的准备

（1）施工计划：

施工前要充分了解掌握工程的目的、TRD墙的用途，施工的规模、工期、地质条件、施工条件、现场条件、环境保护、安全、经济性等事项。然后，根据工程的规模制定施工中所需的材料、机械设备、人员以及施工管理等施工计划。同时必须考虑到现场人员及周边居民的安全和环境卫生。

（2）现场调查：

调查确认工程地质资料、施工现场及其周边的条件，即施工区域的地形、地质、气象和水文资料，机械器材、施工材料的搬运路线，作业地基的承载能力，作业空间，及邻近建筑物、地下管线和地下障碍物等相关资料。

地基状况会影响到TRD连续墙的质量，因此，对土层的构成、土质、地下水等的调查是必不可少的。当施工现场的地基较松软时，根据TRD机的接地压力及地基的承载能力，对地基实施加固处理，以防施工中施工机械的沉陷。

查明障碍物的种类、分布范围及深度，必要时用小螺旋钻、原位测试和物探手段勘查明确。对于浅层障碍物，宜全部清除后回填素土，较深障碍物则需清障。当场地紧张、周边环境恶劣、障碍物较深、不具备清障条件时，强行施工将造成箱式刀具卡链、刀具系统损坏及埋入、刀具立柱无法上提等问题，严重损伤机械设备，造成经济损失，该种情况下不应采用渠式切割机。

施工操作前，应对机械各组成部分进行系统检查。检查内容包括液压和电力驱动系统、计算机操作系统、竖向导向架垂直度、各类仪表、刀具定位导向装置等。渠式切割机经现场组装、试运行，正常后方可就位。

根据调查的结果，如预感到施工中会出现困难，最好实施试验施工，为正式投入施工积累必要的数据。

（3）试验施工：

进行试验施工以确认施工的效率、确认地层的土质状况等。根据情况，必要时对全部设计及施工计划进行修改。试验施工时，要准备好详细的探讨项目，在时间、费用允许的范围内，尽量多做些试验项目以获得更多的数据。

（4）测量放线：

以甲方提供的坐标基准点为准，结合设计图纸，由技术人员组织放样定位和高程引测工作。在指定位置设置标志，加强防护。此后，生成测量技术复核单，通过验收后可进入正式施工阶段。

（5）应根据定位控制线开挖导向沟槽，并在沟槽边设置定位标志；需要插入芯材时应标出芯材插入位置。

（6）采用现浇钢筋混凝土导墙时，导墙宜筑于密实的土层上，并高出地面100mm，导墙净距应比墙体设计厚度宽40~60mm。未采用钢筋混凝土导墙时，沟槽两侧应铺设路基箱或钢板。导墙的平面面积、强度和刚度等应满足渠式切割机在切割、回行、刀具立柱拔除等施工过程中对地基承载力的要求。

2. 组装切削箱体

首先将带有随动轮的箱式刀具节与主机连接，然后将切削箱体按设计深度一节一节地连接，切入地下。组装过程中，刀具立柱管腔内安装相应管路，包括浆液管路、多段式倾斜仪等。

3. 墙体施工

（1）起动、边缘切削

前一天成墙作业完毕后，切削箱体停留在退避位置处进行养护。当日开始新的一段成墙施工作业前，先进行切削箱体的起动、边缘切削作业，再开始新墙段作业。

（2）切割液的注入

伴随成墙过程，要适时注入切割液。通过全自动浆液制备和注入装置，实现浆液制备和传输的自动化，通过实时监控和显示系统，实现墙体施工全过程的信息化、可视化。

顺利起动和边缘切削后，即可按作业顺序进行施工。深度较深的施工地段或砂砾地质为主体的地层，切削箱体的起动、边缘切削可能会受到阻碍。此时应立即重新考虑切削液的配合比，一旦延误时间，最坏的结果可能是切削箱体被抱住而埋在地下。

（3）返回横行

切削箱体的起动、边缘切削完成后，将切削箱体返回到前一天已建造完毕的位置。这时切削液的注入量会影响到泥土强度，因此要尽可能地减少其注入量。

（4）搭接切削

将前一天已建造成的水泥土墙的墙体端部切削掉30cm左右。

（5）成墙

一边注入固化液、一边高速旋转链条，使切削箱体横行，进行混合、搅拌。

（6）插入芯材

将切削箱体横行到不影响芯材插入作业的位置，设置芯材插入的固定架，用经纬仪控制芯材两个方向的插入垂直精度。

（7）通过横行

当达到当日预定成墙搅拌位置后，横行通过前日切削的范围。与返回横行相同，尽可能地抑制切削液的注入量。

（8）先行退避掘削

当到达未切削地层地段后，边注入切削液，边逐渐地切削地层，使之成为松弛状态。

（9）切削箱体的养护

当日作业结束后，将切削箱体放置在含有松弛土砂的混合沉浆内进行养护。即使是长时间非作业状态下切削箱体也不会在地下被抱住。

4. 刀具系统的起拔

TRD水泥土墙施工结束，或直线边施工完成、施工段发生变化时，刀具系统应立即与主机分离。通过履带起重机起吊、拔出箱式刀具。根据箱式刀具的长度、起重机的起吊能力以及作业半径，确定箱式刀具的分段数量。拔出后的每段箱式刀具应在地面做进一步拆分和检查，损耗部位应保养和维修。

箱式刀具拔出过程中，应防止水泥土浆液液面下降，为此，应注入一定量的固化液，固化液填充速度应与箱式刀具拔出速度相匹配。拔出速度过快时，固化液填充未及时跟进，水泥土浆液液面将大幅下降，导致沟壁上部崩塌，机械下沉无法作业；同时箱式刀具顶端处形成真空，影响墙体质量。反之，固化液填充速度过快，注入量过多，会造成固化液的满溢，产生不必要的浪费。

5. 涌土清理和管路清洗

水泥土墙施工中产生的涌土应及时清理。若长时间停止施工，应清洗全部管路中残存的水泥浆液。

10.7.3 施工关键问题

1. 沟槽开放长度

切割、搅拌土体形成的混合浆液未硬化时的最大沟槽长度称为开放长度。开放长度越长，待施工的墙体长度一定时，机械回行搭接切削的次数越少，效率越高；但开放长度越长，对周边环境的影响越大。成墙的开放长度一般不宜超过6m。

2. 转角施工

当墙体平面改变施工方向时，埋在沟槽泥浆中的箱式刀具无法在沟槽中直接改变施工角度，须上提、拔出、拆卸；改变方向并重新组装后，才能进行下一段墙体的施工，施工效率受到较大影响。为了不影响转角型钢的插入，在场地条件允许的前提下，宜在墙体端部以外继续切削搅拌土体，形成避让段。避让段长度不宜小于3m。

3. 切割土体

切割砂、砾为主地层时，刀具立柱的起动与边缘切削困难，应立刻停机后重新配比切削液，防止刀具抱死。如果水平推进力过大，或刀具系统产生过大变形，可加密刀头底板或加长刀头。比如将刀头底板间距由1.2m加密到0.6m，以加强刀具的切割能力。当墙体深度大且土质较硬，墙体底端阻力很大时，应根据渠式切割机的实时监控和显示系统，机械回行一小段距离，沿导向架上提链状刀具至顶点，驱动轮反转切割搅拌土体并同时向下运动，如此反复，切除底部的三角形土体。

4. 施工工效

成墙深度和土质条件是影响TRD工法施工工效的两个主要因素。不同的土质条件下，机械施工难易程度会有所差异。土质条件好，土层的标准贯入锤击数越大，刀具的水平运行速度就越小，施工难度越高。其次，运行速度还和墙体深度有关。一般横向切削的步进距离不宜超过50mm。

5. 停机后水泥土养护及启动搭接

鉴于箱式刀具拔出和组装复杂，操作时间长，当无法24h连续施工作业或者夜间施工须停止时，箱式刀具需直接停留已施工的沟槽中，箱式刀具端部和原状土体边缘的距离不应小于500mm。养护段内注入切割液，等待第二天重新启动作业。根据养护时间的长短，必要时，注入的切削液需掺加适量的缓凝剂，以防第二天施工时箱式刀具抱死，无法正常启动。当再次启动施工时，刀具须回行切削，并和前一天的水泥土连续墙进行不少于500mm的搭接切削，确保水泥土墙的连续性，以防出现冷缝。

6. 刀具起拔和保养

刀具立柱起拔前应与主机分离，其拆分长度不宜超过4节。拆分后的刀具立柱用履带起重机拔出；拔出过程中应调整和控制拔出速度，使其与固化液填充速度相匹配，防止固化液混合液的液面下降；拔出后的立柱节应再次在地面进行拆分，损耗部位须进行保养、维修。

7. 型钢加工、插入与回收

（1）型钢宜采用整材，分段焊接时应采用坡口等强焊接。单根型钢中焊接接头不宜超过2个，焊接接头的位置应避免设置在支撑位置或开挖面附近等型钢受力较大处，型钢接头距离坑底面不宜小于2m；相邻型钢的接头竖向位置宜相互错开，错开距离不宜小于1m。

（2）型钢插入时，链状刀具应移至对型钢插入无影响的位置。型钢宜在水泥土墙施工结束后30min内插入，插入前应检查其垂直度和接头焊缝质量。

（3）型钢插入应采用定位导向架；型钢插入到位后应控制型钢顶标高，并采取避免邻近渠式切割机施工造成其移位的措施。

（4）型钢宜依靠自重插入，当插入困难时可采用辅助措施下沉。采用振动锤下沉工艺时，应充分考虑其对周围环境的影响。

（5）型钢起拔宜采用专用液压起拔机。型钢拔除时，应加强对围护结构和周边环境的监测。

（6）拟回收的型钢，插入前应在干燥条件下清除表面污垢和铁锈，其表面应涂敷减摩材料。型钢搬运过程中应防止碰撞和强力擦挤，当有涂层开裂、剥落等现象应及时补救。

（7）型钢回收后，应进行校正、修复处理，并对其截面尺寸和强度进行复核。

10.8　施工控制措施

10.8.1　桩机定位及垂直度修正

TRD工法机在运行期间需保持稳定，不可出现局部下陷等问题。施工前先预铺3cm厚的钢板，首层沿墙体轴向铺设，二层与轴线呈垂直铺设。施工期间，TRD工法机沿定位线移动。为保证TRD工法机移动时的安全性和准确性，需由专员指挥，保证各方向的偏差均被控制在许可范围内。经过移动后，需详细检查全新的定位情况，若存在偏差，及时调整。TRD工法机施工全程均要保证其稳定性，可利用经纬仪观测，以免出现垂直度误差；配套水准仪，精准测量高程，为开展控制工作提供参考。通常，定位偏差不宜超过±20mm，标高偏差不宜超过100mm。

10.8.2　切割箱的安装及纠偏

定位后，启动水平链锯切割土体，再根据设计要求拼接刀具，直至其能够下钻到设计桩底标高处为止。施工期间，利用切割箱内的测斜仪检测，根据所得数据反馈切削箱的垂直度，若存在倾斜现象，则调整机身斜支撑和门架支撑，以达到修正切削箱角度的效果。具体而言，斜支架具备调整前后垂直度的能力，门架则具备调整左右垂直度的能力，直至成墙的垂直度在1/250以内为止。

10.8.3　固化液和挖掘液的拌制

浆液的拌制可利用自动拌浆设备完成，出厂后及时投入使用，期间的停止时间不宜超过2h，否则易出现浆液离析现象，导致其与土体的混合效果大打折扣。施工期间，用流动度测试仪检测，以便及时掌握泥浆的流动情况，切实提高浆液的携渣能力，使成型后的墙体具有良好的胶结度。

10.8.4　水泥土墙体成墙施工

先行挖掘速度稳定在1m/h以内，成墙搅拌速度在2m/h以内。桩机就位后，按照设计图纸拼装水平链锯式切割箱，持续向下钻进，直至到达桩底标高位置为止，此后开始水平向挖掘前进，向箱底内注入挖掘液，再转为水平挖掘的方式，有序回撤至起始点，再推进注入固化液，实现与原土体的充分搅拌，在浆液与土体的共同作用下，构成水泥土搅拌连续墙。墙体搭接量控制在30~50cm，并在搭接过程中放慢掘进速度，全面保证搭接质量，形成完整、连续的墙体。施工期间加强对水泥土搅拌墙成型质量的检查，及时发现问题并处理，以免对后续的施工造成不良影响。

10.9　施工质量检验

渠式切割水泥土连续墙的质量检验应分为成墙期监控、成墙检验和基坑开挖期检查三个阶段。

（1）成墙期监控应包括：检验施工机械性能、材料质量；检查渠式切割水泥土连续墙和型钢的定位、长度、标高、垂直度；切割液的配合比；固化液的水灰比、水泥掺量、外加剂掺量；混合泥浆的流动性和泌水率；开放长度、浆液的泵压、泵送量与喷浆均匀度；水泥土试块的制作与测试；施工间歇时间及型钢的规格、拼接焊缝质量等。

（2）成墙检验应包括：水泥土的强度、连续性、均匀性、抗渗性能和水泥含量；型钢的位置偏差；帷幕的封闭性等。

（3）基坑开挖期检查应包括：检查开挖墙体的质量与渗漏水情况；墙面的平整度，型钢的垂直度和平面偏差；腰梁和型钢的贴紧状况等。

基坑开挖前应检验墙身水泥土的强度和抗渗性能，强度和抗渗性能指标应符合下列规定：

（1）墙身水泥土强度应采用试块试验确定。试验数量及方法：

按每延米墙身长度取样，用刚切割搅拌完成尚未凝固的水泥土制作试块。每台班抽查1延米墙身，每延米墙身制作水泥土试块3组，可根据土层分布和墙体所在位置的重要性，在墙身不同深度处的三点取样，采用水下养护后，测定28d无侧限抗压强度。

（2）需要时可采用钻孔取芯等方法，综合判定墙身水泥土的强度。钻取芯样后留下的空隙应注浆填充。

（3）墙体渗透性能应通过浆液试块或现场取芯试块的渗透试验判定。

此外，渠式切割水泥土连续墙的质量检验项目还包括：通过检查产品合格证及复试报告，按检验批检查水泥、外加剂等原材料，检查各检验项目的技术指标是否符合设计要求和国家现行标准的规定。按台班数量检查浆液水灰比、水泥掺量是否符合设计和施工工艺要求，每台班不得少于3次，确保浆液不得离析。其中浆液水灰比用比重计检查，水泥掺量用计量装置检查。渠式切割水泥土连续墙基坑工程中的支撑系统、土方开挖等分项工程的质量验收，应符合国家现行标准《建筑地基基础工程施工质量验收标准》GB 50202—2018和《建筑基坑支护技术规程》JGJ 120—2012等有关规定。

10.10　施工突发问题及应对措施

10.10.1　停电

TRD施工设备执行的是后台用电运行机制，考虑到停电而导致施工中断的情况，前台主机和动力头均借助柴油发电机驱动。施工期间，若存在突发性的停电，则将后台送浆泵内尚未注入的浆液排出，全方位清理储浆桶。TRD主机不可完全停机，应每隔半小时空转5min，此举的目的在于避免泥浆凝固现象。

10.10.2 机械损坏

现场施工环境复杂，机械设备在长时间运行后易出现质量问题。对此，配备2名专业的修理工，并准备足量的备用件，以便在出现问题后及时处理，尽可能缩短维修时间，恢复至正常施工状态。

10.10.3 堵管

管道堵塞时，需随即停泵，由专员深入现场检查送浆管，掌握堵塞问题的实际情况以及成因，采取疏通或是更换措施，尽可能缩短中途间隔时间。待堵管问题得到有效解决后，启动搅拌钻，空转1min后开始注浆，经过40~60s的注浆作业后，便可进入横向搅拌切割环节。

10.10.4 切割箱倾斜

若切割箱在运行期间出现大幅度倾斜的情况，桩机应重新回撤，适当调整切割箱的位置，使其满足垂直度要求，并再次切割该段，同时在切割机工作时需要适当地上下提升。

参考文献

[1] 刘国彬，王卫东. 基坑工程手册［M］. 第二版. 北京：中国建筑工业出版社，2009.

[2] 中国土木工程学会土力学及岩土工程分会. 深基坑支护技术指南［M］. 北京：中国建筑工业出版社，2012.

[3] 龚晓南. 深基坑工程设计施工手册［M］. 北京：中国建筑工业出版社，2018.

[4] 李茂坤，钱力航，何星华，等. 一种新的水泥土地下连续墙施工方法—TRD 工法［J］. 建筑科学，1998（5）：47-49.

[5] 牛午生. 地下连续墙施工—TRD工法［J］. 水利水电工程设计，1999（3）：18-19.

[6] 安国明，宋松霞. 横向连续切削式地下连续墙工法—TRD 工法［J］. 施工技术，2005（S1）：284-288.

[7] 黄梅. 基坑支护工程设计施工实例图解［M］. 北京：化学工业出版社，2015.

[8] 吴绍升，毛俊卿. 软土区地铁深基坑研究与实践［M］. 北京：中国铁道出版社，2017.

[9] 郑夕玉. 地铁沿线建筑深基坑TRD连续墙支护技术研究［J］. 产业科技创新，2020，2（35）：33-35.

[10] 陈冬瑞. 钻孔咬合桩在地铁围护工程中的应用［J］. 铁道标准设计，2006（5）：68-70.

第 11 章 ▶▶

全套管灌注咬合桩支护技术

11.1 概述

全套管灌注桩技术即采用全套管机械沉管、取土成孔，根据桩间相对位置关系可分为分离式灌注桩（图11-1）和灌注咬合桩。当用于基坑围护结构时，可采用贝诺特工法成桩，桩与桩之间相互咬合排列。桩的排列方式为一根素混凝土桩（A桩）和一根钢筋混凝土桩（B桩）的交替布置。施工时需先施工A桩，后施工B桩，A桩要浇筑超缓凝型混凝土，并在A桩混凝土初凝之前完成B桩的施工。B桩施工时，利用套管钻机的切割能力切割掉相邻A桩相交部分的混凝土，实现A桩和B桩咬合。工程中运用的旋喷桩加灌注桩的围护结构形式，也是咬合技术理念在基坑支护运用中的拓展，只是在成孔方式、技术指标和施工工艺上略有区别。相比之下，全套管灌注桩技术在淤泥地层、流沙地层和富水地层等不良地质条件下，更具优势。

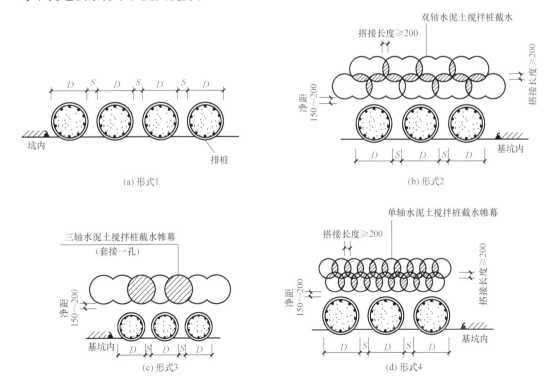

图 11-1 分离式灌注桩平面布置形式（单位：mm）

全套管灌注咬合桩的成桩质量高，形成的围护结构防渗性能好，特别对有止水要求的基坑支护，能有效保障基坑开挖的顺利进行。全套管灌注咬合桩的垂直度高，开挖后外形标准，施工时用全套管跟进护壁，施工相对安全。该咬合桩的配筋率低，充盈系数小，在穿过软弱、富水地层时，不需要增加其他辅助措施，仍能保证成桩质量，而且施工速度快。全套管钻进的掘进方法，有效防止了孔内流沙、涌泥，并可嵌入岩层，保证了成孔质量。

11.2　全套管钻进工艺研究及应用现状

全套管钻进工艺是由法国贝诺特公司于20世纪50年代开发的一种灌注桩钻进施工工艺，又称作贝诺特工法。全套管钻进工艺最初采用的套管钻机为搓管机，搓管机夹持机构夹紧套管后，搓管油缸以一定角度进行往复摇动。然后在起拔油缸作用下，向下钻进或向上起拔。随着全套管钻进工艺进一步发展，逐步开始采用全回转套管钻机。全回转套管钻机利用液压马达驱动套管进行360°回转，夹持油缸夹紧套管后，在起拔油缸作用下进行上下运动。全回转套管钻机的研制成功对贝诺特工法的应用起到了积极的作用，使贝诺特工法在钻孔灌注桩工法中成为应用最广泛、技术最先进的工法之一。

11.2.1　欧美的研究现状

1950年以前，欧洲多采用木桩或钢桩等进行围护桩施工。第二次世界大战以后，兴起了一股土木建筑工程热潮。为了解决传统成桩工艺的钻进噪声和振动问题，专家学者开展了一系列相关科研工作，主要集中于"全套管冲抓成孔工法"和"干式回转钻进工法"两个领域的研发。

最初的全套管冲抓成孔工法主要用于易塌孔地层的深水井工程，20世纪50年代初，法国贝诺特公司推出整体式套管冲抓钻机（俗称贝诺特钻机），首次应用于钻孔灌注桩领域。这种钻机自带桅杆和卷扬机，在套管内吊放冲抓斗取土，采用双向油缸摇摆套管钻进，液压步履移动孔位，可将套管冲抓下沉40m。在较密实的沙砾层施工 ϕ900mm 套管，每小时可沉管4m。该设备当时在欧洲非常畅销，由日本引进后大量生产。

20世纪60年代，其他欧洲基础设备厂家，如德国的邦德公司、麦酷公司、得码酷公司，法国的品克莱公司，英国的NCK公司等，争相开发出了配套履带吊机的独立式摇管机，俗称搓管机。搓管机的机动性非常好，在欧洲很快就取代了贝诺特钻机。20世纪70年代，意大利卡萨格兰德公司开发出了新型搓管机，缔造了现代搓管机的基本结构。20世纪80年代，利勃海尔、哲洛宝格尔、比萨赫尔泰等德国起重机厂家，开发出了全液压式基础钻进设备。此外，卡萨格兰德公司对抓斗进行了改进，进一步提高了套管冲抓施工效率，在密实的砂砾层施工 ϕ900mm 套管的能效达到每小时6~8m。德国宝峨公司开发出了装备有摇管机和凯氏方钻杆的BG7旋挖钻机，搓管机安装便捷，可直接提供液压动力，能适应富水板结砂砾层或基岩地层施工。

美国佛罗里达州某立交桥桥墩修复工程中，立交桥下的空间只有5.5m，建造副桥墩的过程不能影响原桥墩的地基，因此只能选用搓管机、短尺套管、低空吊车以及低空绞盘软管灌注系统等组成的低空间全套管设备。采用该低空间全套管设备和施工工艺，保证了施工进度和施工质量，使立交桥桥桩的修复工程提前竣工通车。美国佛蒙特州利用全回转套管钻机施工某一水库大坝的超深防渗墙。美国纽约市交通枢纽富顿街交管中心深基坑工程，由全套管咬合桩围护和旋喷桩坑底处理共同建造完成。美国 Malcolm 公司在犹他州盐湖城北采用搓管机和冲抓斗施工桥梁桩基。Malcolm 公司是美国从事全套管桩基施工的大型企业，拥有十几年的施工经验，公司负责人在公开场合高度评价了全套管工法的优势特点，与高投入和精细化施工相比，此工法环保、安全、综合效益高，具有推广前景。

11.2.2　日本的研究现状

日本三和机械公司研究开发出 RODAM 系列全回转套管钻机。该钻机广泛应用于砾石层、卵石层、硬岩层的钻孔灌注桩工程、地下结构物的套管去除工程、全套管咬合桩工程、钢管桩基坑支护工程、滑坡抗滑桩工程等。其中的主力机型 RS-150H 型和 RS-200H 型是履带底盘装载的全回转钻机，全液压驱动，最大套管直径分别为 1.5m 和 2m，钻机重 96t。

日本车辆公司研发出 RT-150 型全回转钻机，钻掘口径为 1.0~1.5m，由卡盘装置、液压马达回转装置、立柱油缸压入装置、水平千斤顶、反力装置等构成，配备专用液压泵站进行驱动。

日本广岛岩国公路玖波高架桥工程中，利用三菱重工 MRO-150 型和日本车辆公司 RT-150 型全回转钻机，施工直径 1.5m 桥桩。施工地层由漂砾、卵石夹杂的砂层、风化花岗岩层构成。花岗岩的单轴抗压强度为 55.4~128.3MPa。

11.2.3　国内研究现状

全套管钻进工艺可以在各种复杂地层中进行施工，不仅可以施工灌注桩、咬合桩等桩孔，还能够无损拔桩清除地下障碍物，并能处理其他工法因施工质量问题留下的桩孔事故，如断桩、偏斜严重的桩等，因此，全回转套管施工被施工界称为"万能工法"。下面主要介绍全套管灌注咬合桩钻进工艺研究现状。

全套管钻孔灌注咬合桩可用于基坑工程的挡墙结构、止水帷幕或主体承重结构。配合各类型抓斗，可在各种土层、强风化与中等风化岩层中施工。适用于直径 0.8m、1.0m、1.2m、1.5m 和 2m，深度 45m 以下的桩孔施工。利用搓管机或者全回转钻机的全套管工法制作的钻孔灌注桩互相咬合，使相邻桩在初凝之前部分相嵌，使之具有良好的防渗作用，从而形成整体连续的基坑支护和止水帷幕，还可兼作主体承重结构。

根据第二序列桩切割第一序列桩时，第一序列桩混凝土凝固情况不同，全套管咬合桩可分为硬切割全套管咬合桩和软切割全套管咬合桩。沈保汉对全套管硬切割咬合桩和全套管软切割咬合桩做了对比分析。国内硬切割咬合桩施工设备多从日本进口，造价较高，在我国应用不是很普遍。陈峰军介绍了上海外滩截渗墙改造工程中所采用的新型硬切割全套管咬合桩工法，该工程紧邻黄浦江，水位较高，地下障碍物复杂，施工空间狭小，常规方法在高水头及动水冲刷作用下难以保证桩基质量，故采用新的防渗工艺，即硬切割咬合桩施工工艺，该工艺能够清障、防水、成桩为一体，且施工设备满足单侧作业要求，很好地解决了该工程截渗墙的施工问题，确保了施工质量及进度需求。上海市人民路隧道浦东风塔深基坑支护工程，临近黄浦江、地下障碍物复杂，周边环境保护要求高，采用了硬切割咬合桩施工技术，取得了良好效果。

软切割咬合桩在国内的应用越来越多，为了服务工程，对咬合桩的研究也陆续展开，目前的研究工作主要集中在如下两个方面：施工技术和超缓混凝土的配制，对于咬合桩的设计方法的研究工作开展较少。杭州市钱江新城地下通道机停车场基坑围护工程中采用全套管法咬合桩施工技术，不仅保证了相邻杭州大剧院工程拱角处基坑的安全，而且止水效果良好，并研究开发出一套咬合桩施工工艺以及超缓混凝土的配置与灌注技术。天津地铁3号线某车站深基坑工程应用了软切割咬合桩，在造价、环境保护和施工进度等方面，相比传统的基坑围护结构具有更大的技术优势。深圳地铁金田站至益田站区间的咬合桩支护施工表明，全套管咬合桩支护与人工挖孔桩支护相比，在施工中所引起的地表沉降要小得多。

11.3 全套管钻进机理

全套管钻进一般是指利用套管钻机对孔内套管施加扭矩和垂直载荷，驱动力由套管柱传递给套管钻头，使套管柱在地层中钻进；同时利用钻掘机具在套管内部钻掘取土，以降低套管内部的土层摩阻力。套管的钻进阻力主要来自套管外圆周表面与地层的摩阻力。全套管钻进过程中，全孔套管护壁，没有泥浆和循环液参与，套管内部属于干式钻掘取土。套管内部的钻掘超前于套管的钻进，内部钻掘的超前量由地层条件决定。套管柱由多根套管通过套管接头连接而成，钻进过程中加接套管，持续进行管内取土直至钻进至设计桩深，接着下入钢筋笼，并灌注混凝土。灌注混凝土和起拔套管交替进行。

（1）套管驱动方式：一般分为搓管机小角度搓动套管方式和全回转钻机回转驱动套管方式两种。与常规静压桩机和静压拔管机不同的是，通过转动套管的方式可以显著降低套管压入和起拔的阻力。搓管和全回转方式转动套管的同时压入和起拔套管，阻力大约是静压方式的1/3~1/5。

（2）垂直加载方式可分为静压和动压两种。动压施加在适合地层时，可以达到提高钻进效率的目的。比如振动套管在土层和含水较少的粗颗粒地层，会显著减少套管与地层的摩阻力，使套管的贯入速度提高；但对于含水细砂层，采用振动的方式会造成砂层液化，致使套管无法贯入地层，此时搓管静压方式就是比较适宜的钻进方法。

（3）孔底辅助碎岩方式：为了进一步降低套管与地层的摩阻力，提高套管钻进速度，采用双壁套管内部预埋高压水管的方式，在套管底部形成高压水射流，可以显著提高土层、砂层甚至风化岩层的套管钻进效率。此方法在国内外属于较先进的全套管喷射工法。另外，在硬岩地层采用全套管孔底驱动方式，可以大幅度提高全套管嵌岩的效率。比如采用大通孔风动潜孔锤超前勘岩钻进，解决特殊工程的紧急施工。此种装备需要配备大风量的空压机设备，整体造价昂贵，但可作为今后的研发方向之一。

（4）套管内排渣方式：分为履带起重机的冲抓取土和旋挖钻机的旋挖取土两种。前者称全套管冲抓成孔工法，设备配套简单实用，履带起重机吊放冲抓斗在套管内取土的同时，还可用于吊放钢筋笼灌注混凝土，布置和吊放施工场地的机具，综合施工造价低，在国内得到了广泛应用。后者称全套管旋挖成孔工法，施工中需要增加一台旋挖钻机在套管内取土，施工设备多，一次性购置费用高，但由于旋挖钻机在套管内钻掘效率提高了，桩孔和清底质量好，当施工单位运作设备得当时，综合施工效益比较高，这也是此种工法在国外被普遍应用的原因。

11.4　全套管灌注桩的特点

全套管钻机是一种性能良好、成孔深度大、成孔直径大的桩工机械，集取土、成孔、护壁、吊放钢筋笼、灌注混凝土等作业工序于一体，效率高，工序辅助费用低。全套管施工方法同采用泥浆护壁的钻、冲击成孔及其他干作业法的大直径灌注桩的施工方法相比，成孔和成桩工艺有以下一些优点：

（1）环保效果好：噪声低，振动小。由于使用全套管护壁，不使用泥浆，无泥浆污染，施工现场整洁文明，很适合于在市区内施工。

（2）孔内所取泥土含水量较低，方便外运。

（3）成孔和成桩质量高：取土时因套管插入整个孔内，孔壁不会坍塌；易于控制桩断面尺寸和形状；含水比例小，较容易处理孔底虚土，清底效果好；充盈系数小，节约混凝土。

（4）配合各种类型抓斗，几乎在各种土层、岩层均可施工。当桩端须嵌岩时，可以采用十字冲锤等进行冲击钻进。

（5）可在各种含有砖渣、石渣及混凝土块的杂填土中施工，适合旧城改造的基坑工程。

（6）摩擦持力层和桩端持力层的土性清楚，可以选择合适的桩长。

（7）可挖掘小于套管内径1/2的石块。

（8）因使用套管护壁，可以靠近既有建筑物施工。

（9）可以避免采用泥浆护壁法的钻、冲击成孔时产生的泥皮和沉渣对灌注桩承载力削弱的影响。

（10）由于钢套管护壁的作用，可以避免钻、冲击成孔灌注桩可能发生的缩径、断桩及混凝土离析等质量问题。

（11）由于应用全套管护壁，可以避免其他泥浆护壁法难以解决的流沙问题。

11.5　全套管灌注咬合桩施工工艺

11.5.1　导墙的施工

对于全套管灌注咬合桩的施工，在进行钻孔成柱之前，有一个非常关键的步骤，就是导墙的施工。导墙可以正确控制咬合桩的平面位置，支持机具重量，防止孔口坍塌，确保咬合桩护筒的竖直，并确保全套管钻机平整作业。因此，导墙的施工是确保后续工作顺利进行的关键。

导墙一般采用混凝土或钢筋混凝土材料，其施工步骤如下：

（1）平整场地：清除地表杂物，填平碾压地下管线迁移的沟槽。如遇到杂填土层，应采用素土置换。导墙制作完成后，孔内土层应夯实，有利于钢套管正确就位。

（2）测放桩位：根据设计图纸提供的坐标，按外放100mm计算排桩中心坐标，采用全站仪根据地面导线控制点进行实地放样，并做好护桩，作为导墙施工的控制中线。

（3）导墙沟槽开挖：在桩位放样符合要求后即进行沟槽开挖，采用人工开挖施工。开挖结束后，立即将中心线引入沟槽下，以控制底模及模板施工，确保导墙中心线的正确无误。

（4）钢筋绑扎：沟槽开挖结束后，绑扎导墙钢筋，导墙钢筋按设计要求布置，经检合格后方可进行下一道工序施工。

（5）模板施工：模板可采用自制整体木模，导墙预留定位孔模板直径为套管直径扩大30~50mm。模板加固采用钢管支撑，支撑间距不大于1m，确保加固牢固，严防跑模，并保证轴线和净空的准确，混凝土浇筑前先检查模板的垂直度、中线和净距是否符合要求。

（6）混凝土浇筑施工：混凝土采用商用混凝土，混凝土浇筑时两边对称交替进行，防止走模。

（7）当导墙有足够的强度后，拆除模板，重新定位放样排桩中心位置，将点位反到导墙顶面上，作为钻机定位控制点。地表土层较好时，导墙厚度一般取350mm，地表层土为软土，需回填后分层碾压，导墙厚度一般不应该小于450mm。

11.5.2 钻机就位

待导墙有足够的强度后，移动套管钻机，使套管钻机抱管器中心对应定位在导墙孔位中心。定位后，在导墙孔与钢套管之间用木塞固定，防止钢套管端头在施压时移位。液压工作站放置在导墙外平整地基上。

11.5.3 埋设第一、第二节套管

第一、第二节套管的埋设垂直度，是决定桩孔垂直度的关键，在套管压入过程中，用经纬仪或测锤不断校核垂直度。当套管垂直度相差不大时，固定下夹具，利用上夹具来调整垂直度；当套管垂直度相差较大时，一般应拔出来从新埋设，有时也可将钻机向前后左右移动，使之对中。

11.5.4 取土成孔

先压入第一节套管，然后用抓斗从套管内取土，一边抓土，一边下压套管，要始终保持套管底口超前于取土面且深度不小于2.5m；第一节套管全部压入土中后检测成孔垂直度，如不合格则进行纠偏调整，如合格则安装第二节套管下压取土，直到设计孔底标高。

11.5.5 吊放钢筋笼

如果是钢筋混凝土桩，成孔至设计标高后，检查孔的深度、垂直度，清除孔底虚土，检查合格后吊放钢筋笼。

11.5.6 灌注混凝土及拔管

孔内有水时，采用水下混凝土灌注法施工。孔内无水时，采用干孔灌注施工，此时需

要振捣。开始灌注混凝土时，应先灌入2~3m混凝土，将套管搓动后提升20~30cm，以确定机械上拔力是否满足要求。不能满足时，则应采用吊车辅助起吊。灌注过程中应确保混凝土高于套管端口不小于2m，防止上拔过快造成断桩事故。

11.5.7　全套管咬合桩施工顺序

咬合桩就是通过使相邻桩桩身相交，形成封闭体系，从而做到止水的作用。全套管咬合桩的施工顺序通常是先施工第一序列桩（A桩），然后再施工第二序列桩（B桩），并且使第一、第二序列桩相互搭接，形成一个整体。为了便于切割，桩的排列方式一般为一根第一序列桩和一根第二序列桩间隔布置，施工时先施工A桩后施工B桩，A桩混凝土采用超缓凝混凝土，要求必须在A桩混凝土初凝之前完成B桩的施工。B桩施工时采用全套管钻机切割相邻A桩相交部分的混凝土，实现咬合。

钻孔咬合桩在施工时不仅要考虑第一序列桩混凝土的缓凝时间控制，注意相邻的第一序列桩和第二序列桩施工的时间安排，还需要控制好成桩的垂直度，防止因第一序列桩强度增长过快而造成第二序列桩无法施工，或因第一序列桩垂直度偏差较大而造成与第二序列桩搭接效果不好，甚至出现漏水的情况。因此对于咬合桩施工应该进行合理安排，做好施工记录，方便施工顺利进行。

11.6　施工关键技术

11.6.1　孔口定位误差的控制

为了保证钻孔咬合桩底部有足够的咬合量，应对其孔口的定位误差进行严格控制。为了有效地提高孔口定位的精度，应在钻孔咬合桩顶以上设置混凝土或钢筋混凝土导墙，导墙上定位孔的直径宜比桩径大30~50mm。钻机就位后，将第一节套管插入定位孔并检查调整，使套管与定位孔之间的空隙保持均匀。

11.6.2　桩身垂直度的控制

为了保证钻孔咬合桩底部有足够厚度的咬合量，除对其孔口定位误差严格控制外，还应对其垂直度进行严格的控制。根据我国《地下铁道工程施工质量验收标准》GB/T 50299—2018规定，桩的垂直度允许偏差为0.3%。

1. 全套管咬合桩桩身垂直度的控制

全套管咬合桩桩身垂直度的控制，可以从钻孔前和成孔过程中两方面进行：

（1）钻孔前套管的顺直度检查和校正。钻孔咬合桩施工前，在平整地面上进行套管顺直度的检查和校正，首先检查和校正单节套管的顺直度，然后将按照桩长配置的套管全部连接起来进行整根套管的顺直检查，要求顺直度偏差小于10mm。一般可以通过在地面上侧放出两条相互平行的直线，将套管置于两条直线之间，然后用线锤和直尺进行检测。

（2）成孔过程中桩的垂直度监测和检查。成孔过程中，从地面和孔内观测桩的垂直度。地面监测：在地面选择两个相互垂直的方向，采用经纬仪或线锤监测地面以上部分的套管的垂直度，发现偏差随时纠正。这项监测在成桩过程中自始至终都不能终止；孔内检查：每节套管压完后，安装下一节套管前，都要停下来用测斜仪或"测环"进行孔内垂直度检查，不合格时需进行纠偏，直到合格才能进行下一节套管的施工。

2. 钻孔咬合桩垂直度测环的制作方法

（1）"测环"的制作：测环制作采用8~20mm的不锈钢材料，环带宽35mm，内半径16.5cm，外半径20cm。并在环带中间制作3个ϕ5mm的小栓孔，成120°角均匀分布。

（2）十字架的制作：十字架是检测桩孔垂直度时安放在孔口的参照物，采用ϕ14mm的圆钢管，根据套管的大小焊接而成，并在十字架的四个端部各设一个"卡头"，作用是方便将十字架固定在套管顶部，并使其中心与套管顶口中心准确重合。

（3）测绳与测环的连接：3根测绳的长度必须保持一致，主绳的长度根据孔深需要而定。

3. 垂直度偏移量的测定

（1）清除套管孔工作平台，冲洗管壁附泥，为检测工作做好准备。

（2）十字架安放在套管顶部，将其与套管卡牢，检查"卡头"与套管内壁是否密贴，以便于确保十字架中心与孔口套管中心重合。

（3）轻慢下放测环。一方面可以减少晃动，加快读数速度；另一方面可以防止测绳同测环断开。

（4）待测环下放到待检测部位后，沿十字架从四个方向检测桩孔偏移量。其检测方法是：将测绳沿十字架缓慢移动至测环边缘，与套管内壁刚好接触为止，此时用直尺测量测绳至十字架中心的距离，并记录下来；每个方向至少测量3次，然后求平均值作为计算桩孔偏移量的依据；此外，应该注意检测部位不宜太靠近孔底，一般选择孔底以上1~2m的范围为宜。

4. 纠偏方法

成孔过程中如出现垂直度偏差过大，必须及时进行纠偏调整，纠偏的常用方法有：

（1）利用钻机油缸进行纠偏：如果钻孔偏差不太大或套管入土深度小于5m，可以直接利用钻机的两个顶升油缸和两个推拉油缸调节套管的垂直度，即可达到纠偏的目的。

（2）A桩孔纠偏方法：如果A桩套管入土5m以下部分发生较大偏移，可先利用钻机油缸直接纠偏，如达不到要求，可向套管内充填砂土或黏土，一边填土一边拔起套管，直至将套管提升到上一次检查合格的地方，然后调直套管，检查其垂直度合格后再重新下压。

（3）B桩孔纠偏方法：B桩孔的纠偏方法与A桩孔基本相同，其不同之处是不能向套管内填土而应填入与A桩相同的混凝土，否则有可能在桩间留下夹土层，从而影响排桩的防水效果。

11.6.3 钢筋笼的定位

1. 克服钢筋笼上浮的方法

由于套管内壁与钢筋笼外缘的间隙较小，在上拔套管的时候，钢筋笼将有可能被套管带着一起上浮。其预防措施主要有：

（1）B桩混凝土的骨料粒径应尽量小一些，不宜大于20mm。

（2）在钢筋笼底部焊上一块比钢筋笼直径略小的薄钢板以增加其抗浮能力。

（3）在钢筋笼外侧加焊定位耳形钢筋，利于定位，并保证保护层厚度，减小钢筋笼与套管内壁的摩擦阻力，有效控制钢筋笼上浮。

2. 防止钢筋笼扭转变形

起吊钢筋笼时，采用3点同时起吊，防止钢筋笼产生扭转变形。

3. 钢筋笼固定

钢筋笼吊放至设计高程后，焊接固定在孔口型钢上，并在拔套管时断开。

4. 防止钢筋笼下沉

在套管入土深度达到设计值后，清除孔底虚土和沉渣，向孔底投放20~30cm厚度的碎石，以防止钢筋笼下沉。

11.6.4　分段施工接头的处理方法

只用1台钻机施工往往无法满足工程进度，需要多台钻机分段施工，这就存在与先施工段的接头问题。采用砂桩是一个比较好的方法，在施工段与施工段之间的端头位置，设置一个砂桩，后续施工到此接头时，挖出砂后，灌注混凝土即可。

11.6.5　钻进入岩的处理方法

套管灌注咬合桩适用于软土基坑，但施工中可能遇到局部区域有少量桩入岩的情况。可采用"二阶段成孔法"进行处理：第一阶段，钻进、取土至岩面，然后卸下抓斗，改换冲击锤，从套管内用冲击锤冲钻至桩底设计标高，成孔后向套管内填土，并边填土边拔出套管；第二阶段，按钻孔咬合桩正常施工方法施工。

11.6.6　超缓凝混凝土的制备

合适的凝结时间是混凝土施工必须考虑的。对于普通预拌混凝土，一般要求初凝时间为4~10h，终凝时间为10~15h。普通混凝土缓凝剂会引入空气，掺量过多会引起混凝土强度降低、硬化困难，且初凝时间较短，不能满足全套管咬合桩施工的要求。但是超缓凝剂却不同，它基本不引入空气，可按掺入量的多少，在24h甚至72h内控制混凝土的初凝时间。混凝土凝结时间被推迟，但一旦开始凝结，后期强度却发展很快，一般28d抗压强度会略高于普通混凝土。

目前，超缓凝混凝土配置还存在着众多难点。首先，根据对国内外超缓凝剂的研究及其应用可知，国内外超缓凝剂可控制的初凝时间为24~42h，要实现混凝土超缓凝60h以上的技术有较大难度。国家标准《混凝土外加剂应用技术规范》GB 50119—2013规定混凝土工程中可采用的缓凝剂、缓凝减水剂及缓凝高效减水剂的种类，并在条文中说明了各自的适用范围。缓凝剂及缓凝减水剂的主要作用是延长混凝土的凝结时间，缓凝效果因品种及掺量而异。在推荐掺量范围内，柠檬酸一般延缓混凝土凝结时间至8~19h，氯化钾可延缓10~12h；而糖蜜缓凝剂仅可延缓2~4h；木钙延缓2~3h。由此可见，混凝土超缓凝60h以上的技术目前尚无标准可循。其次，缓凝剂或缓凝减水剂掺量过大会适得其反，造成几天不凝固的现象，引起施工困难。王怀春、黄庆发分析某大学高层住宅楼的混凝土5天仍然不凝固的根本原因是奈系高效减水剂和燕山矿渣425号水泥不相适应，而直接原因是混凝土在入模前水灰比控制不当或混凝土加水量过大。

在进行超缓凝混凝土试配的时候，需要注意以下几点：

（1）选择合适的缓凝减水剂并确定其掺量：使用缓凝剂尤其是复合型缓凝高效减水剂，是使混凝土具有超缓凝性能的主要手段。这既有利于混凝土具有超缓凝性能，也有利于增强混凝土的后期强度使之能达到设计要求。采用缓凝高效减水剂既可降低外加剂掺量，也可减少由于掺外加剂过量，给混凝土带来的不利因素。实践经验表明：外加剂的掺量都有一个极限，当外加剂掺量达到某个值后，即使再增大外加剂掺量，外加剂的作用也不会因此而增大。缓凝剂掺量过大，不仅会使混凝土凝结时间过长，还可使早期强度发展缓慢，使混凝土施工性能受到损害。

（2）确定掺合料的掺量：粉煤灰对混凝土凝结时间和强度的影响是不可忽视的。适量粉煤灰掺加到混凝土中，对降低混凝土的水化热、延缓混凝土的凝结、降低混凝土的水胶比及提高混凝土的后期强度均极其有利。应在试配之前，综合平衡各种因素，初步定出合理的粉煤灰的掺量范围。

（3）混凝土凝结时间的长短，除与缓凝减水剂和粉煤灰的掺量有关外，还与水泥品种、水泥强度等级、水泥缓凝结的适用性、粗细骨料的颗粒级配和吸水率、砂率、水灰比、运输过程中坍落度损失以及环境温度和湿度等有关，因此在超缓凝混凝土试配时要充分考虑上述诸多因素。

11.7 地层环境适用性分析

11.7.1 软土地层

软土地层一般主要包括淤泥、淤泥质土、冲填土等地层，该类地层具有高压缩性、高含水量、低强度的特点，土体大多为饱和、流塑状态。采用传统工艺进行围护桩施工时，在成孔过程中经常会产生塌孔、滑移、缩颈、断桩等现象。为避免塌孔等现象的发生，往往需要配制相对密度较大的泥浆进行护壁。由此带来的桩侧壁的泥皮较厚，影响其桩侧摩阻力的发挥。在进行咬合桩施工时，一侧桩体混凝土强度高，而另一侧土体强度低，易造成钻具偏斜、桩孔的垂直度偏差大。所形成的咬合桩支护结构漏水严重、止水效果差，容易引起周边建筑物、构筑物、道路、地下管线产生较大的沉降。采用全套管钻机进行钻孔桩施工时，通过钢套管护壁、超前护孔、先灌注混凝土后拔套管等措施，有效地解决了在软土地层中成孔时易发生塌孔、管涌、缩颈、断桩等问题；无须泥浆护壁，对桩侧摩阻力影响较小，与传统工艺施工相比，桩侧摩阻力可提高10%左右。在咬合桩施工时，通过全套管钻机驱动钢套管旋转，均匀切削土体和桩体，不会因软硬不均而发生偏移或倾斜，可有效保证桩的垂直度，使桩可以相互咬合在一起，确保围护结构的止水效果。

11.7.2 回填土地层

回填土地层土层松散，含有大量的块石和建筑垃圾，孔隙率高，土层压缩性高。土层回填时，大多为快速回填，没有采取分层碾压、分层夯实等措施。该类地层中块石和建筑垃圾的含量较高、粒径较大。采用传统工艺施工时，因大块石或建筑垃圾回填时无规律，且随着钻机施工会产生松动、位移、滑落等问题，成孔困难，甚至成不了孔。同时，施工中护壁泥浆渗漏严重，塌孔现象频繁发生，成桩效率低、成桩质量无法保证。

采用全套管钻机进行钻孔桩的施工，首先采用钢套管钻进，通过钢套管护壁解决松散土层孔壁坍塌、块石掉落的问题；当遇到大块块石或建筑垃圾钻不动时，使用冲击锤与冲抓取土器配合成孔；用冲击锤先将块石击碎或挤到桩孔外侧，之后钢套管跟进护孔，可有效解决穿越块石或建筑垃圾等障碍物等难题。

11.7.3　砂卵石地层

砂卵石地层一般具有土层密实度高、卵石含量高、卵石粒径大等特点。采用传统工艺在该类地层中施工时，因砂卵石地层中卵石含量过高、卵石粒径过大或存在胶结层，使得成孔非常困难，经常会出现跳钻、别钻、埋钻等现象，施工效率非常低。

采用全套管联合冲击锤及冲抓取土器的施工方法，可有效解决上述问题。首先采用冲击锤，将大粒径卵石或将带有胶结砂卵石击碎，通过冲击将一部分卵石挤至桩孔外侧；然后钢套管钻进，并进行桩孔护壁；最后采用冲抓取土器，将孔内的渣土取出，完成成孔施工。

11.7.4　深厚密实饱和砂层

采用传统施工工艺在深厚密实饱和砂层中施工时，一般会因砂层中地下水丰富、施工中的扰动，而产生流沙、管涌等现象，造成孔壁坍塌、桩孔下沉等问题。因此，施工中为保证孔壁的稳定，对所配制泥浆的相对密度有较严格的要求。由此带来因泥浆相对密度过高而造成桩侧泥皮过厚的后果，严重影响桩侧摩阻力的发挥。

采用全套管钻机钻孔施工时，首先采用钢套管钻进，对桩孔进行护壁以减少对其扰动，防止流沙产生；然后采用冲抓取土器挖掘孔内渣土。在挖掘过程中为防止管涌的产生，要严格控制冲抓取土器掘进深度，保证钢套管的埋深不小于一定深度，以减少管涌现象的发生。同时，采用全套管护壁成孔，避免因泥浆护壁对桩侧摩阻力的影响，有效提高桩的承载力。

11.7.5　岩层

嵌岩桩施工一般因岩石强度较高、岩面倾斜过大等原因，使得采用传统施工工艺开挖桩孔时，常遇到入岩困难、桩身垂直度控制难、泥浆护壁影响承载力、施工周期长等问题，造成工程的施工效率低、施工成本高。

采用套管、冲抓取土器、潜孔锤组合式施工方法，可有效解决入岩难、垂直度偏差大的问题，以加快施工速度、提高施工效率、降低施工成本。上述组合施工方法的特点是发挥各自所长。土层部分成孔采用全套管护壁，使用旋挖钻或冲抓取土器成孔；岩层部分成孔时，当孔深小于25m，采用潜孔锤成孔，以提高施工效率，当孔深大于25m时采用旋挖钻成孔。

11.7.6　溶洞地层

岩溶的主要形态有溶洞、溶沟、溶槽、裂隙、暗河、石芽、漏斗及钟乳石等；岩溶按出露条件分为裸露型岩溶、覆盖型岩溶和埋藏型岩溶等。在岩溶区进行嵌岩桩施工时，采用传统施工工艺施工，一般会因倾斜、潜蚀、崩塌、沉陷、承压水、漏浆真空负压等现象，造成施工中出现埋钻、卡钻、清孔困难、混凝土流失、断桩等难题，使得嵌岩桩的施工质量难以控制，施工周期长、施工成本高。

采用全套管、联合冲击锤与旋挖钻组合式施工方法，通过采用分段施工技术，可有效解决岩溶区钻孔桩的施工难题。在土层部分施工时，采用全套管联合旋挖钻进行护壁和成孔；在岩溶部分施工时，采用全套管联合冲击锤、旋挖钻进行溶洞处理、护壁和成孔；最后在岩层施工时采用旋挖钻进行入岩施工。岩层以上桩孔壁全部采用钢套管护壁，不使用泥浆护壁，确保了在施工过程中不会出现塌孔、断桩、缩颈、桩身混凝土流失等问题；同时，避免了泥浆护壁对桩承载力的影响，提高了施工工效，降低了施工成本。

11.7.7 复杂地层条件

随着城市建设的不断发展，城市中建筑物、基础设施的分布密度越来越高，经常会出现拟建建筑物、基础设施与现有建筑物或基础设施间距过近的问题。由于受到土层条件、地下水变化、已有建筑物或基础设施结构安全的要求、现场施工空间限制的影响，采用传统的施工工艺和施工设备往往不能满足保证围护正常施工要求，或基坑变形、地表沉降的控制要求。尤其当遇到复杂地层条件，在成孔过程中发生振动、漏浆、孔壁坍塌等问题时，难免会对已有的相邻建筑物或基础设施产生不良影响，甚至造成破坏。

采用全套管钻机进行钻孔桩的施工，关键是全套管钻机采用全套管护壁，使得桩侧土层在施工过程中不会受到扰动，不会发生孔壁坍塌引起的相邻建筑物或基础设施破坏。另外，全套管钻机在施工过程中，钢套管可以起到隔振作用，不会对相邻的建筑物、基础设施产生振动影响。

11.7.8 埋有地下障碍物地层

在城市建设和基础设施建设时，尤其是旧城改造施工中，经常会遇到原有已拆除建筑物或基础设施遗留下的废弃的钢筋混凝土桩、钢筋混凝土基础、预应力锚杆等地下障碍物，给后期新建建筑物或基础设施的施工带来很大困难。往往因地下障碍物清除不到位而造成新建地下结构无法施工，被迫进行设计修改和桩位变更。采用全套管钻机施工，一是可以通过钢套管沿废弃桩基或锚杆的外侧土体钻进，消除其侧摩阻力，然后将其整体或分段清除，即在不破坏周围土体的情况下把地下桩基础无遗留地整体拔除或置换；二是通过全回转钻机驱动钢套管钻进，逐步将废旧基础整体切除，为后续围护桩施工清除桩位以下的障碍物。

11.8 特殊地层条件施工技术

11.8.1 全套管钻孔嵌岩桩施工技术

传统的钻孔嵌岩灌注桩施工一般都采用冲击成孔+泥浆护壁，或反循环+牙轮钻+泥浆护壁，或旋挖成孔+泥浆护壁等方法，存在以下问题：

入岩成孔困难，施工效率低，工期较长；施工中长时间采用泥浆护壁护孔，在孔壁易形成泥皮，影响围护桩的侧摩阻力发挥；当遇到倾斜角度过大的岩面时，桩身垂直度控制困难；施工过程中因产生振动、反复提钻等原因，易引起塌孔现象；钻具损毁严重，修复成本高；施工中会产生大量的废弃泥浆，处理和消纳非常困难，现场施工环境很差。

采用摇动式全套管钻机进行钻孔嵌岩桩施工时，在稳定岩层以上的地层中成孔采用套管护壁，避免塌孔、漏浆、缩颈、断桩等发生；在岩层采用潜孔锤或旋挖钻进行入岩成孔施工，有效提高了嵌岩桩的施工效率；采用全回转全套管钻机进行施工时，在成孔过程中钢套管全程跟管，直至设计标高，通过大扭矩驱动套管360°旋转切削土体或岩层，并通过取土钻具和冲击锤配合完成成孔施工。

嵌岩桩施工时，根据不同地层的地质情况来确定其钻进方式：对于软弱土层、一般土层应使套管超前下沉，超出孔内开挖面，使取土钻具仅在套管内挖土，这样便于控制孔壁质量及开挖方向。对于硬砂土层及厚卵石层，应使取土钻具超前下挖。在这种土层中套管的钻进比较困难，尤其是对地下水位以下的密实砂层，如不采取超前开挖，将会在套管提升时增加困难。对于特硬土层，应利用冲击锤击碎，再利用取土钻具将土块抓出孔外，也可采用旋挖钻机进行成孔，套管同步跟进。对于中风化或微风化岩层，可采用旋挖钻或潜孔锤进行岩层开挖，套管不再跟进。

11.8.2　岩溶区全套管钻孔嵌岩桩施工技术

在岩溶地区，全套管钻孔嵌岩桩在做好上述有关施工技术措施外，施工时还主要存在以下问题：嵌岩桩在穿过溶洞时，上部大多是松散或松软的土层，易塌孔，给嵌岩桩的成孔带来较大的困难；岩溶区岩面起伏大，对桩孔垂直度的控制是一大挑战；岩溶区有大量不同形态的溶洞分布，在成孔过程中对溶洞的处理也是一大难点；溶洞发育区桩端持力层存在裂隙等缺陷，对桩端承载力产生不利影响。

1. 岩溶区穿越溶洞的处理技术

（1）处理原则

摸清围护桩范围内的溶洞高度、大小和溶洞的分布情况，按照先短后长、先小后大、先易后难的原则进行桩孔施工；对地质资料不明确或缺少地质资料的围护桩，应及时安排地质补钻；开始成孔前应按照施工方案或制定的预案准备相应的片石、石渣、黏土、袋装水泥等溶洞处理材料，同时还应配备装载机、材料运输车辆等施工机械和设备。

（2）处理方法

根据溶洞的具体情况，采用黏土、块石、水泥和外加剂等不同抛填物对溶洞进行及时处理。

① 穿过较小溶洞，溶洞内填充物为流塑状黏土或其他充填物或为空洞时，采用抛填料的方法，通过十字冲锤夯实，并使用套管挤实孔壁成孔。首先，使用旋挖钻机进行成孔，当钻头钻透溶洞顶板后，向孔内抛填黏土和石渣，旋转套管钻进成孔；然后，用旋挖钻机将套管内回填的黏土和石渣钻出，直至穿过溶洞；随后套管停止跟进，旋挖钻机继续成孔至设计深度。

② 穿过中型溶洞，钻头钻透溶洞顶板后，向孔内抛填片石、石渣、黏土，套管钻进成孔，用旋挖钻机将套管内回填的片石、黏土和石渣钻出；穿过溶洞后，套管停止跟进，旋挖钻机继续成孔至设计深度。当钻孔内有孤石、蜂窝状薄岩层、溶洞壁参差不齐，及部

分洞壁侵入桩孔形成探头石、溶沟和倾斜岩面时，造成套管底部处于软硬不平的非均质土层上，易形成卡钻或偏孔。发现上述问题时，应认真分析，分别采取措施进行处理。

③ 穿过大型溶洞的处理方法。严格控制围护桩中心坐标，钻透溶洞顶面后，应向洞内抛投片石、石渣、黏土及水泥，并用重锤夯实；反复抛填和夯实后套管钻进，然后用抓斗或旋挖钻机成孔；为防止成孔过程中溶洞内孔壁侧压力增大而发生塌孔，套管钻进深度应超前钻头钻进深度。如塌孔现象严重，应将套管拔出，重新进行回填和夯实，然后再进行二次成孔施工。

④ 钻孔穿过高度大于10m的溶洞的处理方法。此类溶洞位置较深，溶洞较大，根据实际情况采用双层全钢护筒跟进施工，或充填低强度等级混凝土后复钻的方法。双层钢护筒的外层钢护筒采用全套管，套管直径较桩径大0.2m；内护筒厚度为10mm，直径为桩径。钻进时，当全套管穿过溶洞并进入岩层一定深度后，放入内护筒至孔底。放入时要严格控制中心位置及垂直度。两层护筒之间填砂，使两层护筒同时受力。

2. 倾斜岩面钻孔垂直度控制

在低洼溶蚀残丘地质或溶洞强发育区，经常会在岩层表面或溶洞内部出现倾斜度较大的倾斜岩面。在进行全套管钻孔嵌岩桩施工时，因套管都处在斜岩面上，一边硬岩一边软层，下压套管很容易打滑和偏移，桩的垂直度很难保证。此时，先在设计桩位周边布置2~4个引孔，将桩位内硬的部分剔除至设计深度，或者剔除至平面硬度相同的基岩面；然后将预成的引孔回填，再在原设计桩位处施工正式的嵌岩桩至设计深度。

3. 嵌岩桩持力层注浆补强加固技术

在岩溶区嵌岩桩施工过程中，有时会遇到嵌岩桩持力层范围内有单一小型的溶洞或发育的裂隙，为了保证嵌岩桩的承载力，有效减少嵌岩桩的入岩深度，可结合工程实际情况，采用持力层注浆补强加固技术。

（1）桩底持力层溶洞注浆充填预处理

当确定桩底有单一小型的溶洞或较小的裂隙时，可采用地质钻机穿透溶洞上部的顶板或钻至裂隙处后，使用灌注细石混凝土、水泥砂浆或水泥浆液等对桩底溶洞或裂隙进行预加固，消除桩端下溶洞或裂隙对嵌岩桩造成的不利影响，有效减少全套管嵌岩桩成孔深度，特别是入岩深度，并降低成孔过程中的施工难度，提高基岩持力层强度。

（2）桩端持力层压浆后处理

对经检验后桩底存在发育裂隙或因围护桩沉降量过大，认为桩端持力层存在疑问的灌注桩，利用地质钻机成孔至全套管嵌岩桩桩底，使用水泥浆液进行压浆充填处理，有效增强桩底持力层承载能力，减小竖向变形。

11.9 常见问题及处理方法

11.9.1 管涌现象的处理方法

1. 管涌产生的条件

在全套管咬合桩施工过程中可能出现的管涌有两种，一种为混凝土管涌，另一种为砂土管涌。混凝土管涌是在B桩成孔过程中，由于A桩混凝土未凝固，还处于流动状态，

A桩混凝土有可能从A、B桩相交处涌入B桩孔内。在下列几种情况下可能会产生砂土管涌现象：

（1）在桩孔较深处存在松砂层，且作用了向上的渗透水压力。如果由此产生的动水坡度大于砂土层的极限动水坡度，砂土颗粒就会发生冒出、沸土现象，形成砂土管涌。

（2）在桩孔挖掘过程中，如果软土层深厚，地下水位高，且砂质粉土层或黏性土与粉土层中夹薄层粉砂时，极易在渗透水压作用下产生砂土管涌。

（3）在持力层有大量的承压水，而孔内水很少或无水的状态下，套管一旦接近持力层附近的承压水，承压水突然把套管超前部分的孔内不透水层突破，向孔内喷水，带走持力层附近的砂和砂砾，使桩端持力层松动。

2. 砂土管涌处理方法

针对上述三种产生砂土管涌的情况，可以分别采用以下三种不同的砂土管涌处理技术措施：

（1）随时观察孔内地下水和穿越砂层的动态，按少取土、多压进的原则操作，做到套管超前，充分发挥全套管跟进的钻孔工艺特点。

（2）依据套管的最大切割下压能力，做到套管施工在前、抓土在后。抓土面离套管底的最小距离应保持在1m以上，使孔内留足一定厚度的反压土层，防止管涌的产生。

（3）往孔内灌水到相当于承压水头的高度后再钻进。

3. 混凝土管涌处理方法

针对混凝土管涌现象，可以采用以下几种方法来进行处理：

（1）A桩混凝土的坍落度应尽量小一些，不宜超过18cm，以降低混凝土的流动性。

（2）套管底口应始终保持超前于开挖面一定距离。依据全套管钻机的最大切割下压能力，做到套管始终超前、抓土在后，以便于形成一段止水柱，阻止混凝土的流动；如果钻机能力许可，这个距离越大越好，至少不宜小于2.5m。

（3）当遇到地下障碍物，套管无法超前钻入时，可向套管内注入一定量的水，使其保持一定的反压力，来平衡A桩混凝土的压力，阻止混凝土管涌的发生。

（4）B桩成孔过程中，应注意观察相邻两侧A桩混凝土顶面。如发现A桩混凝土下陷应立即停止B桩开挖，并一边将套管尽量下压，一边向B桩内填土或注水，直到完全制止住管涌为止。

总之，宜在A桩混凝土初凝之前灌注B桩混凝土，并上拔钢套管。这样可保证A桩的混凝土不会管涌到B桩，同时又保证A、B桩混凝土凝结成为一个整体。

11.9.2　地下障碍物的处理方法

全套管钻机施工过程中，如遇到地下障碍物，处理起来比较困难。特别是施工钻孔咬合桩，要受到时间的限制，必须对地质情况十分清楚。对于一些比较小的障碍物，如卵石层、体积较小的孤石等，比较容易处理。遇到较大障碍物而不能正常施工时，可用十字冲锤击碎障碍物并将其清除。遇到管线、钢筋、工字钢的时候，先抽干套管内积水，然后吊放作业人员下孔处理。

如果遇到污水管道，容易出现管涌现象。混凝土灌注过程中混凝土可能流入污水管内，造成混凝土浪费，影响后序桩的正常施工。这种现象可以通过采用"二次成孔法"解决。首先，在导墙制作完成后，用全套管钻机将所有桩成孔至污水管底部，然后，用素土或砂回填夯实；待第一次成孔完成后，按照正常的全套管咬合桩施工工艺流程进行施工。

11.9.3　事故桩的处理方法

在钻孔咬合桩施工过程中，因A桩超缓凝混凝土的质量不稳定出现早凝现象，或机械设备故障等原因，造成钻孔咬合桩的施工未能按正常要求进行，形成事故桩。事故桩处理方法主要有以下三种：

1. 平移桩位咬合

B桩成孔施工时，其一侧A1桩的混凝土已经凝固，使套管钻机不能按正常要求切割咬合A1、A2桩。这种情况下，宜向A2桩方向平移B桩桩位，使套管钻机单侧切割A2桩来施工B桩，并在A1桩和B桩外侧另增加一根旋喷桩作为防水措施。

2. 背桩补强

B1桩成孔施工时，其两侧A1、A2桩的混凝土均已凝固。在这种情况下，则放弃B1桩的施工，调整桩序，继续后面咬合桩的施工。以后在B1桩外侧增加一根咬合桩及两根旋喷桩，作为补强、防水处理。在基坑开挖过程中，将A1和A2桩之间的夹土清除，喷上混凝土即可。

3. 砂桩临时替代

在B1桩成孔施工中发现A1桩混凝土已有早凝倾向，但还未完全凝固时，为避免继续按正常顺序施工造成事故桩，可及时在A1桩右侧施工砂桩以预留出咬合段，待调整完成后再继续后面桩的施工。

参考文献

[1]　刘国彬，王卫东. 基坑工程手册：第2版［M］. 北京：中国建筑工业出版社，2009.

[2]　中国土木工程学会土力学及岩土工程分会. 深基坑支护技术指南［M］. 北京：中国建筑工业出版社，2012.

[3]　龚晓南. 深基坑工程设计施工手册［M］. 北京：中国建筑工业出版社，2018.

[4]　王平卫. 全套管灌注桩承载性状及施工工艺的研究［D］. 长沙：中南大学，2007.

[5]　韩轶群. 全套管咬合灌注桩在基坑支护工程中的应用［J］. 四川建材，2010，36（1）：105-107.

[6]　宋志彬. 全套管钻进套管柱损坏机理与应用技术研究［D］. 北京：中国地质大学，2013.

[7]　刘继国，郭小红，程勇，等. 临海浅埋富水地层明挖隧道抗浮稳定性研究［J］. 岩土工程学报，2014，36（S2）：274-278.

[8]　黄梅. 基坑支护工程设计施工实例图解［M］. 北京：化学工业出版社，2015.

[9]　吴绍升，毛俊卿. 软土区地铁深基坑研究与实践［M］. 北京：中国铁道出版社，2017.

[10]　杨松. 复杂地层环境下的全套管钻孔桩成套技术［J］. 工业建筑，2017，47（5）：116-121.

[11]　沈保汉，刘富华. 捷程MZ系列全套管钻孔软切割咬合桩的研发与应用［J］. 工程机械与维修，2017（9）：98-102.

[12]　陈峰军. 新型硬切割咬合桩在上海外滩截渗墙加固工程中的应用［J］. 建筑施工，2012，34（8）：765-766.

第12章 ▶▶
深圳益田地下停车场深大基坑工程实例分析

12.1 工程概况

益田地下停车场位于深圳市福田区广深高速北侧绿化带及福荣路地面以下，东临益田路立交桥，西侧为新洲路。益田停车场为全地下停车场，功能分区和周边环境如图12-1所示，场址范围内基本无房屋拆迁。地块内有下穿广深高速的2号人行隧道、3号车行隧道，110kV变电站以及数条东西方向的110kV高压地下电力管廊。益田路立交桥桥墩坐落在地块东侧，广深港盾构隧道下穿益田立交桥和广深高速，以上市政设施均对地下停车场的布置产生影响。

图12-1　功能分区和周边环境图

整个停车场用地较为细长，东西长约656m，南北宽约65m。地形起伏不大，高差在1~2m内。益田停车场基坑长度555.7m，标准段宽度50.75m，深21.7m，支护工程安全等级为一级。停车场采用上下两层布置，出、入段线两条，分别连入停车场地下一层、二层，每层的车辆采用单线双向出入。停车场内上下两层股道平面位置相同，地下一层设停车列检线4条，调机存放线1条，调机存放线设在咽喉南侧。地下二层设停车列检线4条，洗车库线1条，洗车线设在检查库南侧，受场址条件限制，采用尽头式布置。停车列检线有效长度均满足2列位停放要求，洗车库前后各留有一段不少于列车长度有效线路，在交叉渡线外，出入场线北侧设牵出线1条，满足场内调车作业要求。益田停车场横断面示意如图12-2所示。

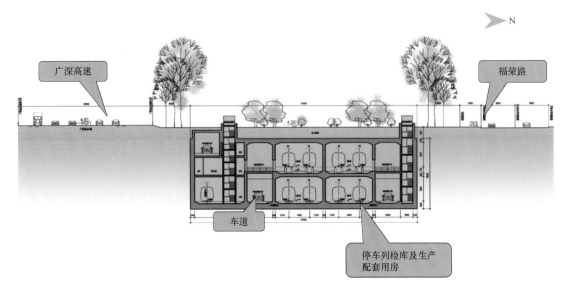

图12-2　益田停车场横断面示意图

根据现有管线资料，场地范围主要地下管线为电力（10kV）管线及公园内电信、雨水管、路灯电线等。对于公园内电信、雨水管及路灯电线，需要在施工完成后结合公园绿化统一规划；对于沿福田保税区3号隧道横跨区间明挖基坑的电力（10kV）管线，永久改移至停车场西侧广深高速下方重新施作的隧道内。场址范围内需永久拆迁的建筑物有：益田垃圾转运站104m²单层房屋、福田保税区3号隧道北侧14m²单层管理房及一座联通公司信号塔。场址周边其余建筑物如下：

（1）广深高速公路路基段

广深高速公路路基段位于益田停车场南侧，益田停车场围护结构与益田停车场最小距离6.3m，施工期间需对广深高速公路进行加固，并加强监控量测。

（2）福田保税区3号隧道（车行）

施工期间需要拆除福田保税区3号隧道（车行）部分主隧道及出入口结构，为了保证3号隧道在施工期间的使用，需局部降低围护结构冠梁及第一道支撑，施工钢筋混凝土路面，保证施工期间车辆通行。

（3）110kV高压地下电力管廊

110kV高压地下电力管廊位于停车场北侧，需将3条1200mm×600mm的110kV电力管廊永久改移至停车场基坑北侧。

（4）福田保税区2号隧道（人行）

施工期间需要拆除福田保税区2号隧道（人行）部分出入口结构，为了保证2号隧道在施工期间的使用，拟在出入线明挖区间围护结构冠梁上采用钢筋混凝土临时路面，保证施工期间行人通行，临时路面相关设计详见出入线明挖区间围护结构设计图纸。

益田停车场范围地质情况从上至下分别为：素填土、淤泥、淤泥质黏性土、卵石、砂土、全风化花岗岩、强风化花岗岩、中风化花岗岩。基底主要位于淤泥质黏性土、全风化花岗岩中。基坑采用明挖顺筑法施工，主体围护结构主要选用1200mm地下连续墙+三道钢筋混凝土桁架支撑。

该工程北侧紧邻益田村，南侧紧邻广深高速公路，位于繁华城区，其施工不仅对周边环境产生影响，而且周边复杂城区环境必然影响施工过程。与此同时，深基坑工程位于超厚淤泥质地层中，淤泥质地层处理加固措施是否及时合理，直接影响到深基坑施工安全及周边环境的稳定。

12.2 工程地质概况

12.2.1 地层分布及地质参数

场地揭露到的地层主要有第四系全新统人工堆积层、第四系全新统海陆交互相沉积层、第四系全新统冲洪积层、第四系残积层、燕山期花岗岩。各土层和地下结构竖向位置关系如图12-3所示。

1. 第四系全新统人工堆积层（Q_4^{ml}）

①$_1$素填土：主要成分为粉质黏土及黏土，混砂砾，可塑~硬塑，大部由花岗岩或混合岩残积土回填而成，局部夹碎石，位于现在道路范围内的填土经过压实处理。本层属中~高压缩性土层，平均厚度3.72m，层底高程-2.65~17.60m。

①$_4$素填土（填石）：主要成分为花岗岩质块石，块石粒径200~700mm不等，含量约60%~70%，平均厚度2.90m，层底高程5.01~12.00m。

①$_5$杂填土：主要成分为建筑垃圾、生活垃圾，夹少量碎石及粗砾砂。平均厚度3.24m，层底高程-1.15~15.53m。

2. 第四系全新统海陆交互沉积层（Q_4^{mc}）

按照颗粒级配或塑性指数可分为淤泥质黏性土、含有机质砂、粗砂3个亚层。

②$_2$淤泥质黏性土：主要为灰黑色，流塑~软塑，含腐殖质，有臭味，含大量贝壳，部分混砂砾。试验平均压缩系数$a_{0.1-0.2}$=0.878MPa^{-1}，平均压缩模量E_s=2.55MPa，属高压缩性土层，试验平均含水量为46.9%。平均厚度5.96m，层顶高程-2.65~2.25m，层底埋深4.90~16.50m。

②$_3$含有机质砂：灰褐色、灰黑色，松散，饱和，含有机质，有腥臭味。标准贯入锤击数5~10击，平均击数8击。平均厚度2.29m；层顶埋深3.60~13.90m，层顶高程-10.20~2.84m；层底埋深4.40~18.00m，层底高程-13.68~1.08m。

②$_7$粗砂：灰白色、灰色、黄色，稍密~中密，饱和，混黏性土，含大量贝壳。标准贯入锤击数15~16击，平均击数15.7击。平均厚度5.65m；层顶埋深13.30~15.30m，层顶高程-10.77~-8.64m；层底埋深19.90~20.00m。

3. 第四系全新统冲洪积层（Q_4^{al+pl}）

按照颗粒级配或塑性指数可分为淤泥质黏性土、粉质黏土、中砂、粗砂、砾砂、卵石。

③$_2$淤泥质黏性土：属高压缩性土层。揭露层厚0~0.80m，平均厚度0.75m；层顶

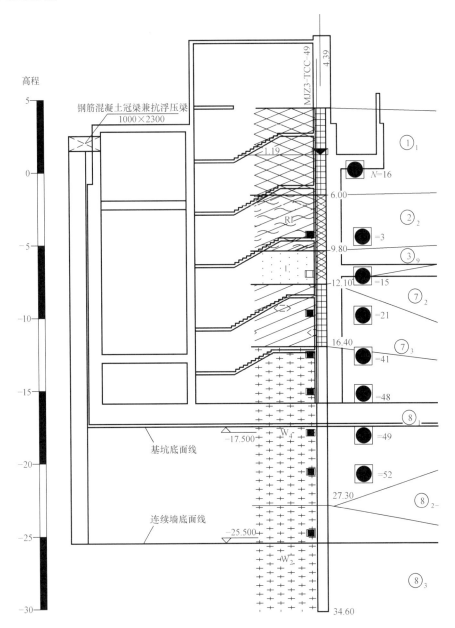

图 12-3 北侧围护结构地质纵剖面图（尺寸单位：mm，标高单位：m）

埋深 3.20~5.30m，层顶高程 10.10~11.50m；层底埋深 4.00~6.00m，层底高程 9.40~10.35m。

③₄粉质黏土：土质较均匀，局部夹少量砂粒。标准贯入锤击数 7~14 击，平均击数 10.4 击。试验平均压缩系数 $a_{0.1-0.2}=0.26MPa^{-1}$，平均压缩模量 $E_s=6.64MPa$，属中等压缩性土层。揭露层厚 0~9.70m，平均厚度 4.96m；层顶埋深 1.20~11.00m，层顶高程 -6.28~17.06m；层底埋深 3.60~14.50m，层底高程 -10.18~12.46m。

③₇中砂：标准贯入锤击数 10~13 击，平均击数 11.6 击。揭露层厚 1.00~4.50m，平均厚度 2.52m；层顶埋深 3.00~6.20m，层顶高程 7.02~11.42m；层底埋深 5.70~

8.50m，层底高程5.85~7.42m。

③₈粗砂：主要成分为石英、长石，混少量黏粒，局部夹黏性土、圆砾薄层。标准贯入锤击数11~20击，平均15.2击，揭露层厚0~6.70m，平均厚度4.08m；层顶埋深1.70~15.70m，层顶高程-12.00~14.19m；层底埋深5.20~20.30m，层底高程-16.60~10.65m。

③₉砾砂：主要成分为石英、长石，混黏性土，局部夹黏性土、圆砾薄层，局部地段底部含卵石（卵石成分主要为石英）。标准贯入锤击数18~30击，平均22.8击。揭露层厚0~5.20m，平均厚度3.08m；层顶埋深10.20~17.00m，层顶高程-12.43~-4.68m；层底埋深12.20~19.90m，层底高程-15.33~-6.68m。

③₁₁卵石：主要成分为石英、长石，由砾砂及圆砾充填。厚0.7~5.1m，平均厚度2.43m，揭露层厚0.70~7.50m，平均厚度3.00m；层顶埋深15.80~20.30m，层顶高程-16.60~-11.66m；层底埋深18.90~23.30m，层底高程-19.16~-14.39m。

4. 残积层（Q^{el}）

分别由混合岩及花岗岩风化残积形成，按照其大于2mm颗粒含量（%）定名为⑦₂砂质黏性土和⑦₃砾质黏性土2个亚层。

⑦₂砂质黏性土：标准贯入锤击数10~39击，平均击数24.2击。试验平均压缩系数$a_{0.1~0.2}=0.368\text{MPa}^{-1}$，平均压缩模量$E_s=5.22\text{MPa}$，属中等缩性土层。揭露层厚2.60~14.60m，平均厚度7.68m，层顶埋深0.50~10.70m，层顶高程5.85~15.53m；层底埋深5.50~23.00m，层底高程-5.81~11.23m。

⑦₃砾质黏性土：由花岗岩风化残积而成。标准贯入锤击数10~39击，平均击数26.7击。试验平均压缩系数$a_{0.1~0.2}=0.427\text{MPa}^{-1}$，平均压缩模量$E_s=4.67\text{MPa}$，属中压缩性土层。揭露层厚0~21.30m，平均厚度10.39m；层顶埋深0.50~16.20m，层顶高程-10.32~8.66m；层底埋深5.60~26.30m，层底高程-20.09~5.22m。

5. 燕山期花岗岩（γ₅³）

中粗粒结构，块状构造，主要成分为石英、长石、云母，按风化程度可分为全风化花岗岩、砂土状强风化花岗岩、块状强风化和中等风化花岗岩、微风化花岗岩5个亚层，分述如下：

⑧₁全风化花岗岩：标准贯入锤击数40~66击，平均击数51击。揭露层厚0.60~12.60m，平均厚度5.38m；层顶埋深7.00~26.30m，层顶高程-20.09~1.70m；层底埋深9.00~31.40m，层底高程-25.66~-0.30m。

⑧₂₋₁强风化花岗岩：结构基本破坏，标准贯入锤击数71~150击，平均击数89.4击。揭露层厚0.90~23.50m，平均厚度6.61m；层顶埋深2.00~31.40m，层顶高程-25.66~7.84m；层底埋深5.60~41.50m，层底高程-35.44~4.24m。

⑧₂₋₂强风化花岗岩：块状，结构大部分被破坏，为极软岩~软岩，岩体呈碎块状，极破碎，岩体基本质量等级为V级。揭露层厚0.00~8.00m，平均厚度2.31m；层顶埋深7.20~39.00m，层顶高程-29.05~3.86m；层底埋深8.00~40.00m。

⑧₃中等风化花岗岩：裂隙较发育，实测单轴饱和抗压强度值13.60~26.10MPa，平均值为19.85MPa，软岩~较软岩，实测岩体完整性指数平均值为0.34，岩体破碎，岩体基本质量等级为V级。揭露层厚0.40~10.00m，部分钻孔尚未揭穿，平均厚度3.36m；

层顶埋深5.60~39.10m，层顶高程-32.51~4.24m。

⑧₄微风化花岗岩：岩石实测单轴饱和抗压强度值25.00~66.30MPa，平均值为40.39MPa，较软岩~坚硬岩，主要为较硬岩，实测岩体完整性指数平均值为0.74，岩体较完整，岩体基本质量等级为Ⅲ级。层顶埋深1.50~31.20m，层顶高程-26.68~8.67m。

主要土层关键物理力学指标设计参数见表12-1。

岩土物理力学指标设计参数   表12-1

地层编号	土层名称	天然重度 (kN/m³)	黏聚力(kPa)		内摩擦角(°)		承载力 (kPa)	渗透系数 (m/d)
			快剪	固快	快剪	固快		
①₁	素填土	17.9	10.0	—	8.0	—	—	0.5
②₁	淤泥	16.2	9.0	—	2.0	7.5	30	0.001
②₂	淤泥质黏土	17.1	10.0	—	2.3	9.0	55	0.001
②₃	含有机质砂	19.0	5.0	—	20.0	—	100	2
③₄	粉质黏土	18.5	18.0	—	15.0	20.0	170	0
③₅	粉砂	20.7	—	—	22.0	—	130	3
③₆	细砂	19.5	—	—	24.0	—	150	5
③₇	中砂	19.6	—	—	25.0	—	160	7
③₈	粗砂	19.8	—	—	28.0	—	200	9
③₉	砾砂	20.0	—	—	30.0	—	220	15
③₁₀	圆砾土	21.0	—	—	32.0	—	250	40
③₁₁	卵石土	22.5	—	—	38.0	—	500	80
⑦₂	砂质黏性土	17.9	23.0	—	21.0	23.0	200	1
⑦₃	砾质黏性土	18.5	22.0	—	24.0	25.5	220	1
⑧₁	全风化花岗岩	18.8	24.0	—	25.0	26.0	350	0
⑧₂₋₁	砂土状强风化花岗岩	18.9	25.0	—	27.0	28.0	500	1
⑧₂₋₂	碎块状强风化花岗岩	22.0	40.0	—	35.0	—	800	1
⑧₃	中等风化花岗岩	25.2	—	—	—	—	1800	1

12.2.2 特殊土与不良地质分析

1. 不良地质作用

根据区域地质资料、现场调绘及本次勘察钻孔揭露资料，本场地范围内土岩层基本稳定，未揭露到采空区、岩溶、地裂缝、地面沉降等不良地质作用。建设场地附近滑坡、崩塌、泥石流、地面塌陷、地裂缝、地面沉降等地质灾害不发育。场地范围内揭露到淤泥和淤泥质黏性土，软土层中可能存在有害气体（主要有CO、NO、SO₂、H₂S、CH₄等），浓度超标的有害气体会对人的身体健康造成危害。场地内不连续分布有砂层，根据《城市轨道交通结构抗震设计规范》GB 50909—2014第四系全新统海陆交互沉积含淤泥质砂层判别为地震可液化砂土层，液化程度为轻微，该层呈透镜体状分布于基坑的边墙和底部，对工程的影响较大，建议采取适当措施对其进行处理。

2. 特殊性岩土

（1）填土

本场地普遍分布人工填土，场地回填土成分复杂，土质不均，主要成分为黏性土和砂，大部为花岗岩残积土回填而成。受填筑时间和填筑厚度的影响，平面上不同位置、不同深度处的填土受到的压实程度均不一样。填土在成槽（成孔）过程中易坍塌，所以会对基坑工程的地连墙（灌注桩）的施工造成一定的影响。

（2）软土

本场地揭露到大厚度的第四系全新统海陆交互相软土层，主要有淤泥和淤泥质黏性土层，软土层具有孔隙比大、自稳能力差等特点，在灌注桩或地连墙成孔成槽过程中容易缩孔和坍塌，施工过程中应做好护壁工作。施工过程中若地下水位下降过多则会引起较大的固结沉降，基底以下的软土层应进行加固处理。

（3）风化岩与残积土

残积土以硬塑为主，局部为可塑；全风化岩呈坚硬土状；强风化岩呈密实砂土夹少量碎石状或角砾土状，软硬不均。残积土与全强风化层具有不均匀性、各向异性、结构性强的特点；在天然状态下，压缩性低、承载力高、抗剪强度大，但遇水浸泡时易软化、崩解、强度降低、自稳性差。由于花岗岩残积层均匀性较差，强度不一，接近地表的残积土受水的淋滤作用，形成网纹结构，土质较坚硬，而其下强度较低，再下由于风化程度减弱强度逐渐增加。全、强风化岩与中等风化岩接触面具有上下、左右软硬不均的特点。

12.3　水文地质概况

1. 地表水

本场地内地表水稍发育，原有的地表河流（皇岗河、福田河）已改造成箱涵，在场地南侧靠近广深高速附近处有一大致东西流向的水沟，水沟宽为2~3m。场地南侧约350m处为深圳河。

2. 地下水类型及补给与排泄

根据其赋存介质的类型，沿线地下水主要有两种类型：一种是第四系地层中的孔隙潜水，主要赋存于海陆交互沉积、冲洪积砂层、卵石土层和残积砾（砂）质黏性土层中；另一种为基岩裂隙水，主要赋存于块状强风化、中等风化带中，略具承压性。

（1）第四系地层孔隙潜水

孔隙水主要分布在填土层、冲洪积砂层、圆砾土、卵石土层中。由于场地内广泛分布的大厚度的软土层为相对隔水层，场地内的地下水可划分为两层：第一层为潜水（上层滞水），赋存于填土层中，与地表水有水力联系，主要由大气降水和地表水补给，排泄主要表现为大气蒸发和向场地南侧的深圳河径流排泄；第二层为承压水，主要赋存于第四系冲洪积砂层、圆砾土和卵石土层，为主要含水层、透水层，该层主要由水平径流补给，排泄主要表现为向场地南侧的深圳河径流排泄，水量较丰富，与附近的深圳河存在一定水力联系（水质分析结果显示为咸水）。

（2）基岩裂隙水

基岩裂隙水广泛分布于花岗岩块状强风化~中等风化带裂隙中，透水性和富水性因基岩裂隙发育程度、贯通度以及与地表水源的连通性等情况而变化，稳定水位一般高于含水层顶面，略具承压性，主要由上层含水层垂直补给和地下径流补给，主要通过水平径流排泄。

根据地温测试结果显示勘察期间地下水水温为25.87~31.88℃。勘察期间测得地下稳定水位埋深0.90~4.60m，高程−1.07~3.44m。根据地区经验地下水位的年平均变化幅度为0.5~2.0m。

本场地在MJZ3-TCC-09、MJZ3-TCC-57共2个钻孔抽水试验过程进行了地下水位分层量测，测得MJZ3-TCC-09初见水位埋深为3.4m（高程0.59m），混合水静止水位埋深为3.30m（高程0.69m），卵石土层静止水位埋深为3.10m（高程0.89m），强、中等风化基岩静止水位埋深为3.30m（高程0.69m）；MJZ3-TCC-57初见水位埋深为3.5m（高程−0.15m），混合水静止水位埋深为3.80m（−0.45m），强、中等风化基岩静止水位埋深为1.60m（高程1.75m）。

3. 水土腐蚀性评价

本次详勘在水沟采取地表水1组，于钻孔MJZ3-TCC-09、MJZ3-TCC-57号共采取3件地下水进行室内水质分析，在MJZ3-TCC-25、MJZ3-TCC-28和MJZ3-TCC-34各采取1组地下水位以上的土样进行土的易溶盐分析。

（1）水腐蚀性评价

根据室内水质分析结果，按《岩土工程勘察规范》（2009年版）GB 50021—2001进行综合判定时，环境类型按Ⅱ类考虑，按地层渗透性判定时按A类考虑。地表水对混凝土结构的腐蚀性为微，对混凝土结构中钢筋的腐蚀性在干湿交替条件下为弱，在长期浸水条件下为微。地下水对混凝土结构的腐蚀性为中等，对混凝土结构中钢筋的腐蚀性在干湿交替条件下为强，在长期浸水条件下为弱。

（2）土的腐蚀性评价

根据土的易溶盐分析结果，按《岩土工程勘察规范》（2009年版）GB 50021—2001进行判定时，环境类型按Ⅱ类考虑，采取的地表水位以上土均为可塑~硬塑黏性土，按地层渗透性判定时按弱透水层考虑，对混凝土中钢筋腐蚀性判定按B类考虑。

4. 渗透系数建议值

沿线地层自上而下为人工填土，海陆交互沉积及冲洪积黏性土、砂层及卵石土层，残积层，基岩全风化层、强风化层、中等风化及微风化岩层。推荐渗透系数K值主要参照了抽水试验结果及地区既有的基坑设计经验值，富水性及透水性类别主要参照《城市轨道交通岩土工程勘察规范》GB 50307—2012，其中渗透系数建议值用于施工降水。

12.4 围护结构类型与结构设计

12.4.1 基坑围护结构类型

基坑采用明挖顺筑法施工，标准段基坑宽度50.75m，深21.7m，主体围护结构主要选用1200mm地下连续墙，地下连续墙不兼作地下室外墙。

经计算分析和工程类比，考虑场地范围内淤泥层厚度为4~17m，结合主体结构形式，竖向设置三道钢筋混凝土桁架支撑，停车场东北侧废水泵房范围竖向增加一道道钢筋混凝土支撑。

地下连续墙的嵌固深度根据软件计算结果确定，若计算结果深度范围内地下连续墙进入Ws强风化地层，则需地下连续墙深入W3强风化地层深度等于4.5m即可；若计算结果深度范围内地下连续墙进入W2中风化地层，则满足地下连续墙深入W2中风化地层深度大于2.5m即可。

12.4.2　工程材料

1. 混凝土

（1）地下连续墙：采用C45钢筋混凝土，水下灌注，抗渗等级>P6。

（2）导墙：C20钢筋混凝土。

（3）C45混凝土最大水胶比0.40，最大氯离子含量0.06%，最大碱含量3.0kg/m³。

根据深圳市相关规定，工程中需使用预拌混凝土和预拌砂浆，施工单位应当按照有关规定，对预拌混凝土和预拌砂浆进行进场验收和有见证取样送检，满足质量要求后方可使用。

2. 钢筋

采用HPB300级、HRB400级钢筋，材质必须符合现行国家标准和行业标准的规定。

3. 旋喷桩

旋喷桩采用42.5级普通硅酸盐水泥，水泥浆液的水灰比1.0~1.5，高压水泥浆射流的压力宜大于20MPa，气流压力宜取0.7MPa，提升速度可取0.1~0.25m/min，要求加固后土体的28d无侧限抗压强度$q_{u28}=1.0$MPa，渗透系数$k<10^{-6}$cm/s。

4. 搅拌桩

（1）水泥搅拌桩固化剂选用42.5级的普通硅酸盐水泥，水泥掺入量暂定为20%，水泥掺入量及外掺剂根据室内配比试验和现场试验最终选定。

（2）采用湿法施工，水泥浆水灰比选用0.50~0.60。

（3）加固后土体的28d无侧限抗压强度$q_{u28}=1.0$MPa，渗透系数$k \leqslant 10^{-6}$cm/s。

5. 接驳器

采用Ⅰ级等强直螺纹接驳器，产品质量应得到深圳市有关主管部门检验认可，并符合有关技术规程的规定，使用前应经现场试验合格后再使用。

6. 其他

（1）地下连续墙墙幅接头：采用工字钢，Q235钢。

（2）用电弧焊焊接Q235钢和HPB300级钢筋采用E43型焊条，焊接Q345钢和HRB400级钢筋采用E50焊条；钢筋与预埋件穿孔塞焊采用E55-XX系列焊条。

（3）钢管撑：ϕ609mm，Q235钢，$t=16$mm。

（4）螺栓：M24，M20。

12.4.3　围护结构设计

（1）地下连续墙厚1200mm，钢筋保护层厚度为70mm，墙幅宽度考虑机具设备、施工工艺及相邻建筑物与其的距离，基本墙幅采用6.0m。曲线段地下连续墙分幅设计如

图12-4所示。

（2）地下连续墙主筋必须锚入冠梁内，锚固长度应满足有关规范要求。

（3）地下连续墙接头采用工字钢。

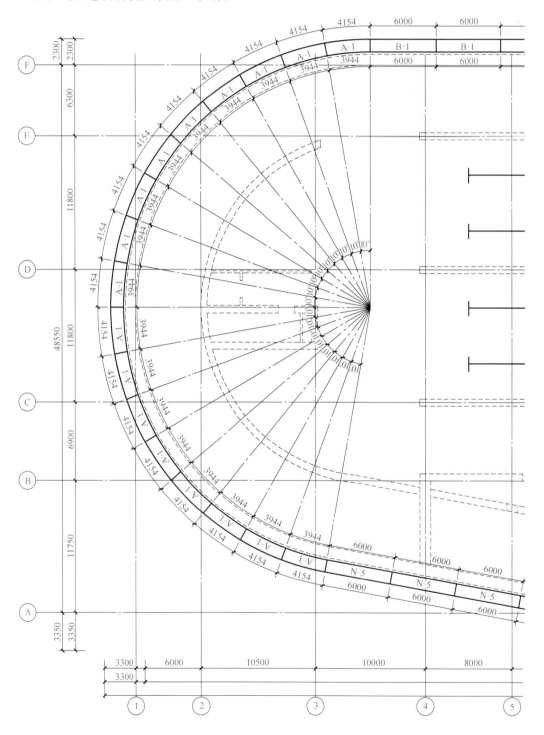

图12-4　曲线段地下连续墙分幅平面图（单位：mm）

12.5　工程重难点分析

既有建筑物保护要求高：深圳地铁10号线益田停车场所在施工区域位于深圳市核心地段内，施工场区内包括广深高速公路、城市道路、中高层居民住宅、初中小学、变电站、立交桥与车行隧道等重要建筑（构）物，这些既有建筑（构）物稳定性与施工期间环境保护要求极高。

工程建设风险大：深圳地铁10号线益田停车场施工建设均为大跨度明挖施工，并且深基坑断面形式复杂多变，施工难度和风险伴随深基坑开挖深度和断面形式的改变呈几何倍数增长。

地层极其软弱：深圳地铁10号线益田停车场所在区域地层上部多为松软土层，中部多为淤泥质黏土地层，下部为残积土或风化岩石地层，这是典型的临海城市地层。随着大跨度深基坑开挖，上部、中部地层极易出现失稳破坏，而下部地层较难开展施工作业。

施工技术难度极高：地层地质的适应性和施工环境的特殊性，决定了需要对大跨度深基坑施工中的地下连续墙施工、淤泥质黏土地层处理、支护结构、周边建筑变形控制等进行创新性改造和全新的设计，技术难度极高。

科学研究领域新：全新的工程施工领域，相关工艺技术的突破将对地下空间开发、深基坑施工领域的进一步拓展带来深远影响。

12.6　关键施工技术问题

12.6.1　地下连续墙施工

（1）地下连续墙的垂直施工误差不得大于3%，在施工放线时，必须考虑地下墙垂直施工误差、水平施工误差以及地下连续墙允许的最大水平位移进行外放，以确保建筑限界、内净空尺寸和结构内衬墙的厚度要求。

（2）钢筋笼施工时必须按照设计要求配筋，纵向筋与横向筋之间的钢筋连接除四周两道钢筋的交点需全部点焊外，其余可采用50%交叉点焊。成型用的临时扎结铁丝焊后应全部拆除。

（3）地下连续墙幅间采用工字钢接头。为确保地下连续墙主筋净保护层厚度及钢筋笼垂直度，在钢筋笼上与土体接触的两侧主筋上焊接钢制垫块；钢筋笼吊装时为保证整体刚度需增加的加强措施，现场可依具体情况增补。

（4）考虑到水下灌注混凝土的质量，泥浆中浇筑的混凝土，应采取有效措施，保证墙身混凝土达到设计的强度要求，并采用高效减水剂和优质粉煤灰"双掺"技术的商品混凝土。

（5）每幅墙从底到顶应连续浇筑，不得间断，混凝土灌注过程中导管应始终埋在混凝土中，严格控制导管不能提出混凝土面。混凝土应浇筑密实，防止出现蜂窝麻面现象。

（6）挖槽结束后应将槽底的沉渣等杂物清理干净，槽底清理和置换泥浆结束1小时后，槽底500mm高度以内的泥浆比重不得大于1.15，沉渣厚度不得大于100mm。

（7）钢筋笼在起吊、运输和吊放时应周密地制订施工方案，不允许在此过程中产生不能恢复的变形。

（8）地下连续墙施工应执行相应的施工规程，应符合现行国家标准《地下铁道工程施工质量验收标准》（GB/T 50299—2018）等规范规程的有关规定。

（9）冠梁施工前，应将地下连续墙墙顶的疏松混凝土凿除清理干净，墙顶以上露出的钢筋长度应达到设计要求，保证冠梁与地下连续墙连接牢固。

（10）在地下连续墙接头工字钢的两侧预埋注浆管，在地下连续墙达到设计强度后，对墙间接头位置进行注浆，以改善地下连续墙接头处的止水性能。

（11）钢筋笼宜整体吊装，钢筋笼吊放应严格保证预埋件高程，钢筋笼入槽后至浇筑混凝土时总停置时间不应超过4h。

（12）新拌制的泥浆应储放24h后方可使用。

（13）在地下连续墙钢筋笼上有预埋钢筋、接驳器等预埋件处应采用聚乙烯泡沫板覆盖预埋件，以方便施工时接驳器的连接。

（14）地下连续墙应采取抽芯试验和超声波检验方法进行墙体混凝土强度、墙底沉渣厚度、墙底岩土层性状和墙身完整性检测。当地下连续墙作为永久性结构，抽芯试验不少于15%且不少于10个槽段，每个槽段不少于3个孔，超声波检验30%，每个槽段不少于5个孔；当地下连续墙作为临时性结构，抽芯试验不少于5%且不少于3个槽段，每个槽段不少于3个孔，超声波检验不少于10%，且不少于3个槽段，每个槽段不少于5个孔。

12.6.2 旋喷桩施工

（1）旋喷桩施工前进行场地平整，挖好排浆沟，做好钻机定位，采用双管旋喷。要求钻机安放保持水平，钻杆保持垂直，其倾斜度不得大于0.5%。

（2）旋喷桩施工参数应根据土质条件、加固要求通过试验或根据工程经验确定，并在施工中严格加以控制。

（3）旋喷桩浆液材料采用42.5级普通硅酸盐水泥，水灰比取1.0，注浆后要求注浆固结体的无侧限抗压强度$q_{u28} \geqslant 1.0$MPa，渗透系数$k \leqslant 10^{-6}$cm/s。

（4）旋喷桩施工时喷射孔与高压注浆泵的距离不宜大于50m，钻孔的位置与设计位置的偏差不得大于50mm。

（5）旋喷桩施工时喷射管分段提升的搭接长度不得小于100mm，喷射注浆完毕应迅速拔出喷射管，为防止浆液凝固收缩影响桩顶高程，必要时可在原孔位采用冒浆回灌或第二次注浆等措施。

12.6.3 搅拌桩施工

（1）水泥搅拌桩固化剂选用42.5级的普通硅酸盐水泥，水泥掺入量暂定为20%，水泥掺入量及外掺剂根据室内配比试验和现场试验最终选定。

（2）采用湿法施工，水泥浆水灰比选用0.50~0.60。

（3）加固后土体的28d无侧限抗压强度$q_{u28} \geqslant 1.0$MPa，渗透系数$k \leqslant 10^{-6}$cm/s。

（4）施工时应保持搅拌桩机底盘和导向架的垂直，搅拌桩的垂直偏差不得超过1%，桩位偏差不得大于50mm，桩径偏差不宜大于4%，相邻桩施工间隔时间不宜超过2h，桩长不得小于设计值。

（5）搅拌桩施工采用四喷四搅施工工艺。

（6）其他未尽事宜参见《建筑地基处理技术规范》JGJ 79—2012中有关水泥土搅拌法有关要求。

12.7 基坑开挖及支护技术

12.7.1 基坑开挖施工关键技术

益田停车场土方根据现有地面及三层支撑分为4层进行开挖。

1. 地表土方开挖（第一层土方）

根据现有场坪情况，停车场地表为主要为人工素填土，场地南侧标高约3m，北侧标高约4.3m。停车场第一层土方应结合桁架支撑进行穿插作业，桁架混凝土支撑开始前，根据混凝土支撑施工范围进行放坡开挖，地表素填土开挖按1：1放坡，支撑施工范围外土方暂不挖除。

因3号隧道影响，A区3号隧道处第一层支撑下降3m，支撑底标高为-1.5m，停车场其余部分第一层支撑底标高为1.5m，本层土方开挖层底标高均以第一层支撑底标高作为控制值，并考虑混凝土支撑施工预拱度留取5~10cm厚土方。待支撑施工范围土方开挖至预定高程后，立刻施作混凝土桁架支撑。桁架混凝土支撑施工完毕，且强度达到设计要求强度的80%，进行支撑间土方开挖。

本层土方开挖采用液压反铲挖掘机开挖并直接装车外运。停车场第一层土方开挖及第一层支撑应穿插进行，结合考虑。因前期制约因素影响，停车场北侧工作面打开较晚，因此第一层土方开挖及支护应根据北侧围护结构施工分南、北段分别施工。

南段施工时，因结构范围中部泥浆池、钢筋笼加工场地为北侧地下连续墙施工服务，因此仅破除南侧结构范围内临时道路，进行混凝土支撑范围土方开挖。开挖采用直接挖装方式进行，采用反铲挖掘机拉槽开挖，直接装车外运。

南侧拉槽开挖完成后，施工南侧沿基坑短边方向桁架混凝土支撑。待北侧地下连续墙施工完成后，破除结构范围中部所有临建设施，进行北侧沿所有桁架支撑施工，开挖采用直接挖装方式进行，采用反铲挖掘机拉槽开挖，直接装车外运。其他分区表层土方及支撑施工组织原则与B区类似，支撑南北侧分段可根据现场实际情况确定，以满足具备条件即开展施工为原则，分区域、分段组织施工。

南侧分段支撑施工完成后，可根据北侧施工围护结构施工情况适时进行支撑间土方开挖，因标准桁架支撑无路面结构，应在每道桁架支撑表面回填覆土，回填标高2.7m，回填覆土时必须完全覆盖第一层混凝土支撑，平整后作为反铲挖掘机工作平台及土方运输通道。跨基坑通道桁架支撑路面结构无需覆土，支撑间土方开挖仅作为开挖补充措施，开挖深度不宜过深，以不超过第一层支撑底为原则进行。

2. 第一层支撑~第二层支撑间土方开挖

停车场各道混凝土桁架支撑水平横向间距为13m，水平纵向间距为13m，因支撑间空间较小，第二层土方开挖时泥头车无法通过支撑间空间直接进入基坑，因此停车场第一层支撑以下土方不考虑泥头车进入基坑,不设置下基坑道路。

第二层土方开挖需待第一层冠梁及第一道混凝土支撑完成并达到设计强度的80%后进行,利用跨基坑通道及第一层支撑覆土形成的工作平台,选用PC220等垂直开挖深度达4m以上的大型挖掘机向支撑间掏土,并直接装车外运。

待支撑间下层土方开挖完毕后,原第一层支撑覆土平台上配置的挖掘机撤除,由跨基坑通道两侧位置已开挖形成的空间垫路进入基坑,并由跨基坑通道处沿停车场基坑长边向相邻跨基坑通道方向开挖,即每个跨基坑通道两侧各设置一个开挖工作面,由相邻两个跨基坑通道处向中间开挖。开挖出的土方向后翻运集中堆放,由跨基坑通道上设置的反铲挖掘机掏出基坑并装车外运。

停车场第二层支撑底标高为-6.15m,本层土方开挖层底标高均以第二层支撑底标高作为控制值,并考虑混凝土支撑施工预拱度留取5~10cm厚土方。待支撑施工范围土方开挖至预定高程后,立刻施作第二层混凝土桁架支撑。桁架混凝土支撑施工完毕后,且强度达到设计要求强度的80%,进行下层土方开挖。

根据地质勘查资料,本层土方层中大部分进入淤泥质黏土地层,软土层层顶平均在第一层混凝土支撑以下3~4m左右,开挖至软土层时,为防止软塑状土方沿基坑长边方向滑移,土方开挖时应合理设置开挖坡度,坡度应根据软土开挖试验确定,且不宜大于1:2.5,并通过加强降水井抽排频率、基坑内设置排水明沟、集水井等措施,尽最大可能降低软土层含水率,减少滑移可能;开挖设备进入基坑后,应利用每个跨基坑通道设置出土装料平台,减少单个开挖面开挖距离;为确保反铲挖掘机安全作业,沿基坑长边方向设置两个长条状孤岛式开挖平台,首先放缓坡挖掘两侧土方,坡比按1:3取值,平台上挖掘机站立处铺垫废旧轮胎或路基箱,作业时将土方向后翻运接力至跨基坑通道下装料平台,由反铲挖掘机掏出基坑。

本层土方开挖采用机械开挖,在每个跨基坑通道上设置液压反铲挖掘机2台,基坑内每个开挖面配置4台反铲挖掘机挖土、倒土,并由跨基坑通道上的伸缩臂抓斗将土方提出基坑。

根据经验,淤泥容许承载力约为40~60kPa,极限承载力不大于100kPa,挖掘机进入软土层区域后,如对淤泥土层扰动,可能下陷影响设备操作,在考虑绝对安全的情况下,拟按25kPa承载力进行验算。

3. 第二层支撑~第三层支撑间土方开挖

第三层土方开挖需待腰梁及第二层混凝土支撑完成并达到设计强度80%后进行,此层土方开挖深度较深,达到5~13m,拟采用反铲挖掘机及液压伸缩臂抓斗出土,利用跨基坑通道作为出土装料工作平台。

停车场第三层支撑底标高为-12.65m,本层土方开挖层底标高均以第三层支撑底标高作为控制值,并考虑混凝土支撑施工预拱度留取5~10cm厚土方。待支撑施工范围土方开挖至预定高程后,立刻施作第三层混凝土桁架支撑。桁架混凝土支撑施工完毕后,且强度达到设计要求强度的80%,进行下层土方开挖。

本层土方开挖采用机械开挖,在每个跨基坑通道上设置液压反铲挖掘机2台,基坑内每个开挖面配置4台反铲挖掘机挖土、倒土,并由跨基坑通道上的伸缩臂抓斗将土方提出基坑。

4. 第三层支撑~基底间土方开挖

第四层土方开挖需待第二层腰梁及第三层混凝土支撑完成并达到设计强度的80%后进行，此层土方开挖深度较深，达到15~21m，采用液压伸缩臂抓斗方式进行出土，利用跨基坑通道作为提土装料工作平台，本层土方开挖布置与第三层土方开挖相同。

停车场基底标高为−17.5/−18.6m，本层土方开挖层底标高均以基底标高作为控制值，开挖时应注意，无须进行基底换填部位基底应留取30cm作为保护层，采用人工开挖方式挖除，以防止对基坑基底的扰动，需进行随时换填部位可直接机械挖除。

本层土方开挖采用机械开挖，在每个跨基坑通道上设置液压伸缩臂抓斗2台，基坑内每个开挖面配置4台反铲挖掘机挖土向后倒运，并由跨基坑通道上的伸缩臂抓斗将土方提出基坑。停车场西端头小部分进入全风化/强风化花岗岩地层，开挖时配置2台炮机配合。单个分区开挖完成后，由履带起重机将基坑内设备吊出基坑。

12.7.2　搅拌桩施工关键技术

依托工程地层中含有大量的淤泥质黏性土，为防止成槽过程中槽壁发生坍塌，在围护结构地下连续墙成槽处内外侧各设置两排ϕ600mm的三轴搅拌桩，以保证成槽安全；地基为淤泥质黏性土的区域，亦进行搅拌桩基底加固，加固深度至淤泥质黏性土以下2m。搅拌桩采用四喷四搅施工工艺。

1. 平整场地、放线定位

因搅拌桩机重量大，要求施工场地桩机经过的范围土层硬度较高，搅拌桩施工前对施工场地进行平整，并清除场地中地表障碍物及换填软弱稀松的土层。场地平整后按图纸放线定桩位。

2. 成桩

水泥搅拌桩（图12-5）先进行引孔施工，然后在已引孔的桩位处定位机械，双向垂直度控制对中，使钻头对准引孔桩心位置，调整机身，使设备保持水平，搅拌轴呈垂直状

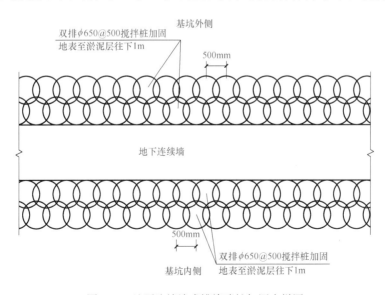

图 12-5　地下连续墙成槽旋喷桩加固大样图

态，再进行搅拌桩施工。水泥搅拌桩采用四喷四搅工艺。

12.7.3 成槽施工关键技术

地下连续墙施工的关键流程是成槽，其关键点是沟槽开挖、沟槽清理、垂直度控制与施工管理等。成槽施工流程如图12-6所示。

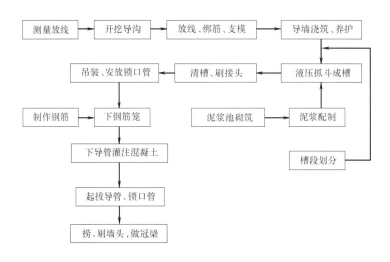

图 12-6 成槽施工流程图

1. 成槽施工技术

挖沟槽测量放样后，用0.4m³的反铲挖土机根据放样位置进行沟槽开挖作业，挖土标高及槽壁由人工修整控制。槽壁两侧1：1.5放坡，沟槽基底相对于导墙底超挖10cm，用于填筑垫层混凝土，沟槽开挖后在槽底设置排水沟，配备水泵排除积水。导墙必须筑于坚实的土面上，不得以杂填土为地基。若遇建筑物拆除后回填的松土，应挖除，然后用三合土分批回填分层夯实。成槽顺序采用跳槽法，隔一挖一。用槽壁机进行挖槽，槽壁机上有垂直显示装置，当偏差大于1/300时，则进行纠偏工作。围护结构西端头为圆弧状，成槽机无法将圆弧槽段内土体全部抓出，拟配备2台旋挖钻进行成槽施工。

先用φ1200mm旋挖钻冲槽，边钻边加强返浆，成孔后用方锤修整孔壁，使其成为符合设计要求的槽段。钻孔过程如遇孤石，改用冲击钻成孔。成槽至标高后，连接幅、闭合幅应先刷壁，采用与工字钢外形匹配的刷壁器进行接头清刷，刷壁器在提升过程中钢丝绳略倾斜，清刷过程中对刷头采用清水清洗，上下来回清刷接头，直至刷壁刷头没泥为止。使用挖槽作业的液压抓斗挖除槽底沉渣的同时采用空气反循环进行清底，使底部的泥浆指标、沉渣厚度满足规范要求。

2. 成槽施工要点

（1）制备泥浆

根据材料配合比，在泥浆站内搅拌泥浆，按照1.0~2.0倍槽段体积，搅拌后静置24h左右，在开挖槽前，泥浆放满导墙。

（2）成槽

根据槽段，每段按"跳一挖一"施工。开槽是地下连续墙施工中的关键工序，影响工期和质量，根据地质条件，使用液压抓斗施工。在施工过程中，挖掘机对准导墙中心，通过导向杆，调整抓斗保持垂直，控制挖槽速度。一个基本槽段长度10m左右，通常采用一槽三抓施工，先挖两边然后是中间，异形槽施工也采用此方法。

（3）清槽

挖槽完成后，先沉淀1h，再清理槽底余土和沉渣，叫作一清。如果沉渣和泥浆与设计不符，在浇筑混凝土前，再使用灌注导管清渣，采用正循环方式，流量在100~180m³/h之间。然后测定泥浆密度应小于1.20，含砂率小于5%，黏度小于30s，槽底沉渣厚度小于100mm，叫作二清。

（4）槽的检测和验收

挖槽的精确度是保证质量的关键。根据地下连续墙的特点，施工时需要随时检查并纠正，确保成槽工作顺利进行。

（5）成槽的质量保证措施

防止槽段开挖塌方；用控制泥浆的物理力学指标的方法，来确保土体的稳定；采用井点降水措施，保证土壁稳定；控制瞬时侧压力，适当采取措施以分散大型设备产生的侧压力；槽段加固；保证导墙的强度刚度；保证地下连续墙垂直度。

12.7.4 钢筋笼的加工与吊装施工关键技术

1. 钢筋笼制作

（1）钢筋笼加工平台

平台采用10号槽钢焊接成格栅，平台标高用水准仪校正。为便于钢筋放样布置和绑扎，在平台上根据设计的钢筋间距、插筋、预埋件的设计位置画出控制标记，以保证钢筋笼和各种预埋件的布设精度。钢筋加工机具设备，紧凑布置其间及周边。加工平台应保证台面水平，四个角应成直角，以保证钢筋笼加工时钢筋能准确定位和钢筋笼标准横平竖直，钢筋间距符合规范和设计的要求。标准段和端头井的钢筋笼采用整体制作成型。"L"形、"T"形、"Z"形钢筋笼因加固钢筋、斜撑较多，重量大，吊装困难，通过减小槽段宽度以减小钢筋笼重量。

（2）钢筋笼加工

钢筋笼施工前先制作钢筋笼桁架，桁架在专用模具上加工，以保证每片桁架平直，桁架的高度一致，以确保钢筋笼的厚度。桁架利用钢筋笼的主筋制作，并采用机械连接成一根相同直径的通长钢筋。

钢筋笼在平台上先安放下层水平分布筋再放下层的主筋，下层筋安放好后，再按设计位置安放桁架和上层钢筋，每幅钢筋笼纵向设计5排桁架，横向加强桁架除吊点设置外其他每隔5m设置一道，导管处桁架不布设腹杆。考虑到钢筋笼起吊时的刚度和强度的要求，另每5m在钢筋笼上、下层设置ϕ16mm剪力拉条，在钢筋笼顶部将横向钢筋做成双排。横向桁架加设斜筋。

钢筋笼的钢筋主筋采用机械连接，埋设件焊接采用电焊，除主要结构连接处节点须全部焊接外，其余接头可按50%间隔焊接，焊接搭接长度必须满足单面焊10d，d为较小直径，搭接长度为45d，吊钩与主筋采用双面焊接，长度为5d。每幅预留两个混凝土浇筑的导管通道口，两根导管相距2~3m，导管距两边1~1.5m，每个导管口设8根通长的

ϕ12mm导向筋，以利于混凝土浇筑时导管上下升降。地下连续墙详细配筋如图12-7所示。

为保证保护层厚度，在钢筋笼内外每侧按竖向间距4m设置两列钢垫块，为保证钢筋笼整体刚度，还应设置剪力筋。工字钢与钢筋笼整体焊接，采用双面焊接。为了防止混凝土从钢板跟脚处绕流，工字钢长度满足底部深入槽底20cm。槽段依据工艺分为首开槽、顺槽、封闭槽三种，首开槽为双工字钢；顺槽为单侧加工字钢；封闭槽不加工字钢。为防止绕流，在工字钢两外侧设ϕ30mm的钢筋，两内侧设ϕ50mm的注浆管固定在工字钢板上，均与工字钢板同长，ϕ50mm的注浆管在地下连续墙混凝土浇筑后可以起到弥补接头止水效果的作用。工字钢背混凝土侧采用接头箱，接头箱上焊接角钢，起到防混凝土绕流的作用，挖宽部分夯填碎石、土袋。

（3）钢筋接驳器安装与控制

钢筋接驳器根据设计图纸提供的间距、规格、地下连续墙宽度，计算出每一幅地下连续墙中预埋接驳器的数量、标高、规格。钢筋接驳器安装时基坑内侧面每一层接驳器固定

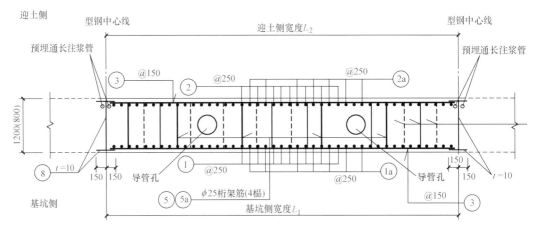

(a)"一"字形地下连续墙单排筋

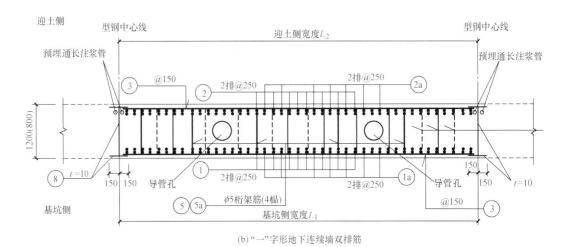

(b)"一"字形地下连续墙双排筋

图12-7 地下连续墙配筋图（一）

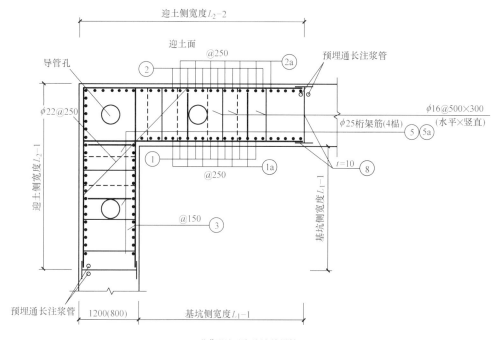

(c)"L"形地下连续墙单排筋

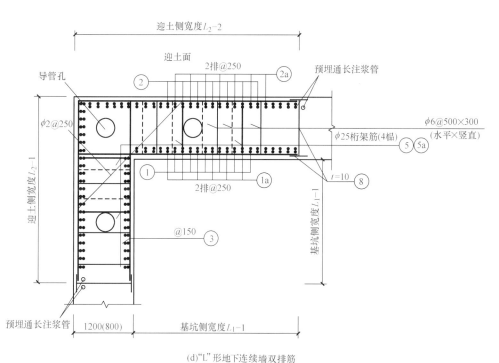

(d)"L"形地下连续墙双排筋

图12-7 地下连续墙配筋图（二）

于一根Φ18或Φ20的钢筋上，对应于钢筋笼顶安装时使接驳器的中心标高与设计的压顶梁钢筋标高相同，确保每层板的接驳器数量、规格、中心标高与设计一致。钢筋接驳器预埋钢筋与地下连续墙外侧水平钢筋点焊固定，焊点不少于2点。导管口部位由于混凝土浇筑时内部有混凝土，无法安装接驳器，施工时将该部分接驳器移至导管口两边，但必须保证每幅墙的钢筋接驳器的数量。

钢筋笼加工结束后，应将钢筋接驳器的盖子拧紧，在钢筋笼下放入槽时，应再次检查盖子是否全部盖好，如有漏盖或未拧紧情况，应立即补上并拧紧。确保结构施工时每一个接驳器均能使用。由于接驳器的安装标高是根据钢筋笼的笼顶标高来控制的，为确保接驳器的标高正确无误，钢筋笼下放时用水准仪跟踪测量钢筋笼的笼顶标高，下放到位后，根据实际情况及时用垫块加以调整，确保预埋接驳器的标高正确无误。钢筋接驳器的外侧用泡沫板加以保护。

（4）钢筋笼质量控制与验收标准

对钢筋笼制成品必须通过"三检"合格并经验收签证后才能吊装入槽，否则不可进行下道工序的施工。钢筋笼外观平直方正，表面洁净无油渍和锈蚀等，在同一截面上的钢筋连接接头不超过50%，对焊接头无裂纹、错位。

2. 钢筋笼吊装技术

钢筋笼制作前应核对单元槽段实际宽度与成型钢筋尺寸，无差异才能上平台制作。对于闭合幅槽段，应提前复测槽段宽度，根据实际宽度调整钢筋笼宽度。钢筋笼必须严格按设计图进行焊接，保证其焊接焊缝长度、焊缝质量。钢筋焊接质量应符合设计要求，吊攀、吊点加强处须满焊，主筋与水平筋采用点焊连接，钢筋笼四周及吊点位置上下1m范围内必须100%点焊，其余位置可采用50%点焊，并严格控制焊接质量。钢筋笼制作后须经过三级检验，符合质量标准要求后方能起吊入槽。根据规范要求，导墙墙顶面平整度为5mm，在钢筋笼吊放前要再次复核导墙上4个支点的标高，精确计算吊筋长度，确保误差在允许范围内。在钢筋笼下放到位后，由于吊点位置与测点不完全一致，吊筋会拉长等，会影响钢筋笼的标高，为确保接驳器的标高，应立即用水准仪测量钢筋笼的笼顶标高，根据实际情况进行调整，将笼顶标高调整至设计标高。钢筋笼吊放入槽时，不允许强行冲击入槽，严禁放反。搁置点槽钢必须根据实测导墙标高焊接。对于异形钢筋笼的起吊，应合理布置吊点的设置，避免扰动的产生，并在过程中加强焊接质量的检查，避免遗漏焊点。当钢筋笼吊离平台后，应停止起吊，注意观察是否有异常现象发生，若有则可立即予以电焊加固。

钢筋笼起吊采用两台履带起重机一次性整体起吊入槽。地下连续墙钢筋笼起吊时两台吊机同时平行起吊，然后起主吊，放副吊，直至钢筋笼吊竖直。吊点设于桁架筋上，施工时根据每种墙型及其重量以及吊装等情况确定吊点位置，以保证钢筋笼在起吊过程中的变形控制在允许的范围内。钢筋笼下放到位后，用特制的钢扁担搁置在导墙上，并通过控制笼顶标高来确保钢筋接驳器和预埋件的位置准确。

在安装过程中，还必须加强钢筋笼的变形控制。由于钢筋笼是一个刚度极差的庞然大物，钢筋笼长度较大，起吊时极易变形散架，发生安全事故，为此采取以下加强技术措施：钢筋笼纵、横向钢筋交叉点处，采用点焊成网，以保证钢筋笼的刚度，防止钢筋笼变形过大。将钢筋笼纵、横桁架作为起吊桁架，吊点设在纵、横桁架交点处，并对吊点处横向桁架加设斜筋，使钢筋笼起吊时有足够的刚度，防止钢筋笼产生不可复原变形。对于拐角幅钢筋笼，除设置纵、横向起吊桁架和吊点之外，另要增设"人字"桁架和斜拉杆进行加强，以防钢筋笼在空中翻转时发生变形。为保证安全，各道主吊和副吊吊点使用

$\phi 42mm$ 圆钢与起吊桁架单面满焊。

起吊指挥应是技术熟练、懂得起重机械性能并经培训合格的人员。指挥时应站在能够照顾到全面工作的地点，所发信号应事先统一，并做到准确洪亮和清楚。吊运装作业人员必须精力集中，作业中不准吸烟、打闹等，随时注意起重机的旋转、行走和重物状况。吊装作业人员在工作或起吊动作结束前，不准擅自离开作业岗位。旗语、手势信号明显、准确，音响信号清晰，上、下信号密切配合，下信号服从上信号指挥。信号指挥站位得当，指挥动作要使起重机司机容易看到，上、下信号容易联系，始终能清楚观察到起吊、吊运、就位的全过程。信号指挥站位要利于保护自身的安全，不能站在易受碰撞、难躲避的墙顶等危险部位。起吊离地 20~30cm，应停钩检查。吊物悬空后出现异常，指挥人员要迅速判断，紧急通告危险人员迅速撤离。指挥吊物慢慢下落，排除险情后才可再起吊。吊运中突然停电或发生机械故障，重物不准长时间悬空，要将重物缓慢落到适当稳定位置并垫好。严禁吊物从人的头顶上越过。吊钩上升时，吊钩上升的极限高度应与吊臂顶点至少保持 2m 的距离。起重机行走时，应注意观察并及时排除道路上的人或障碍物。

12.7.5 水下混凝土灌注施工关键技术

混凝土配合比应按流态混凝土设计，设计强度为 C40，抗渗等级 P8，混凝土坍落度以 20±2cm 为宜。

采用混凝土浇筑机架进行地下连续墙的混凝土浇筑，机架跨在导墙上沿轨道行驶。按规定安装混凝土导管，导管采用法兰盘连接式导管，导管连接处用橡胶垫圈密封防水。导管在第一次使用前，在地面先做水密承压试验。导管内应放置保证混凝土与泥浆隔离的管塞。其底部应与槽底相距 300~500mm，导管上口接方形漏斗。混凝土初灌量应经过试验。首批混凝土数量应满足导管首次埋置深度和填充导管底部的需要。

应在钢筋笼入槽后 4h 内开始浇灌混凝土，浇灌前先检查槽深，判断沉渣是否过厚、有无坍孔，并计算所需混凝土方量。混凝土开始浇筑时，先在导管内放置隔水球，以便混凝土浇筑时能将管内泥浆从管底排出。混凝土浇灌采用混凝土车直接浇筑的方法，初灌时保证每根导管有 6 方混凝土的备用量。混凝土浇筑中要保持混凝土连续均匀下料，混凝土面上升速度不低于 2m/h，导管埋置深度控制在 2~6m，在浇筑过程中随时观察、测量混凝土面标高和导管的埋深，严防将导管口提出混凝土面。同时通过测量掌握混凝土面上升情况，推算有无坍方现象。因故中断浇筑时间不得超过 30min。

两根混凝土导管进行混凝土浇灌时，应注意浇灌的同步进行，保持混凝土面呈水平状态上升，其混凝土面高差不得大于 500mm。以防止因混凝土面高差过大而产生夹层现象。在浇筑过程中，导管不能做横向运动，导管横向运动会把沉渣和泥浆混入混凝土内。混凝土浇筑时严防混凝土从漏斗溢出流入槽内污染泥浆，否则会使泥浆质量恶化，反过来又会给混凝土的浇筑带来不良影响。在混凝土顶面存在一层浮浆层，需要凿去，因此混凝土浇筑面应高出设计标高 30~50cm。对混凝土浇筑过程做好详细记录。

每幅地下连续墙混凝土到场后先检查混凝土原材质保单、混凝土配比单等资料是否齐备，并做坍落度试验，检查合格后方可进行混凝土的灌注。混凝土浇筑时在前、中、后应做三次坍落度试验，并做好试块。每浇筑 100m³ 混凝土做一组试块，不到 100m³ 混凝土按 100m³ 做一组，并另做一组抗渗试块。每幅墙的混凝土应按规范要求做试块取样，做混凝土的抗压、抗渗试验。所做试块放入恒温池养护，7d后送试验站标养池中养护，到龄期后做抗压、抗渗试验。

12.7.6　深基坑支护体系施工关键技术

1. 基坑支护结构的设计原则与方法

基坑支护结构设计的原则为：安全可靠；经济合理；便于施工。

根据现行行业标准《建筑基坑支护技术规程》JGJ 120—2012，基坑支护结构应采用分项系数表示的极限状态设计表达式进行设计。

基坑支护结构的极限状态，分为承载能力极限状态和正常使用极限状态两类。承载能力极限状态对应于支护结构达到最人承载能力或土体失稳、过人变形，导致支护结构或基坑周围环境破坏；正常使用极限状态对应于支护结构的变形已经妨碍地下结构施工或影响基坑周边环境的正常使用功能。

基坑支护结构均应进行承载力极限状态的计算，计算内容包括：①根据基坑支护形式及其受力特点进行土体稳定性计算；②基坑支护结构的受压、受弯、受剪承载力计算；③当有锚杆和支撑时，应对其进行承载力计算和稳定性验算。对于安全等级为一级和对支护结构变形有限定的二级建筑基坑侧壁，尚应对基坑周边环境及支护结构变形进行验算。

2. 支撑体系的选型

当基坑深度较大时需增设支撑系统。支撑系统分两类：基坑内支撑和基坑外拉锚。基坑外拉锚又分为顶部拉锚与土层锚杆拉锚，前者用于不太深的基坑，多为钢板桩，在基坑顶部将钢板桩挡墙用钢筋或钢丝绳等拉结锚固在一定距离之外的锚桩上。土层锚杆锚固多用于较深的基坑。目前支护结构的内支撑常用的有钢结构支撑和钢筋混凝土结构支撑两类。钢结构支撑多用圆钢管和H型钢。为减少挡墙的变形，用钢结构支撑时可用液压千斤顶施加预顶力。

3. 冠梁、腰梁及支撑施工技术

停车场竖向共设置三道混凝土桁架支撑，支撑与地下连续墙连接处设置冠梁（兼抗浮压梁）及腰梁，冠梁兼抗浮压梁尺寸为2300mm×1000mm，腰梁尺寸为1100mm×1300mm，混凝土支撑下部设置临时立柱，采用钢格构柱，通过钢筋混凝土连系梁连接。三层支撑均为桁架式对撑，其中第一层支撑中心高程2m，主撑截面尺寸为1m×1m，斜撑截面尺寸为0.5m×1m；第二层及第三层支撑中心高程分别为−5.5m及−12m，主撑截面尺寸均为1m×1.3m，斜撑尺寸截面均为0.5m×1.3m。整个停车场水平纵向共设置31道混凝土桁架对撑，单道支撑标准宽度为8m，并在每隔100m左右距离将2道支撑合并为1组，单组标准宽度15m，并在支撑上浇筑50cm混凝土路面，作为横跨停车场南北向的路面。支撑体系具体布置如图12-8、图12-9所示。

（1）冠梁及第1道混凝土支撑施工

施工步骤为：地下连续墙施工完毕并检验合格→测量放线→开挖并将墙顶混凝土凿除→钢筋加工安装→模板安装→挡墙预埋件安装→浇筑混凝土→混凝土养护→拆模板。

① 施工测量

测放冠梁及第一道混凝土支撑开挖轮廓线，在基坑外侧外放1m作业区，并按照基坑开挖放坡要求放出开挖边线，按1∶1对开挖基坑放坡，内侧土方开挖至冠梁底标高。

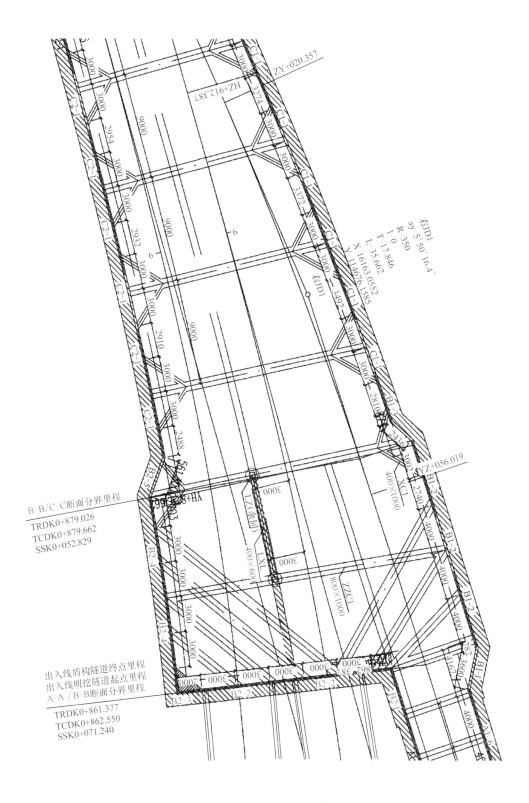

图 12-8　首道支撑平面布置图（单位：mm）

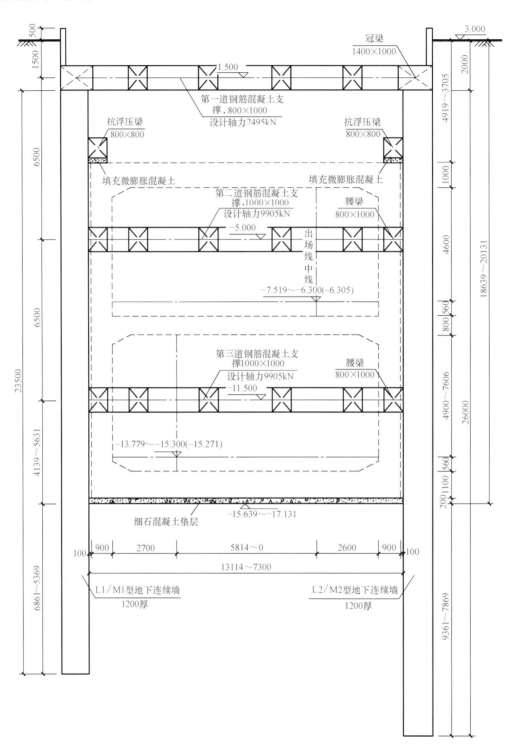

图12-9　地下连续墙-内支撑支护横剖面图（单位：mm）

挖掉表层覆土及墙顶土石后，根据冠梁和混凝土支撑的设计位置及高程，在地下连续墙顶面施放中线控制点及高程，中线控制点可引至墙外，并做好控制点位标志和点位保护装置，防止其在施工中受到损坏。通过两点或多点确定每一施工段地下连续墙顶冠梁和混凝土支撑的底标高，用红漆在每幅墙上打上标记。

② 墙顶混凝土凿除及清理

按每幅地下连续墙顶红线标记，将灌注多余的混凝土凿除。混凝土凿到冠梁底标高后，将松动的混凝土块清除掉，用气泵把开凿面吹喷干净，经质检员验收后，方可绑扎钢筋。

地下连续墙顶部以上混凝土凿除时，不能随意将地下连续墙的钢筋左右前后搬动。凿除时要注意保护预埋测斜管及超声波检测管，不要将其碰断。如测斜管或超声波检测管发生断裂，应及时用布或编织袋将其封堵、覆盖，严禁让泥土落入管中。

③ 钢筋绑扎

根据冠梁及混凝土支撑中心线，左右分出边线。把地下连续墙顶部预埋钢筋调直，使其位于冠梁边线以内。

冠梁及混凝土支撑主筋在加工场加工完成后，注意钢筋的摆放尺寸及主筋的位置，主筋分布在梁的两侧及上下面，严格按照设计尺寸及间距安装。保护层厚度为30mm，支撑锚固长度不小于35d。

钢筋锚固和搭接按设计要求施工，主筋采用单面搭接焊连接方式，焊缝长度不得小于10d，焊缝厚度不得小于0.3d，焊缝宽度不得小于0.8d，焊缝应饱满。地下连续墙主筋放在冠梁钢筋的内侧。主筋与箍筋交叉节点可采用梅花形绑扎或点焊，使主筋与箍筋连接牢固。冠梁采用分段施工，在每段的接头部位注意预留连接钢筋。

预埋挡墙钢筋采用Φ10@200mm，预埋筋伸入冠梁长度不小于35d，保证其在冠梁模板施工、混凝土施工时位置不发生变化。

④ 模板支立

冠梁及第一道混凝土支撑直线段均采用组合钢模板，八字撑部位采用定制加工钢模板。

把预先拼装好的一侧模板按位置线就位，然后安装拉杆，插入穿墙螺栓和塑料套管，穿墙螺栓规格和间距按照模板设计规定。

清扫墙内杂物，再用相同法安装另一侧模板，调整斜撑，使模板垂直度符合要求后拧紧穿墙螺栓。

拐角模板组合完毕后，外加U形卡固定，由下而上按模板设计的规定安装。

阴阳角模板与大模板之间连接采用勾头螺栓连接。模板安装后应严格检查阴角模与模板之间子母口拼接是否到位，模板安装后接缝部位必须严密，防止漏浆。底部若有空隙，用砂浆封严以防漏浆。

模板支立完成后，待全部检查合格后，提请项目质检部和监理工程师检查合格后，方可进行下道工序。

⑤ 混凝土浇筑

停车场及出入线冠梁混凝土采用C45商品混凝土，采用汽车混凝土输送浇筑。混凝土分层浇筑，每层厚度300mm，用插入式振动棒振捣密实，混凝土冠梁面用铁抹抹平压光。

⑥ 混凝土养护

混凝土灌注完成初凝后应及时进行养护，养护周期为14d。根据天气情况进行覆盖和浇水养护。

⑦ 拆模

混凝土强度达到2.5MPa，由项目部试验室下达拆模通知单后方可拆模。模板拆除后，及时对施工缝进行凿毛处理。

（2）第2~3道腰梁及混凝土支撑施工

在腰梁设置区域，凿除每道预埋钢筋范围内的地下连续墙混凝土，直至预埋筋全部露出为止，扳直腰梁的预埋筋，将松动的混凝土块清除掉，用气泵把开凿面吹喷干净，经质检员验收后，方可绑扎钢筋及进行后续施工。如预埋钢筋位置偏差较大，或预埋钢筋数量不足，须进行植筋补强后方可进行后续作业。基坑工程施工过程中按照规范要求和具体施工情况严格执行图12-10所示各项检测项目。

12.7.7 围护结构防渗漏施工关键技术

1. 接缝管理

地下连续墙工字钢板接缝处是防水薄弱点，易发生渗漏水。

（1）项目部制定"刷壁令"制度：对刷壁操作要求（图12-11）、验收流程与标准进行明确规定，并落实"操作员、施工员、质检员"签字制度，落实责任到人。

（2）接缝注浆：为防止开挖过程中地下连续墙接缝渗漏水，同时完善围护结构防水体系（图12-12），基坑开挖前在地下连续墙背侧接缝采用后退式注浆对砂层进行预注浆。注浆参数见表12-2。

注浆参数表 表12-2

序号	项目	参　　数
1	注浆范围	砂层底标高位于基底标高以上：基底标高以下1m至砂层顶标高以上1m。砂层底标高位于基底标高以下：砂层底标高以下1m至砂层顶标高以上1m
2	注浆位置	地下连续墙每个接缝位置外侧，孔位离地下连续墙边40cm
3	注浆材料	水泥-水玻璃双浆液，水泥浆：水玻璃溶液=1:1（体积比），水泥浆水灰比=1:1（质量比），水玻璃模数2.6~2.8，水玻璃浓度30%~40%
4	浆液用量	按扩散半径0.8m计算，每米水泥用量200kg，每米水玻璃用量178kg
5	注浆压力	终压0.3MPa
6	终止标准	注浆压力、注浆量结合双重控制标准

（3）建立"接缝检查"制度：每日进行一次基面全面检查，发现渗漏水及时对渗漏水部位进行处理，建立台账。整个巡查期间，共巡查693处接缝（每层231处，共三层），共发现1次严重漏水，45次轻微渗水，76次湿迹，经过处理后均无渗漏情况，如图12-13所示。

根据接缝渗漏水不同情况分为以下3种处理方式。

① 地下连续墙接缝处有湿迹且不具有明显水压力的渗流现象，直接使用水不漏对渗水处进行封堵，具有较明显的水压力，需先在渗水处插设导流软管。处理示意图如图12-14所示。

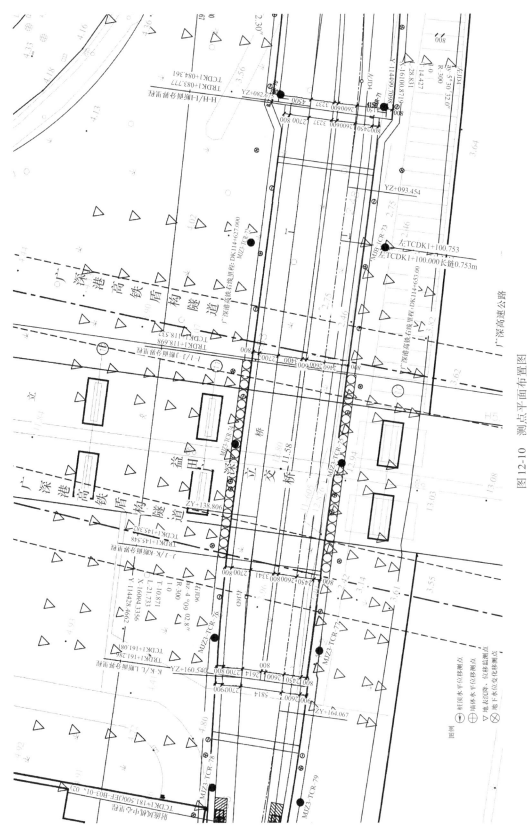

图 12-10　测点平面布置图

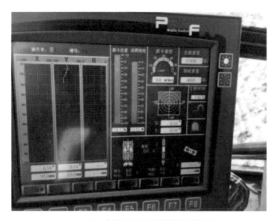

(a) 成槽机垂直度实时控制纠偏

(b) 地下连续墙刷壁器

图 12-11   地下连续墙刷壁质量控制

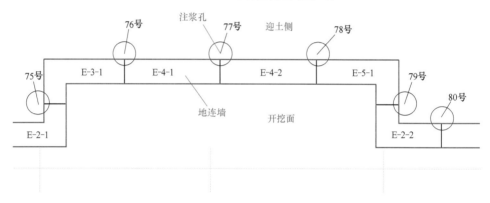

图 12-12   注浆孔平面布置示意图

图 12-13   接缝封闭情况

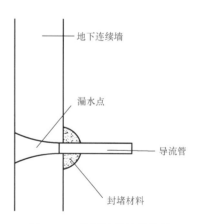

图 12-14   地下连续墙接缝处
轻微渗水处理示意图

② 如果地下连续墙接缝处出现严重漏水，具有较大水压力，在渗水处插设导流钢管（带阀门），再把封堵钢板贴置于地下连续墙面上，使用水不漏将钢板周边填充密实，最后关闭阀门，在地下连续墙外侧注浆处理。处理示意图如图 12-15 所示。

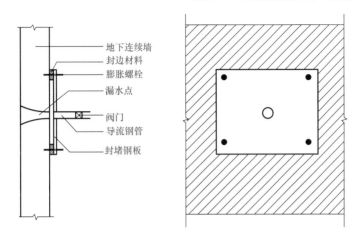

图12-15　地下连续墙接缝处严重漏水处理示意图

③ 地下连续墙接缝或基面夹带沙包时，将沙包取出（如沙包深度太深，只取出表面30cm），用钢板封堵沙包面，钢板四周使用水不漏填充密实；如有渗水，需设置引流管，并在地下连续墙外侧进行注浆（图12-16）。

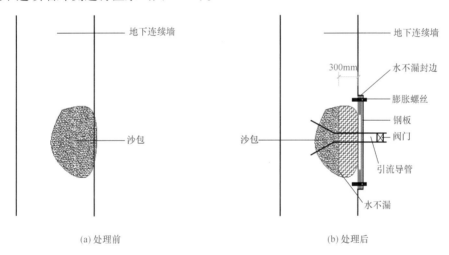

(a) 处理前　　　　　　　　　　　　　　　　(b) 处理后

图12-16　夹沙包处理示意图

2. 基面处理

地下连续墙基面的平整度直接影响防水卷材铺设质量，对此项目部制定了严格的基面管理制度。

（1）土方开挖完成后，分层分段对原始基面进行验收，明确处理缺陷（图12-17、图12-18）。

（2）清理基面，将渗漏、鼓包等缺陷处理完成后，使用砂浆进行抹面（图12-19、图12-20）。

3. 防水卷材施工质量控制

控制标准：应平顺、舒展，无褶皱、无隆起，后铺时要求无空鼓、密贴、粘贴牢固，满足相关图纸及规范要求，实际施工效果如图12-21所示。

图 12-17　原始基面鼓包

图 12-18　鼓包凿除

图 12-19　砂浆抹面

图 12-20　砂浆抹面验收

(a) 防水铺设阴角加强层

(b) 防水铺设阳角加强层

图 12-21　防水卷材施工措施（一）

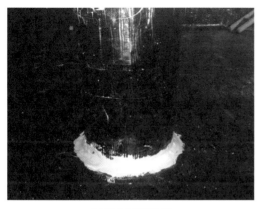

(c) 降水井底部处理

(d) 降水井上部处理

(e) 加强层铺设及尺寸检查

(f) 防水保护层浇筑后侧墙防水卷材

图 12-21 防水卷材施工措施（二）

第13章 ▶▶

东花园明挖隧道深大基坑工程实例分析

13.1 工程概况

2022年北京冬奥会重点配套工程、全国第一条智能化高铁——北京—张家口高铁东花园隧道2018年7月20日顺利贯通。

东花园隧道，位于河北省张家口市怀来县东花园镇，进口位于清水河村西北，出口位于东花园四村西北，进口里程为DK82+770，出口里程为DK87+740，全长4970m，设计时速350km/h无砟轨道，成"V"字形设计，其进口左线内轨顶面高程485.287m，出口左线内轨顶面高程487.537m，DK82+770至DK83+450长680m按−25‰放坡度，DK83+450至DK85+100长1650m按−3‰放坡度，DK85+100至DK87+000长1900m按3‰放坡度，DK87+000至DK87+740长740m按25‰放坡度，双线隧道，最大埋深8.1m，是目前国内采用放坡明挖的最长隧道。隧道规格外宽14.7m，外高9.08m，最大开挖深度21.69m，最大开挖宽度68.94m。右侧距离官厅水库最近距离为1.7km，水库水面与基坑底部最大水头高差约11m。东花园隧道与京包铁路相交叉，平面位置如图13-1所示，纵断面如图13-2所示。

图13-1　东花园隧道平面位置示意图

东花园隧道原设计为路基段，因周边环境要求，设计调整为"V"形曲线隧道，曲线

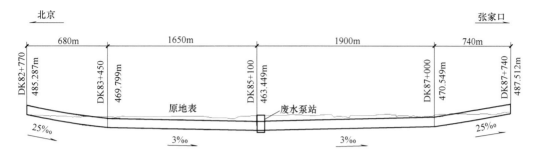

图 13-2　东花园隧道纵断面图

设置见表 13-1，坡度设置见表 13-2。

<table>
<tr><td colspan="4" style="text-align:right">东花园隧道曲线设置表　　　　　　　　　　表 13-1</td></tr>
<tr><th>序号</th><th>里程</th><th>长度（m）</th><th>曲线半径（m）</th></tr>
<tr><td>1</td><td>DK82+770~DK83+776.71</td><td>1006.71</td><td>∞</td></tr>
<tr><td>2</td><td>DK83+776.71~DK84+987.93</td><td>1211.22</td><td>11000</td></tr>
<tr><td>3</td><td>DK84+987.93~DK87+740</td><td>2752.07</td><td>∞</td></tr>
</table>

<table>
<tr><td colspan="4" style="text-align:right">东花园隧道坡度设置表　　　　　　　　　　表 13-2</td></tr>
<tr><th>序号</th><th>里程</th><th>长度（m）</th><th>坡度（‰）</th></tr>
<tr><td>1</td><td>DK82+770~DK83+450</td><td>680</td><td>−25</td></tr>
<tr><td>2</td><td>DK83+450~DK85+100</td><td>1650</td><td>−3</td></tr>
<tr><td>3</td><td>DK85+100~DK87+000</td><td>1900</td><td>3</td></tr>
<tr><td>4</td><td>DK87+000~DK87+740</td><td>740</td><td>25</td></tr>
</table>

13.2　工程地质及水文地质概况

东花园隧道位于怀来盆地，地势平坦、开阔，线路两侧多为耕地，地表植被发育。

13.2.1　气象特征

隧道区域属于寒温带半干旱性气候区，冬季受强大的蒙古高气压控制，漫长且寒冷干燥，夏季多雷雨，春秋多风沙。东花园隧道区域主要气象特征参数见表 13-3。

<table>
<tr><td colspan="6" style="text-align:right">东花园隧道区域主要气象特征参数表　　　　　　　　　　表 13-3</td></tr>
<tr><th>序号</th><th>项目名称</th><th>参数值</th><th>序号</th><th>项目名称</th><th>参数值</th></tr>
<tr><td>1</td><td>年平均气温（℃）</td><td>10.5</td><td>6</td><td>年平均蒸发量（mm）</td><td>2191.8</td></tr>
<tr><td>2</td><td>最冷月平均气温（℃）</td><td>−6.7</td><td>7</td><td>平均相对湿度（%）</td><td>50</td></tr>
<tr><td>3</td><td>极端最高气温（℃）</td><td>40.3</td><td>8</td><td>平均风速（m/s）</td><td>2.6</td></tr>
<tr><td>4</td><td>极端最低气温（℃）</td><td>−21.7</td><td>9</td><td>最大风速（m/s）</td><td>24.0</td></tr>
<tr><td>5</td><td>年平均降雨量（mm）</td><td>363.2</td><td>10</td><td>最大冻结深度（cm）</td><td>99.0</td></tr>
</table>

13.2.2 工程地质

根据地质调绘及现场勘探揭示，隧道区域地层岩性主要为第四系全新统冲洪积层（Q_4^{al+pl}）粉土、黏性土、砂类土及碎石土，以及第四系上更新统湖积层（Q_3^l）粉土、粉质黏土、砂类土。东花园隧道地层主要特征见表13-4，东花园隧道工程地质纵剖面如图13-3所示。此外，根据区域地质资料及地质调绘，线路经过区地质构造不发育（图13-4）。

东花园隧道地层主要特征表 表13-4

序号	地层	符号	主要特征
1	第四系上更新统人工填土	Q_4^{ml}	（1）素填土：黄褐色、灰褐色，松散~稍密，稍湿，主要由粉土组成，含植物根系或零星碎石，表层0~0.4m含植物根系，层厚0.9~1.4m。 （2）杂填土：黄褐色、杂色，松散~中密，稍湿，主要由粉土、中细砂组成，包含少量砖块等建筑垃圾，层厚0.8~2.1m
2	第四系全新统洪坡积	Q_4^{al+pl}	（1）粉土：黄褐色、灰褐色、灰黄色，稍密~密实，潮湿~饱和，刀切面稍显光滑或呈粗糙状，可见铁锰结核和氧化铁，手搓不成条，土质较均匀，局部夹粉质黏土夹层，偶见姜石。 （2）粉质黏土：黄褐色，软塑~硬塑，刀切面光滑、平整，可见铁锰结核和氧化铁，土质较均匀，黏性较强，偶含姜石，局部夹粉土微薄层或含少量腐殖质及灰黑斑点。 （3）粉砂：黄褐色，稍密~饱和，潮湿~饱和，主要矿物成分为长石、石英、云母。 （4）细砂：黄褐色、褐灰色，稍密，潮湿~饱和，主要矿物成分为长石、石英、云母。级配差，分选性一般。 （5）细角砾土：灰黄色、杂色，中密~密实，稍湿-饱和，母岩成分主要为砂岩、花岗岩，呈尖棱状、亚棱状，一般粒径为5~30mm，最大粒径为40mm，充填少量中粗砂和粉质黏土。 （6）粗角砾土：黄褐色，中密~密实，稍湿，碎石含量约占55%，一般粒径1~3cm，最大为5cm，余为细砂约占30%和10%的黏性土充填。 （7）细圆砾土：杂色，稍密~密实，潮湿~饱和，母岩成分主要为砂岩、花岗岩，呈圆棱状，一般粒径为2~20mm，最大粒径为40mm，充填少量细砂和粉质黏土。 （8）粗圆砾土：杂色，稍密~中密，潮湿~饱和，母岩成分主要为砂岩、花岗岩，呈圆棱状，一般粒径在10~40mm，最大粒径为65mm，充填少量细砂和粉质黏土，含量约为15%
3	第四系上更新统人工填土	Q_3^l	（1）粉质黏土：深灰色，硬塑，刀切面光滑、平整，可见铁锰结核和氧化铁，土质较均匀，黏性较强，含姜石约5%，局部夹粉质微薄层。 （2）粉土：深灰色，中密，饱和，砂质含量较高，刀切面稍显光滑或呈粗糙状，可见铁锰结核和氧化铁，手搓不成条，土质较均匀，局部夹粉质黏土夹层，偶见姜石。 （3）粉砂：黄褐色，中密~密实，饱和，主要矿物成分为长石、石英、云母。 （4）细砂：黄褐色，密实，饱和，主要矿物成分为长石、石英、云母。级配差，分选性一般

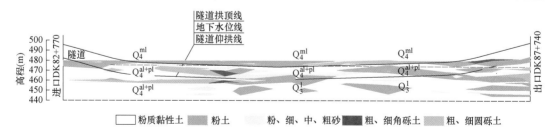

图13-3 东花园隧道工程地质纵剖面图

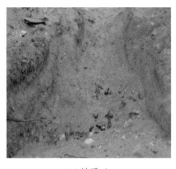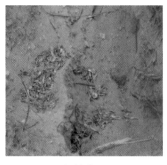

(a) 地质-1　　　　　　　　(b) 地质-2　　　　　　　　(c) 地质-3

图 13-4　地质实景图

13.2.3　水文地质

1. 地表水类型及特征

勘察期间未见地表水。

2. 地下水类型及特征

地下水类型为孔隙水，主要赋存于第四系洪坡积层中，受大气降水补给，水位及水量随季节变化较大，沿洪坡积层中的孔隙渗流或排泄。勘察期间，地下水位埋深约 3.0~10.0m，地下水年变幅较大。渗透系数：粉质黏土 0.1m/d、粉土 1.0m/d、粉砂 5m/d、细砂 10m/d、中砂 20m/d、粗砂 50m/d、圆砾土 100m/d。

3. 地下水侵蚀性

按照《铁路混凝土结构耐久性设计规范》TB 10005—2010 判定，地下水对普通混凝土结构不具侵蚀性。

4. 隧道涌水量

综合预测隧道正常涌水量为 236162m³/d，最大涌水量为 354243m³/d。

5. 隧道与官厅水库关系

东花园隧道位于官厅水库的东南侧约 1.7km，勘察期间隧址区内地下水水位 470.97~482.13m，且主要集中在 474.0~476.0m 之间，地下水水位较官厅水库水位高，因此东花园隧址区属于官厅水库的补给区。官厅水库百年设计洪水位为 480.92m，洪水时地下水可能改变其渗流方向，抬高隧道区域地下水水位 2~4m，对东花园隧道的抗浮设计与施工产生影响。

13.2.4　地质补充复勘

在既有资料和工程地质测绘的基础上，进行地质测绘及物探资料的综合分析，查明重要地层接触带、断层构造和空间分布等状况。针对重要的地质界线、断裂构造和异常物探位置布置勘探点，采用钻孔取芯的方法进行测试，开展地质补充复勘（图 13-5）。其中，洞口布置勘探点；洞身按不同地貌和地质单元布置勘探孔查明地质条件。勘探点间距为400~500m，遇到地质条件较复杂的地段，适当加密物探测线或增加横向断面。钻孔深度

(a) 复堪钻孔-1   (b) 复堪钻孔-2   (c) 复堪钻孔-3

(d) 复堪钻孔-4   (e) 复堪钻孔-5   (f) 复堪钻孔-6

图 13-5   复堪钻孔

达到设计洞底标高以下 5m，遇不良地质时，适当加深。钻孔布置在隧道中线左侧（靠近官厅水库侧）6~8m，钻探验收完毕后及时回填封堵。

13.3   工程重难点分析

以京张高铁东花园明挖隧道超长大深基坑工程为依托，运用现场监测分析方法，对无围护长大深基坑这类较为特殊的基坑的受力变形进行监测控制，解决工程建设中的技术难题，采取相应的应急预案措施，形成以施工安全风险管理为核心、以关键施工技术为重点的系统关键技术，力求在整体上提高复杂地层条件下深大基坑信息化施工及控制的技术水平，保证基坑施工质量和安全，满足工程建设的需要，确保东花园隧道施工顺利进行，并为以后类似工程提供参考和借鉴。

所涉及的工程施工重难点包括：

（1）目前，对于基坑变形控制的研究成果往往具有很强的地域性和针对性。新建京张铁路东花园隧道涉及无围护长大基坑工程，少有直接可供参考的类似实践经验。

（2）花园隧道全为明挖基坑隧道，同时位于官厅水库附近约 1.7km，隧道基坑降、排水是施工的前提条件，同时也是保证施工安全的重要环节。

13.4 基坑开挖、支护及截排水设计

东花园全隧划分为两个区段，4个工作面采用明挖法进行施工，施工准备期内完成临时工程，修建降水、排水设施。准备完毕后分4个工作面进行流水作业：分段降水，土方开挖，地基处理，仰拱施工，衬砌紧跟，施作防水，抗浮墙趾施工，梯次回填洞顶土方。具体施工工艺为：区段降水→土方开挖→边坡支护→地基处理→明洞衬砌→施作防水→C20混凝土回填→土方回填。

东花园隧道共计挖方259.3164m³，在确保支护结构安全的前提下，做到经济、合理，满足国家建设工程的有关法规和规范要求，施工方便，尽量缩短工期，满足土方开挖及隧道施工的技术要求。隧道基坑边坡典型断面如图13-6所示。

1. 基坑安全等级

隧道基坑开挖深度约0~21.69m，风险等级为中度风险隧道。东花园隧道风险评估见表13-5。

东花园隧道风险评估表 表13-5

序号	起始里程	长度(m)	风险等级	
			边坡失稳	突水、突泥
1	DK82+770~DK83+750	980	中度	中度
2	DK83+750~DK86+840	3090	高度	高度
3	DK86+840~DK87+540	700	中度	中度

2. 支护结构

隧道开挖边坡支护结构形式见表13-6。

边坡支护结构形式 表13-6

序号	施工部位或范围	坡度	边坡支护结构形式	备注
1	DK82+770-DK83+090	1:0.5	10cm喷C25混凝土+φ8钢筋网，间距25cm×25cm	—
2	DK87+540-DK87+740	1:0.5	10cm喷C25混凝土+φ8钢筋网，间距25cm×25cm	—
3	DK83+090-DK87+540	1:0.5	3.95m以下部分采用φ22锚杆，孔径100mm，水平间距1.5m×垂直间距1.5m，3.95m以上部分10cm喷C25混凝土+φ8钢筋网，间距25cm×25cm	覆土≤4m
4		1:1.25		
5		1:0.5	4.05m以下部分采用φ22锚杆，孔径100mm，水平间距1.5m×垂直间距1.5m，4.05m以上部分10cm喷C25混凝土+φ8钢筋网，间距25cm×25cm	覆土4~10m
6		1:1.25		

3. 基坑排水截水系统设计

排水截水通过横向排水渡槽来实现降水和泄洪要求，渡槽纵断面位置如图13-7所示。

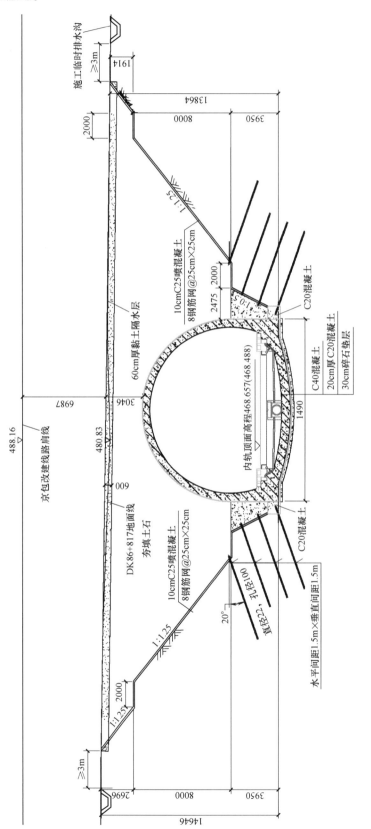

图 13-6　隧道基坑边坡典型断面图（单位：mm）

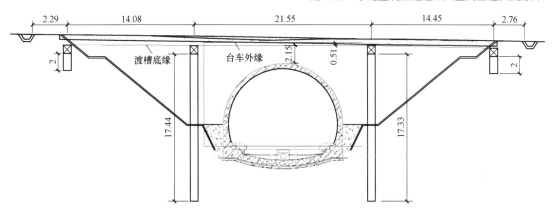

图13-7　渡槽纵断面位置图（单位：m）

13.5　自动控制降水施工技术

东花园隧道邻近官厅水库，与水库有一定的水力联系，隧道采用明挖法施工，降水技术是保证隧道安全施工的关键。

13.5.1　降水试验

1. 降水试验井布置

东花园隧道DK86+816里程距离官厅水库最近，因此，在该位置隧道两侧布置试验井进行降水试验。降水试验井共布置12口，其中左、右侧各6口。观测井共布置20口，其中左、右侧各10口。降水试验井群平面布置如图13-8所示。

降水井和观测井采用钢管加工，设计深度35m，孔径700mm，井管直径400mm。过滤器位置为23~32m。降水井和观测井结构如图13-9所示。

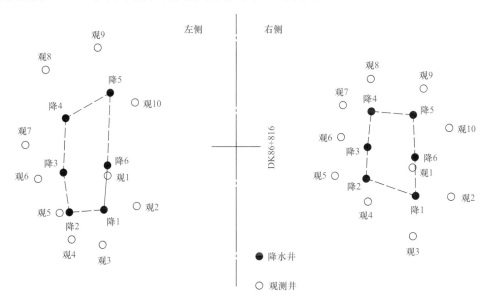

图13-8　降水试验井群平面布置示意图

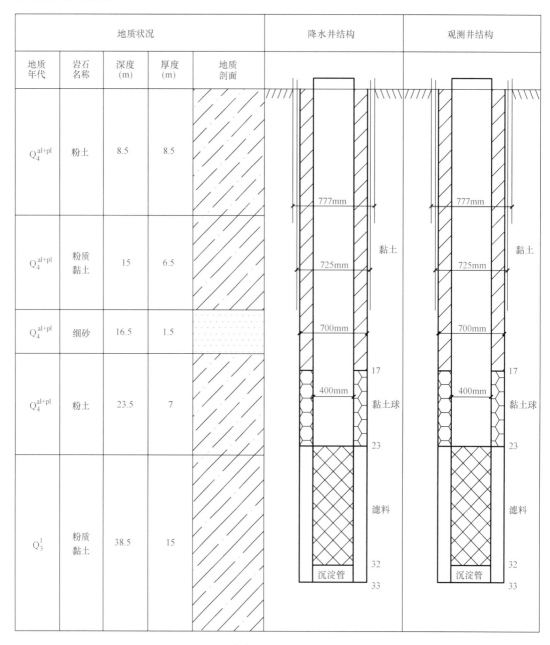

地质状况					降水井结构	观测井结构
地质年代	岩石名称	深度(m)	厚度(m)	地质剖面		
Q_4^{al+pl}	粉土	8.5	8.5		777mm 黏土 725mm 700mm 400mm 黏土球 17 23 滤料 32 33 沉淀管	777mm 黏土 725mm 700mm 400mm 黏土球 17 23 滤料 32 33 沉淀管
Q_4^{al+pl}	粉质黏土	15	6.5			
Q_4^{al+pl}	细砂	16.5	1.5			
Q_4^{al+pl}	粉土	23.5	7			
Q_3^l	粉质黏土	38.5	15			

图13-9 降水井及观测井结构示意图

2. 试验性降水

降水设备为深井潜水泵,采用发电机组发电。试验过程中应保持出水量稳定,使水位不断下降。采用非稳定流试验方法进行观测。

洗井结束后,进行试验性降水,其降深逐渐增大,达到最大降深后的持续时间不应小于2h,以确定最大降深、降水时间等试验参数。

试验性降水过程中,观测降水井水位和涌水量变化情况,检查、分析降水井的成井效果,检查降水设备是否正常。

试验结束后应及时测量降水井深度，确定降水井井底沉淀量，并及时加以解决。

3. 水位观测

（1）静水位观测

试验性降水结束后、正式降水前，应观测静止水位。观测时间间隔：每30min观测1次，2h内变幅不大于2cm，且无持续上升或下降趋势，视为稳定。取最后四个测点的水位平均值作为静止水位值。降水试验井和观测井静水位见表13-7。

降水试验井和观测井静水位统计表 表13-7

降水试验井和观测井编号		静水位(m)	降水试验井和观测井编号		静水位(m)
左侧降水井	降1	3.74	右侧降水井	降1	2.80
	降2	4.21		降2	2.86
	降3	3.69		降3	3.22
	降4	3.62		降4	2.62
	降5	3.66		降5	2.90
	降6	3.79		降6	2.92
左侧观测井	观1	3.31	右侧观测井	观1	2.66
	观2	3.54		观2	2.12
	观3	3.81		观3	2.40
	观4	4.00		观4	3.13
	观5	3.42		观5	2.99
	观6	4.31		观6	2.87
	观7	3.31		观7	2.36
	观8	3.64		观8	2.62
	观9	2.95		观9	2.62
	观10	2.67		观10	2.56

注：静水位是指降水井和观测井孔内水位与孔口的距离。

（2）动水位观测

降水试验时对降水井水位进行观测，前期每10min观测一次，以后若两次观测值之差基本稳定在10cm以内时每间隔30min观测一次，当观测值之差在5cm以内时每间隔1h观测一次，直到水位稳定。

（3）恢复水位观测

降水试验结束后应进行恢复水位观测，前期每10min观测一次，以后若两次观测值之差基本稳定在10cm以内时每间隔30min观测一次，当观测值之差在5cm以内时每间隔1h观测一次，直到水位稳定，并与降水前静水位进行比较。

4. 涌水量观测

降水试验时对降水井涌水量进行观测，前期每10min观测一次，以后若两次观测值之差基本稳定在10m³/d以内时每间隔30min观测一次，当观测值之差在5m³/d以内时每间隔1h观测一次，直到涌水量稳定。

5. 降水试验稳定标准和地下水位观测精度要求

降水试验稳定标准：水位和涌水量同时趋于稳定，降水井水位波动值不超过水位降低值的1%。

地下水位观测精度要求：在同一组降水试验中，应采用同一种工具和方法测量地下水位变化。降水井水位测读精度为2cm，观测井水位测读精度为1cm。停止降水后水位自然恢复，此时水位观测尤为重要，水位稳定标准为2h内水位变化幅度不大于2cm。

6. 降水试验过程

当第一口井完成后对其洗井，作为降水试验前的试验性降水，检查水泵和电路情况，确定抽排出井底淤泥后预估的降水深度和时间。试验性降水时间为2016年7月2日7：10—15：33，历时约8.5h。

降水试验自2016年7月2日开始，到7月14日结束，历时12d。现场降水试验如图13-10所示。

(a)降水试验采用的潜水泵

(b)降水试验采用的集水坑

(c)降水试验井群布置

(d)降水试验现场测试

图13-10　现场降水试验照片

7. 降水试验数据分析

（1）单井降水

统计降水试验数据，绘制单井降水过程中水位变化曲线。以右侧1号降水井为例，降水过程水位变化曲线如图13-11所示。

从降水试验水位变化曲线来看：（1）降水过程中水位变化较慢，斜率较小。回水过程中水位变化较快，斜率绝对值较大。（2）当水位高程回升到与官厅水库水面高程大致相近时，水位上升缓慢。因此，可判定试验段与官厅水库存在着水力联系。

（2）多井降水

统计降水试验数据，绘制多井降水过程中水位恢复变化曲线（图13-12）。

从多井降水时水位恢复变化曲线来看：（1）曲线形态大致相同，接近指数分布，且曲线趋于平缓的开始点水位高程接近官厅水库水位高程。（2）左侧水位恢复曲线有很大的离散性，说明左侧水系复杂，其中降1、降2、降3曲线形态接近，降4、降5、降6曲线形态接近。前3个井降水结束后水位恢复变化斜率绝对值较后3个井要大，说明前3个井水位低、周围水系压差大。

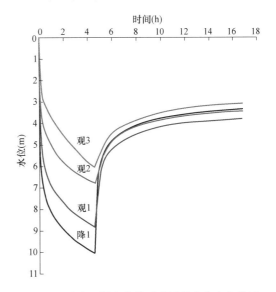

图13-11 右侧1号降水井及观测井水位变化曲线

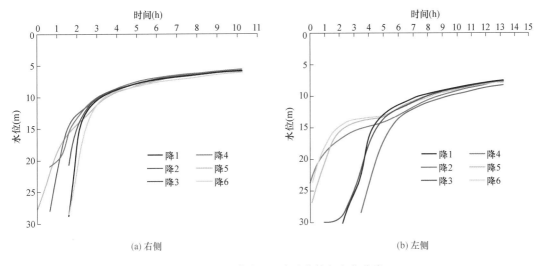

(a) 右侧

(b) 左侧

图13-12 多井降水过程中水位恢复变化曲线

8. 降水参数计算

根据降水试验数据，可计算出降水参数，从而确定降水方案。

（1）影响半径

降水影响半径采用下式计算：

$$R=2S_d\sqrt{kH} \tag{13-1}$$

式中：R 为降水影响半径（m）；H 为承压水和潜水含水层的厚度（m）；k 为含水层渗透系数（m/d）；S_d 为降水时的水位降深（m），当 $S_d<10$m 时取 $S_d=10$m。

采用地质勘查报告数据计算得降水影响半径为330.7m，现场降水试验监测影响半径为340m，两者基本一致，相差不大。

（2）涌水量

根据《建筑基坑支护技术规程》JGJ 120—2012，并参考东花园隧道地勘资料，将明挖隧道基坑降水按潜水完整井计算基坑总涌水量，计算公式如下：

$$Q = \pi k \frac{(2H - S_d) \cdot S_d}{\ln\left(1 + \dfrac{R}{r_0}\right)} \tag{13-2}$$

式中：Q 为基坑总涌水量（m³/d）；k 为含水层渗透系数（m/d）；H 为承压水和潜水含水层的厚度（m）；S_d 为降水时的水位降深（m），当 $S_d < 10$m 时取 $S_d = 10$m；R 为降水影响半径（m）；r_0 为基坑等效半径（m），$r_0 = \sqrt{\dfrac{A}{\pi}}$，$A$ 为基坑面积（m²）。

采取试验数据计算得涌水量为 354182m³/d，这与采用大气降水入渗法对隧道涌水量预测的最大涌水量 354243m³/d 相差不大。

（3）管井数量

根据《建筑基坑支护技术规程》JGJ 120—2012，参考《工程降水设计施工与基坑渗流理论》，可采用管井的单井出水能力计算得出管井数量，计算公式如下：

$$n = 1.1 \frac{Q}{q_0} \tag{13-3}$$

$$q_0 = 120\pi r_s \cdot l \cdot \sqrt[3]{k} \tag{13-4}$$

式中：n 为管井数量（口）；Q 为基坑总涌水量（m³/d）；q_0 为管井的单井出水能力（m³/d）；r_s 为过滤器外缘的半径（m）；l 为过滤器进水部分长度（m）；k 为含水层渗透系数（m/d）。

根据该工程地质勘查报告，并结合抽水试验数据，可计算得：$q_0 = 108.4$m³/d，$n = 2970$ 口。

9. 小结

通过降水试验，可以得到如下结论：

（1）东花园隧道可以取得良好的降水效果，能够保证隧道明挖的施工安全。

（2）东花园隧道所处位置地下水与官厅水库存在着水力联系，地下水丰富。

（3）试验得到该工程降水影响半径为 340m，该值与理论计算得到的降水影响半径 330.7m 相比，两者基本一致，相差不大。

（4）采取群井降水计算得到涌水量为 354182m³/d，该值与采用大气降水入渗法理论计算得到的涌水量 354243m³/d 相比，两者相差不大，均属于大量涌水。

（5）通过现场降水试验，并结合计算机模拟降水效果，降水群井宜采用梅花形布置，与正方形布井方式相比，这样不但可以增加降水井的漏斗效果，还在一定程度上形成了"降水帷幕"，如图 13-13 所示。

13.5.2 降水设计

根据降水试验取得的数据，降水井纵向布置间距宜为 6m，每个断面设置 4 口降水井，分别位于隧道两侧开口线外侧和一级边坡平台两侧。降水井井底深度应超过仰拱底以下 6m。隧道两侧共布置降水井 2967 口，降水井横断面布置如图 13-14 所示。

降水井井孔直径为 700mm。采用无砂混凝土管，直径为 400mm，每节管长 1m。无

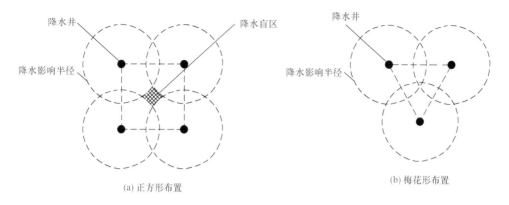

(a) 正方形布置　　　　　　　　　　　(b) 梅花形布置

图 13-13　不同布置方式下群井降水井漏斗效果示意图

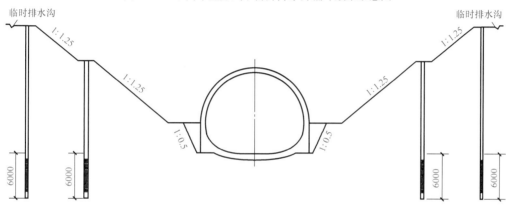

图 13-14　东花园隧道降水井布置图（单位：mm）

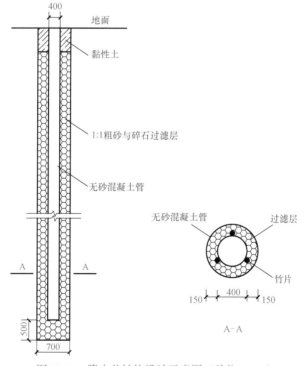

A-A

图 13-15　降水井结构设计示意图（单位：mm）

砂混凝土管外包一层30~40目滤网或土工布。降水井井壁与无砂混凝土管之间采用滤料填充形成滤水层。滤料采用直径3~15mm的粗砂与碎石按1∶1的比例拌合均匀。施工过程中应防止粉质黏土进入管井，影响降水效果。降水井结构设计如图13-15所示。

降水作业应确保地下水位保持在隧道基坑开挖面以下0.5~1m，满足隧道安全施工要求。降水作业停止前，应验算涌水量和隧道衬砌结构在施工期间的抗浮稳定性，当不能满足要求时不得停止降水作业。

13.5.3 降水井施工

1. 施工准备

（1）施工现场应做到施工便道、电、水通畅，场地平整。

（2）钻机、吊车、备用发电机、电焊机等机具设备使用前应进行试运行，确保状态良好。护筒采用4mm厚钢板卷制而成，应做到坚固、不漏水。

（3）无砂混凝土管井在加工场内分节段加工制作，经验收合格后运至降水井孔口位置。

（4）测量孔深采用钢丝测绳。

（5）钻机就位前应将场地平整夯实，防止钻机下沉。钻机就位时要平稳牢固，钻头、磨盘、孔位应做到三对中，对中误差应控制在允许值范围内。

2. 降水井施工

（1）测量放线

开工前应先对降水井井位进行定位测量，放出降水井井位中心桩。

（2）钢护筒埋设

当地质条件较差、孔口易坍塌时，应使用钢护筒防护井口。

钢护筒定位后，采用加压、振动方法埋设。钢护筒外围填土应分层对称夯实，严防护筒倾斜、漏水、变形。钢护筒顶应高出地下水位2.0m，高出施工地面50cm。

根据地质条件确定钢护筒长度。钢护筒埋置深度符合下列规定：黏性土不应小于1m，砂类土不应小于2m。当表层土松软时，应将钢护筒埋置到较坚硬密实的土层中至少0.5m。钢护筒中心与设计桩中心偏差不应超过5cm。

（3）钻孔

钻机就位时要求底部平稳、钻杆竖直，钻头在钢护筒中心偏差不应大于5cm。

两侧降水井为梅花状布置，最大限度地发挥了降水井的作用。钻机套管垂直钻进，垂直度应控制在1%以内，做到孔身正圆。

钻进过程中应随时对水位及涌砂量进行观察、记录。钻至设计深度后应现场验收，并做好原始记录。

开钻前，启动泥浆泵向孔口注浆，使用钻头在钢护筒内旋转，将泥浆搅拌均匀。待钢护筒壁内有牢固的泥皮护壁后，以低速开动钻进。钻至地面护筒下1m后，方可按正常速度旋转钻进。钻进时，应及时向孔内补充浆液，使孔内水位高出地下水位1.5~2.0m，保持足够的泥浆压力。

钻进过程中要时常注意土层变化，对不同土层采用不同的钻头、钻进压力、钻进速度。钻孔中如果发生坍孔现象，应查明原因和位置，进行分析处理。坍孔不严重时，可采用加大泥浆比重、加高水头、埋深护筒等措施处理后继续钻进。坍孔严重时，回填山皮土搁置数日后再重新钻孔。钻孔过程中发生弯孔和缩孔时，一般可将钻机的钻头提起到偏斜处进行反复扫孔，直到钻孔正直。发生卡钻时，不宜强提，宜反复转动钻杆，使钻头松动后再提起。发生掉钻时，应查明情况及时处理。发生卡钻、掉钻时，严禁作业人员进入钻孔内处理。

根据降水井所处的里程，计算对应位置隧道仰拱底面设计高程，降水井深度应超过隧道仰拱底面以下6m。钻孔接近设计深度时，要勤加测量，尽量减少超钻。

（4）清孔换浆

钻孔至设计高程后，对孔径、孔深、垂直度等参数进行检查，确认钻孔合格后立即进行清孔。为了保证孔壁不形成过厚泥浆，当钻孔钻至底板位置时，即开始加清水调浆，同时防止泥浆过清，造成塌孔。

（5）成孔及检查

成孔后，应检查孔位、孔深、孔径、孔型、孔底高程。验收合格后，回填配比为1∶1的粗砂与碎石骨料，开始安装无砂混凝土管井。

3. 无砂混凝土管井制作与安装

无砂混凝土管在加工厂内制作，严格控制下料长度、直径。无砂混凝土管加工制作完成后进行养护，经检查验收合格后运至现场，分节吊装。

无砂混凝土管的吊装应设专人指挥。吊装时应采用满足作业要求的吊车。吊装前，应检查吊具、钢丝绳及吊钩保险，在确认完好后方可实施吊装。为保证无砂混凝土管的吊装垂直度，在圆形无砂混凝土管的周围固定三根竹片，竖向的两根竹片连接处进行30cm搭接。

4. 过滤层回填

降水地层多为粉质黏土，颗粒细小，为防止淤井，采用直径3~15mm的粗砂与碎石按1∶1的比例拌合均匀，形成过滤层。无砂混凝土管安装完毕后，回填过滤层，回填时要分层、对称，防止偏压导致无砂混凝土管倾斜，影响过滤层厚度。井口20cm范围内使用黏性土回填并夯实。

5. 洗井

采用高压水冲洗，污水泵抽换污水，以达到洗井目的。洗井时，应从上向下分段冲洗，直至水清砂净，水位反应灵敏。

6. 井帽施工

降水井井口采用砖砌或M7.5水泥砂浆模筑形成圆形井帽，井帽结构如图13-16所示。井帽厚13cm，高度20cm。当采用砖砌时，外侧使用砂浆抹面1cm，做到外观平整、圆顺。相邻区段内的井帽顶面高程尽量保持一致，或与线路纵向线型保持一致。每个降水井单独配备直径为0.5m的圆形井盖。

井帽安装：开口线外侧的降水井直接施作井帽，平台上的降水井待开挖至设计高程后，再施作井帽。

7. 渣土外运

钻孔施工中产生的废弃渣土不能在孔口堆积，应及时运走，堆放到隧道开挖范围内的土方堆放处。

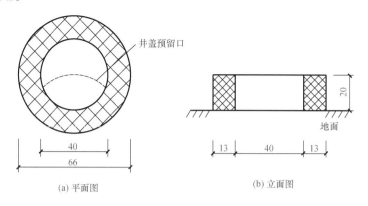

图 13-16 降水井井帽结构示意图（单位：cm）

13.5.4 降水施工

每个降水井单独使用一台潜水泵，将潜水泵放至距管井井底1m高位置，封闭管口，进行降水。

降水一定时间后，通过观察水位确定是否符合降水设计要求，符合要求后方可进行隧道土方开挖。

降水施工应持续进行，保证水位始终在规定范围内。

13.5.5 降水施工自动预警控制系统

根据东花园隧道工程地质及水文地质条件，通过现场降水试验分析，该工程具有"水量丰富、水位高、补给充沛、回水速度快"的工程特点，因此，降水过程中一旦出现水泵故障发现不及时、降水效果欠佳的情况，势必会形成安全隐患，造成局部涌水、涌砂、边坡坍塌失稳等严重后果。为此，依托东花园隧道，研究开发了降水施工自动预警控制系统，实现了降水施工的自动化、信息化、智能化、高效化。

1. 主要技术特点

降水施工自动预警控制系统具有以下主要技术特点：

（1）该系统能自动完成降水井水位控制、水泵工作状态显示、降水量统计、信息自动管理和分析等工作，实现降水施工的实时监控和预警管理。

（2）该系统实时性强，具有应用广、可扩展性好、可靠性高等优点。

（3）该系统通过物联网技术、数据库技术等，可以实现自动化远程监控与信息化管理，对有效控制水位标高，保证隧道深基坑开挖处于无地下水干扰的正常状态，以及充分发挥机械化施工等起到指导性作用。

2. 工艺原理

降水施工自动预警控制系统由水位传感器、自动控制模块、无线传输模块和服务器等组成，主要通过采用自动控制技术、物联网技术、数据库技术以及Web交互技术等，实现降水施工的自动化远程监控和信息化分析管理。

智能控制机柜根据水位传感器实时监测降水井内水位变化，当其超过警戒水位时，自动控制节点控制水泵自动抽水。当其降低到安全水位时，自动控制系统停止水泵抽水。无线网络完成降水信息的收集并传送至服务器。服务器通过数据库分析获得水位信息、水泵工作状态和降水量估计。Web交互技术将相关统计信息可视化，用户可以通过PC端和手机端进行实时监控、统计数据分析和远程管理。

3. 使用范围

降水施工自动预警控制系统适用于地下水位较高的深基坑开挖工程，或对周边环境安全风险控制要求严格的工程等。

4. 小结

降水施工自动预警控制系统应用于东花园隧道，保证了降水效果，提高了施工效率，节约了施工成本，并积累了宝贵的实践经验，具有广泛的应用前景。

（1）降水施工自动预警控制系统能够对隧道基坑降水实时监控，经现场施工验证，具有良好的效果，它为解决地下深埋、长距离明挖、水文地质条件差的隧道及地下工程降水作业起到指导作用，具有良好的社会效益。

（2）东花园隧道基坑管井降水通过采取自动预警控制系统，大大地降低了系统的维护成本，实现了无人或少人监守，并且结合系统软件提供的信息记录，如重要信息周报、月报和年报等，保证了施工安全和工程质量，极大地提高了施工效率，取得了良好的经济效益，具有示范性推广意义。

13.6 强富水地层自动控制排水施工技术

13.6.1 排水通道布置

排水主要考虑施工期间的地下水排放，由于隧址纵向左高右低，左侧的水无法排放，根据现场实地调查勘测，选择三处地势最低点设置横向排水渡槽，将全隧截水沟设置成不同的坡度和排水方向，将整体排水设置成三个单元，分别为DK83+650、DK84+900、DK86+830，并考虑汛期的影响，保证外模台车能从渡槽下顺利通过。渡槽采用钢结构形式，桩基础跨度保证外模台车通行距离。隧道完工后保留DK84+900处通道。施工期间排水量较大，估算日排水量约为5.6万 m³，日最大排水量可能达8万 m³。

东花园隧道排水通道及走向示意图如图13-17所示。

13.6.2 沉淀池布置

根据设计要求，所有抽排的地下水沉淀后达标排放，采用三级沉淀的方式予以处理。沉淀池就近设置在入水口附近约20m处，大小为18m（长）×6m（宽）×3m（深），墙壁采用50cm厚的砖墙抹面处理，基础换填50cm厚的砂卵石，底板为20cm的C20混凝土，且沉淀池基础及四周应做防渗处理。三级沉淀池布置如图13-18所示。

13.6.3 排水管布置

抽排的地下水经沉淀池沉淀后，通过设置的保温暗管排入水库，暗管采用直径80cm的PVC波纹管，基础换填50cm的砂卵石，接头处纵向50cm范围内采用砖砌保护。

排水沟开挖及排水管安装示意如图13-19所示。

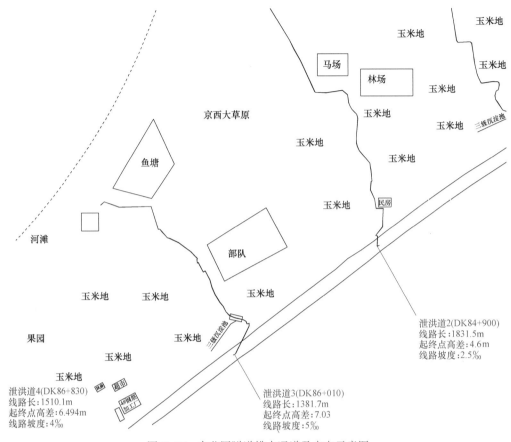

图 13-17　东花园隧道排水通道及走向示意图

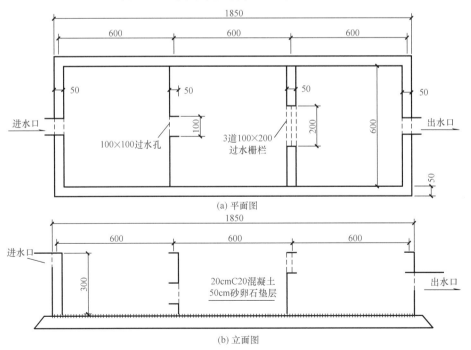

(a) 平面图

(b) 立面图

图 13-18　三级沉淀池布置图（一）

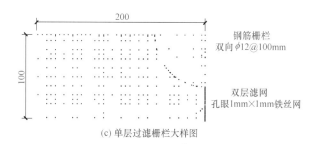

(c) 单层过滤栅栏大样图

图 13-18 三级沉淀池布置图（二）

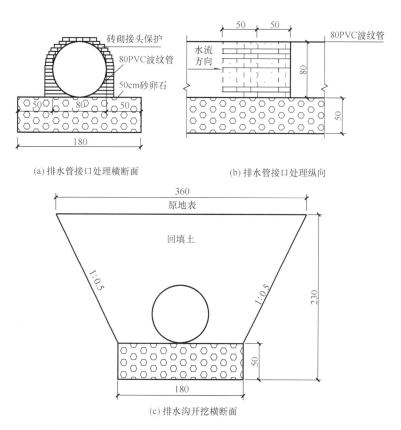

(a) 排水管接口处理横断面

(b) 排水管接口处理纵向

(c) 排水沟开挖横断面

图 13-19 排水沟开挖及排水管安装示意图（单位：mm）

13.6.4 排水施工

1. 施工工艺流程

仰拱混凝土浇筑→混凝土找平层→中心水管安放→水管接头处理→检查井施工→横向排水管安装→仰拱填充浇筑。

2. 施作要点

（1）全隧在仰拱上方设置钢筋混凝土中心排水管，管径 70cm，壁厚 7cm，刚性接头平口管。排水管满足《混凝土和钢筋混凝土排水管》GB/T 11836—2009 Ⅲ级管的要求。

（2）在仰拱上放出隧道中线，将水管顺置在中线上，采用 C20 细石混凝土铺底垫平，管口30cm范围包裹2层400g/m² 无纺布，在最外层包裹1层20号10mm×10mm的钢丝网。

（3）每30m布设一处检查井，填充施工时预留检查井位置，预留尺寸1.5m×1.5m，同时洞内横向排水管从仰拱内预埋至检查井。当检查井与施工缝及变形缝冲突时，适当调整检查井的位置，以避开施工缝及变形缝，避开距离大于1m，调整后的检查井间距不大于30m。

13.7 地层变形深孔专项监测技术

为了保证基坑边坡的稳定性，需要对其进行深孔测斜。它不仅可以为施工提供及时的反馈信息，而且能对施工开挖方案的修改提供依据；更重要的是通过对基坑变形的监测，能很好对基坑稳定性进行预防，从而采取相应的应急预案措施，可保证基坑施工质量和安全，有利于东花园隧道施工顺利进行。

13.7.1 测斜仪器和工作原理

1. 测斜仪

东花园隧道基坑采用的测斜仪型号为CX-901F测斜仪，采用数字式传感器作敏感元件的仪器，其主要组成部分包括读数仪、专用电缆、活动探头、数据通信和处理软件等，具体如图13-20所示。

2. 测斜仪工作原理

活动式测斜仪及其导轮是沿测斜导管的导槽沉降或提升。测斜探头内加速度计传感器可以敏感导管在每一深度处的倾斜角度。输出一个电压信号，在读数仪的面板上显示出来，测斜仪测出的电压信号是以测斜导管导槽为方向基准，在某深度处，

图13-20　测斜仪实物图

测斜仪上下导轮标准间距 L 上的倾斜角的正弦函数，该函数可换算成水平位移。

13.7.2 测斜管安装操作规程

（1）钻 $\phi90mm\sim\phi110mm$ 的垂直钻孔。

（2）测斜管规格为外径 $\phi70mm$，接头处 $\phi80mm$，高要求场合可选用ABS管或铝合金管。

（3）PVC测斜管接头处，用长8mm、直径3mm的自攻螺钉牢固上紧，孔底部必须用盖子盖好，上4个螺钉，孔口也需上保护盖。

（4）PVC测斜管有4个内槽，每个内槽相隔90°。安装时将其中1个内槽对准基坑方向，或地基边坡的需要监测的位移方向。

（5）PVC测斜管与钻孔间隙部位用中砂加清水慢慢回填，慢慢加砂的同时，倒入适

量的清水。注意一定要用中砂将间隙部位回填密实。否则，影响测试数据。

（6）PVC测斜管在下的过程中，可向管内倒入清水，以减少浮力，更容易安装到底。

（7）PVC测斜管孔口一般露出地面20~50cm左右，并用砖及水泥做一个方形保护台。

13.7.3　仪器测量操作规程

（1）每次测试前应检查仪器是否工作正常。判定方法是：将仪器与探头插头连接好后，打开电源开关，将探头稳定1min后直立，靠住一个固定不动的物体上，观察仪器最后一位显示数据是否稳定，一般在±3个字之间跳动，此时，仪器周围不能有振动物体干扰和汽车、火车、电机振动等。如果，仪器最后一位是在±3之间跳动，说明仪器稳定正常。然后，将探头沿滑轮某一方向倾斜，观察仪器数据是否变化。如果此时数据是向增加方向变化，则将探头向滑轮相反方向倾斜，此时数据应向减少方向变化。而且，增加、减少变化量很大，说明仪器灵敏度正常。

（2）检查仪器重复性的方法：将探头放入测斜管内3m处，稳定后读一个数，然后将探头取出后再用同样的方法严格放入原来测斜管内3m处，深度误差0.5mm。此时，读数如果与第一次一样，或相差小于0.5mm，说明仪器重复性正常。

（3）测试前，应在PVC测斜管管口用锯子做一个记号，每次电缆深度都应以该记号为标准起点。

（4）电缆上记号间隙0.5m，每次都应以记号一边作为标准点，绝不允许今天以记号这边为起点，明天以记号另一边为起点。这样深度将产生很大的误差。测试时，深度误差应控制在0.5mm之内。

（5）将探头沿滑轮倾斜时，数据增大的方向作为正方向，正方向对准基坑方向，在探头正方向一边做一个记号，每次测试时都应按照同一个方向先测正方向，再转180°测反方向。

（6）探头放入待测深度后，一定要稳定一会儿，等待显示数据稳定后（在±5之间跳动）方可读数，不能放到深度后立即读数。因为探头的滑轮与PVC管内槽有个接触稳定过程，当这个过程还没有稳定时，读到的数据可能不真实。

（7）当基坑开挖到一定深度时，基坑边坡有位移的可能，此时，如果某天测试数据比前次每个数据都明显变化了，这时应高度重视。首先，再测第2遍，甚至第3遍，如果3遍数据都是一样，比前次相差许多，此时，可考虑报警，通知施工方加固处理，预警值可根据现场具体情况而定。

13.7.4　测点的布置原则及布置

1. 测点的布置原则

（1）测斜管应布置在基坑支护受力最不利的位置，如基坑开挖最深的位置。

（2）当基坑附近存在重要建筑、地下管线或地铁路线时，在距离这些建筑结构最近的围护段也应布置监测点。

（3）在开挖过程中过早暴露的支护结构且监测数据可指导后续施工的位置或局部开挖深度增大的位置也应该布置监测点。

（4）监测点的布置深度应与围护体入土的深度基本一致。

2. 测点的布置

本次测斜目的是监控基坑施工过程中的土体水平位移，由于基坑为明挖隧道基坑，东西方向狭长且分段开挖，因此，本次测量主要为基坑南北两侧的边坡土体水平位移监测为主。故在南北两侧共布置测点57个，基坑南侧共29个测点，标记为R1、R2、……、R29，基坑北侧共28个测点，标记为L1、L2、……、L28，由于施工过程中保护不当，因此造成了部分测斜管的损坏，无法进行测量。另外，由于基坑为分段开挖，部分土体还未进行开挖，因此对于未开挖的土体，除取得其初值外，并未进行跟踪测量。

13.7.5　测斜操作

采用测斜仪观测基坑周边土体水平位移。测斜仪是测定钻孔倾角和方位角的原位监测仪器，通过测试测斜管轴线与铅垂线之间的夹角，计算出钻孔内各个测点的水平位移并进一步整理出倾斜曲线。该方法测试数据可靠、操作简便，适合各种野外环境，是目前广泛采用的基坑测斜的专用测试仪器之一。测斜现场操作如图13-21所示。

(a) 探头及电缆　　　　　　　　(b) 测斜管　　　　　　　　(c) 测读仪

图13-21　测斜现场操作

13.7.6　测斜结果分析与总结

由于测斜位移累计变化图中有些图形非常类似，那么就列举一些较为典型的图来对测斜结果进行分析。具体如图13-22~图13-40所示。

L1测点位于基坑北侧，自西向东起第1个测斜孔。此处基坑开挖深度13m左右，测斜管深度22m。4月5日为不计算初值测量在内的首次测值，而6月28日，随着基坑的回填使得测斜管被土体掩埋，无法继续测值，故测斜中止时间为6月28日。

通过图13-22可知：L1测点最大位移累计值为20.80mm，发生在土体表面处，时间为6月28日，在4月26日测量过后，变化趋于稳定。最大变化速率为1.230mm/d，发生时间为开挖刚开始时，并且无任何支护期间。整体来看，曲线底部水平位移很小，变化速率较慢，而上部水平位移较大，变化速率较快，但中间没有较明显的波峰和波谷（滑动面），表明此处基坑边坡没有形成明显的滑动面，处于剪切蠕变阶段，边坡安全性较高。测量期间，整个变化情况在控制范围内，未达到相应预警值。

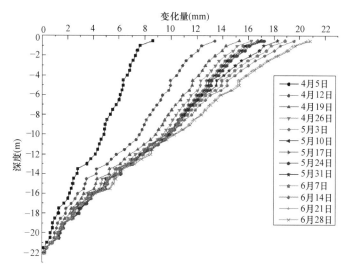

图13-22　L1孔测斜位移累计变化量曲线图

L2测点位于基坑北侧，自西向东起第2个测斜孔。此处基坑开挖深度20m左右，测斜管深度23.5m。4月5日为不计算初值测量在内的首次测值，在撰写本次分析报告之前，测量最后一次时间为11月15日，故将测斜数值取到11月15日结束。

通过图13-23可知：L2测点最大位移累计值为20.02mm，发生在土体表面处，时间为10月4日，在4月26日测量过后，变化趋于稳定。最大变化速率为1.233mm/d，发生时间为刚开挖时，并且无任何支护期间。整体来看，曲线底部水平位移很小，但变化速率较快，而上部水平位移较大，但变化速率较慢，中间没有较明显的波峰和波谷（滑动

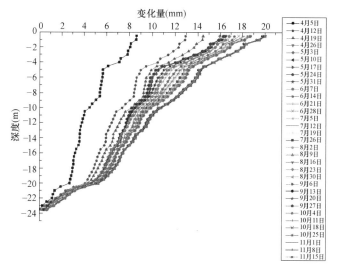

图13-23　L2孔测斜位移累计变化量曲线图

面），表明此处基坑边坡没有形成明显的滑动面，处于剪切蠕变阶段，边坡安全性较高。测量期间，整个变化情况在控制范围内，未达到相应预警值，但应继续对其进行定时测量，保证施工安全。

L8测点位于基坑北侧，自西向东起第8个测斜孔。此处基坑开挖深度17m左右，测斜管深度24.5m。4月5日为不计算初值测量在内的首次测值，在撰写本次分析报告之前，测量最后一次时间为10月25日，故将测斜数值取到10月25日结束。

通过图13-24可知：从曲线随深度变化的角度来看，各条曲线的整体变化趋势基本一致。L8测点最大位移累计值为42.06mm，发生在土体表面位置处，时间为7月19日。在测量过程中位移持续增大，虽未趋于稳定，但增大幅度并不大。最大变化速率为3.449mm/d，发生时间为刚开挖时，并且无任何支护。整体来看，曲线底部水平位移很小，而上部水平位移较大。中间没有较明显的波峰和波谷（滑动面），表明此处基坑边坡未形成明显的滑动面，处于剪切蠕变阶段，边坡安全性较高。测量期间，整个变化情况在控制范围内，未达到相应预警值，但应继续对其进行实时测量，保证施工安全。

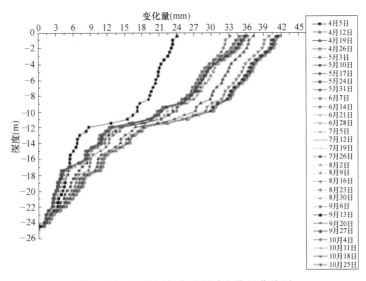

图13-24　L8孔测斜位移累计变化量曲线图

L9测点位于基坑北侧，自西向东起第9个测斜孔。此处基坑开挖深度20m左右，测斜管深度21m。4月5日为不计算初值测量在内的首次测值，在撰写本次分析报告之前，测量最后一次时间为10月25日，故将测斜数值取到10月25日结束。

通过图13-25可知：L9测点最大位移累计值为20.45mm，发生在土体表面附近，时间为6月21日，在7月19日测量过后，变化趋于稳定。最大变化速率为1.687mm/d，发生时间为开挖刚开始时，并且无添加支护期间。整体来看，曲线底部水平位移很小，但变化很快，而上部水平位移较大，但变化很慢。曲线下部土体整体性较好，而上部土体没有明显的整体性，曲线上部中体现出了较多的剪出面，随着时间的推移，可能趋于稳定，也可能某一个滑面的位移持续发展，成为主要滑面。现阶段边坡内部应力可能以调整为主，因此曲线上部各部分位移规律并不明显。测量期间，整个变化情况在控制范围内，未达到相应预警值，但是我们也不能放松警惕，应继续对其进行定时测量，保证施工安全。

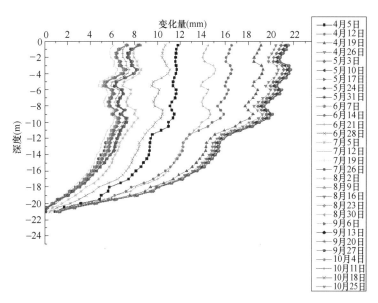

图 13-25 L9孔测斜位移累计变化量曲线图

L12测点位于基坑北侧，自西向东起第12个测斜孔。此处基坑开挖深度16m左右，测斜管深度20m。4月5日为不计算初值测量在内的首次测值，而6月28日，随着基坑的回填使得测斜管被土体掩埋，无法继续测值，故测斜中止时间为6月28日。

通过图13-26可知：L12测点最大位移累计值为10.73mm，发生位置为深度-5m，时间为5月24日，在4月19日测量过后，变化趋于稳定。最大变化速率为0.73mm/d，发生时间为刚开挖时，并且无任何支护。虽然从图形整体形状分析，具有形成滑动面的危险，但由于土体整体的水平位移值较小，因此，基本不会产生滑移的危险。测量期间，整个变化情况在控制范围内，未达到相应预警值，保证了施工期间的安全，但还应进行实时监控量测。

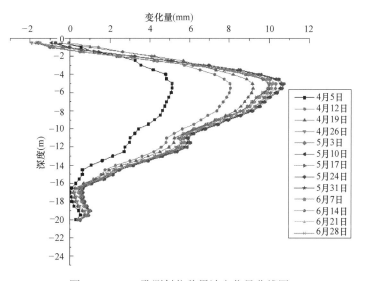

图 13-26 L12孔测斜位移累计变化量曲线图

L13测点位于基坑北侧，自西向东起第13个测斜孔。此处基坑开挖深度18m左右，测斜管深度24m。4月5日为不计算初值测量在内的首次测值，而6月28日，随着基坑的回填使得测斜管被土体掩埋，无法继续测值，故测斜中止时间为6月28日。

通过图13-27可知：L13测点最大位移累计值为212.19mm，发生在土体表面处，时间为6月7日。在测量过程中位移持续增大，虽未趋于稳定，但增大幅度并不大。最大变化速率为14.904mm/d，发生时间为刚开挖时，并无任何支护。从整体来看，曲线底部水平位移很小，但变化速率较大，而上部水平位移较大，但变化速率较小。中间没有较明显的波峰和波谷（滑动面），表明此处基坑边坡没有形成明显的滑动面，处于剪切蠕变阶段，边坡安全性较高。测量期间，整个变化情况在控制范围内，未达到相应预警值，保证了施工期间的安全。

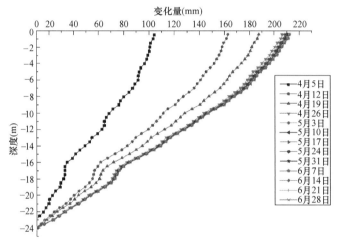

图13-27 L13孔测斜位移累计变化量曲线图

L16测点位于基坑北侧，自西向东起第16个测斜孔。此处基坑开挖深度17m左右，测斜管深度19.5m。4月5日为不计算初值测量在内的首次测值，在撰写本次分析报告之前，测量最后一次时间为10月25日，故将测斜数值取到10月25日结束。

通过图13-28可知：L16测点最大位移累计值为47.75mm，发生在土体表面位置处，时间为7月19日。在测量过程中位移持续增大，虽未趋于稳定，但增大幅度并不大。最大变化速率为2.673mm/d，发生时间为开挖刚开始进行，并且无添加支护期间。整体来看，曲线底部水平位移很小，而上部水平位移较大，中间没有较明显的波峰和波谷（滑动面）。表明此处基坑边坡未形成明显的滑动面，处于剪切蠕变阶段，边坡安全性较高。测量期间，整个变化情况在控制范围内，未达到相应预警值，但应继续对其进行定时测量，保证施工安全。

L18测点位于基坑北侧，自西向东起第18个测斜孔。此处基坑开挖深度20m左右，测斜管深度24.5m。4月5日为不计算初值测量在内的首次测值，而6月28日，随着基坑的回填使得测斜管被土体掩埋，无法继续测值，故测斜中止时间为6月28日。

从曲线随深度变化的角度来看，各条曲线的整体变化趋势基本一致。对于土体水平位移随深度不同增长速率有所不同这一现象，究其原因是因为在基坑开挖过程中会经历不同土层，而各土层之间由于土的性质不同，其造成土体水平位移变化速率也会有较大不同。

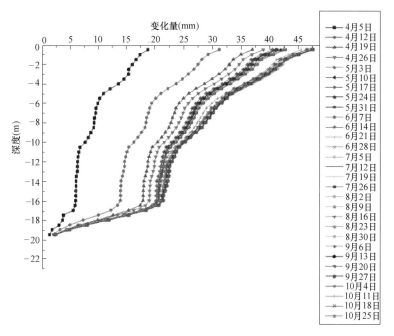

图13-28　L16孔测斜位移累计变化量曲线图

除此之外，其他土层变化速率较为均匀，未出现大的波动。

通过图13-29可知：L18测点最大位移累计值为86.31mm，发生在土体表面，时间为6月21日，在4月26日测量过后，变化趋于稳定。最大变化速率为6.383mm/d，发生时间为刚开挖时，并且无任何支护。整体来看，曲线底部水平位移很小，而上部水平位移较大，中间没有较明显的波峰和波谷（滑动面），表明此处基坑边坡未形成明显的滑动面，处于剪切蠕变阶段，边坡安全性较高。测量期间，整个变化情况在控制范围内，未达到相应预警值，保证了基坑施工期间的安全。

L22测点位于基坑北侧，自西向东起第22个测斜孔。此处基坑开挖深度18m左右，

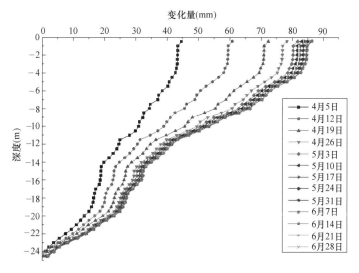

图13-29　L18孔测斜位移累计变化量曲线图

测斜管深度24.5m。4月5日为不计算初值测量在内的首次测值，在撰写本次分析报告之前，测量最后一次时间为10月25日，故将测斜数值取到10月25日结束。

通过图13-30可知：L22测点最大位移累计值为86.31mm，发生在土体表面，时间为6月14日，在6月14日测量过后，变化趋于稳定。最大变化速率为2.911mm/d，发生时间为刚开挖时，并且无任何支护。从整体来看，曲线底部水平位移很小，而上部水平位移较大，中间没有较明显的波峰和波谷（滑动面），表明此处基坑边坡未形成明显的滑动面，处于剪切蠕变阶段，边坡安全性较高。测量期间，整个变化情况在控制范围内，未达到相应预警值，但是也不能放松警惕，应继续对其进行定时测量，保证施工安全。

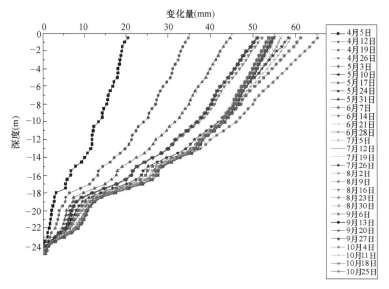

图13-30 L22孔测斜位移累计变化量曲线图

L28测点位于基坑北侧，自西向东起第28个测斜孔。此处基坑开挖深度18m左右，测斜管深度23m。4月5日为不计算初值测量在内的首次测值，在撰写本次分析报告之前，测量最后一次时间为10月25日，故将测斜数值取到10月25日结束。

通过图13-31可知：L28测点最大位移累计值为56.70mm，发生在土体表面处，时间为9月13日。在测量过程中位移持续增大，虽未趋于稳定，但增大幅度并不大。最大变化速率为2.296mm/d，发生时间为刚开挖时，并且无任何支护。从整体来看，曲线底部水平位移很小，而上部水平位移较大，中间没有较明显的波峰和波谷（滑动面），表明此处基坑边坡没有形成明显的滑动面，处于剪切蠕变阶段，边坡安全性较高。测量期间，整个变化情况在控制范围内，未达到相应预警值，但是应继续对其进行实时测量，保证施工安全。

R1测点位于基坑南侧，自西向东起第1个测斜孔。此处基坑开挖深度12m左右，测斜管深度20.5m。4月5日为不计算初值测量在内的首次测值，而6月28日，随着基坑的回填使得测斜管被土体掩埋，无法继续测值，故测斜时间中止为6月28日。

通过图13-32可知：由于开挖深度较浅，因此土体并没有发生很大的水平位移。R1测点最大位移累计值为12.77mm，发生在土体表面，时间为6月28日，在6月14日测量过后，变化趋于稳定。最大变化速率为0.557mm/d，发生时间为刚开挖时，并且无任

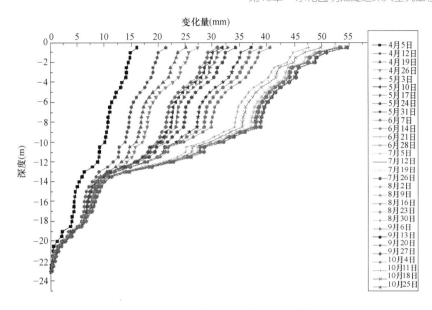

图13-31　L28孔测斜位移累计变化量曲线图

何支护。整体来看，曲线底部水平位移很小，但变化速率较快，而上部水平位移较大，但变化速率较慢，中间没有较明显的波峰和波谷（滑动面），表明此处基坑边坡未形成明显的滑动面，处于剪切蠕变阶段，边坡安全性较高。测量期间，整个变化情况在控制范围内，未达到相应预警值，保证了基坑施工期间的安全。

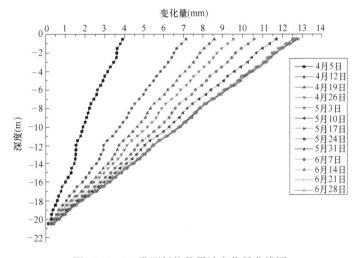

图13-32　R1孔测斜位移累计变化量曲线图

R3测点位于基坑南侧，自西向东起第3个测斜孔。此处基坑开挖深度16m左右，测斜管深度23.5m。4月5日为不计算初值测量在内的首次测值，在撰写本次分析报告之前，测量最后一次时间为10月25日，故将测斜数值取到10月25日结束。

通过图13-33可知：R3测点最大位移累计值为60.98mm，发生在土体表面处，时间为9月13日。在测量过程中位移持续增大，虽未趋于稳定，但增大幅度并不大。最大变化速率为2.336mm/d，发生时间为刚开挖时，并且无任何支护。从整体来看，曲线底部水平位移很小，而上部水平位移较大，中间没有较明显的波峰和波谷（滑动面），表明此处基坑边坡没有形成明显的滑动面，处于剪切蠕变阶段，边坡安全性较高。测量期间，整个变化情况在控制范围内，未达到相应预警值，但应继续对其进行实时测量，保证施工安全。

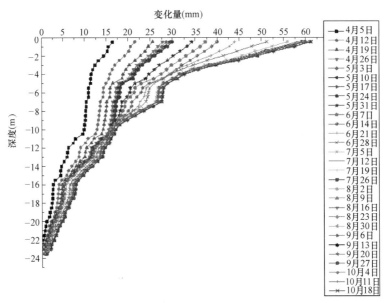

图 13-33　R3孔测斜位移累计变化量曲线图

R10测点位于基坑南侧，自西向东起第10个测斜孔。此处基坑开挖深度20m左右，测斜管深度24m。4月5日为不计算初值测量在内的首次测值，而7月26日，由于施工时将测斜管破坏，使得无法继续对此处进行监测，故测斜中止时间为7月26日。

通过图13-34可知：R10测点最大位移累计值为41.97mm，发生在土体表面，时间为6月14日，在4月26日测量过后，变化趋于稳定。最大变化速率为2.836mm/d，发生时间为刚开挖时，并且无任何支护。从整体来看，曲线底部水平位移很小，但变化速率较快，而上部水平位移较大，但变化速率较慢，中间没有较明显的波峰和波谷（滑动面），表明此处基坑边坡没有形成明显的滑动面，处于剪切蠕变阶段，边坡安全性较高。测量期间，整个变化情况在控制范围内，未达到相应预警值，保证了基坑施工期间的安全。

R11测点位于基坑南侧，自西向东起第11个测斜孔。此处基坑开挖深度20m左右，测斜管深度25m。4月5日为不计算初值测量在内的首次测值，而6月28日，随着基坑的回填使得测斜管被土体掩埋，无法继续测值，故测斜中止时间为6月28日。

通过图13-35可知：由于开挖深度较深，因此土体发生了相对较大的水平位移。R11测点最大位移累计值为102.26mm，发生在土体表面，时间为5月24日，在4月26日测量过后，变化趋于稳定。最大变化速率为6.994mm/d，发生时间为刚开挖时，并且无任何支护。从整体来看，曲线底部水平位移很小，但变化速率较快，而上部水平位移较大，但变化速率较慢，中间没有较明显的波峰和波谷（滑动面），表明此处基坑边坡没有形成明显的滑动面，处于剪切蠕变阶段，边坡安全性较高。测量期间，整个变化情况在控制范围内，未达到相应预警值，保证了基坑施工期间的安全。

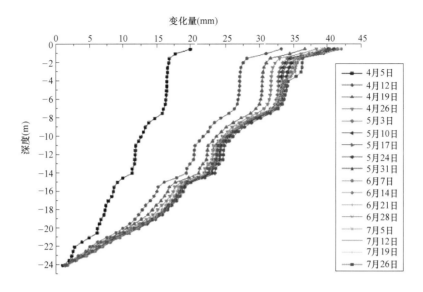

图13-34 R10孔测斜位移累计变化量曲线图

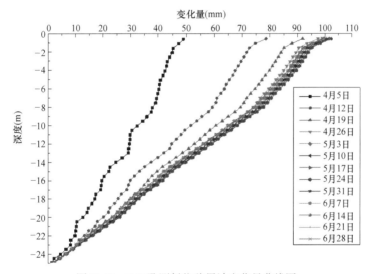

图13-35 R11孔测斜位移累计变化量曲线图

R15测点位于基坑南侧,自西向东起第15个测斜孔。此处基坑开挖深度20m左右,测斜管深度23m。4月5日为不计算初值测量在内的首次测值,在撰写本次分析报告之前,测量最后一次时间为10月25日,故将测斜数值取到10月25日结束。

通过图13-36可知:R15测点最大位移累计值为28.75mm,发生在土体表面,时间为6月7日,在4月26日测量过后,变化趋于稳定。最大变化速率为2.080mm/d,发生时间为刚开挖时,并且无任何支护。从整体来看,曲线底部水平位移很小,但变化速率较快,而上部水平位移较大,但变化速率较慢,中间没有较明显的波峰和波谷(滑动面),表明此处基坑边坡未形成明显的滑动面,处于剪切蠕变阶段,边坡安全性较高。测量期间,整个变化情况在控制范围内,未达到相应预警值,但应继续对其进行实时测量,保证施工安全。

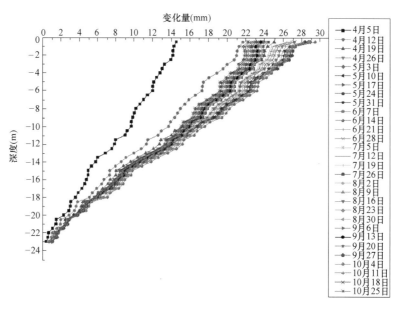

图 13-36　R15孔测斜位移累计变化量曲线图

　　R17测点位于基坑南侧，自西向东起第17个测斜孔。此处基坑开挖深度20m左右，测斜管深度25m。4月5日为不计算初值测量在内的首次测值，在撰写本次分析报告之前，测量最后一次时间为10月25日，故将测斜数值取到10月25日结束。

　　通过图13-37可知：R17测点最大位移累计值为39.51mm，发生在土体表面，时间为7月19日。在测量过程中位移持续增大，虽未趋于稳定，但增大幅度并不大。最大变化速率为2.104mm/d，发生时间为刚开挖时，并且无任何支护。整体来看，曲线底部水平位移很小，但变化速率较快，而上部水平位移较大，但变化速率较慢，中间没有较明显的波峰和波谷（滑动面），表明此处基坑边坡未形成明显的滑动面，处于剪切蠕变阶段，

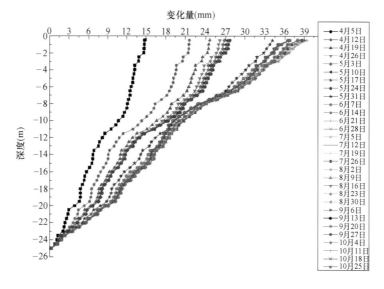

图 13-37　R17孔测斜位移累计变化量曲线图

边坡安全性较高。测量期间，整个变化情况在控制范围内，未达到相应预警值，保证了基坑施工期间的安全。

R24测点位于基坑南侧，自西向东起第24个测斜孔。此处基坑开挖深度18m左右，测斜管深度21.5m。4月5日为不计算初值测量在内的首次测值，在撰写本次分析报告之前，测量最后一次时间为6月28日，故将测斜数值取到6月28日结束。

通过图13-38可知：R24测点最大位移累计值为11.20mm，发生在深度-3.5m处，时间为6月14日，在4月19日测量过后，变化趋于稳定。最大变化速率为0.59mm/d，发生时间为刚开挖时，并且无任何支护。虽然从图形整体形状分析，在深度-3m处附近具有形成滑动面的危险，但是，由于土体整体的水平位移值较小，最大值也未超过12mm，因此，基本不会产生滑移的危险。测量期间，整个变化情况在控制范围内，未达到相应预警值，保证了基坑施工期间的安全。

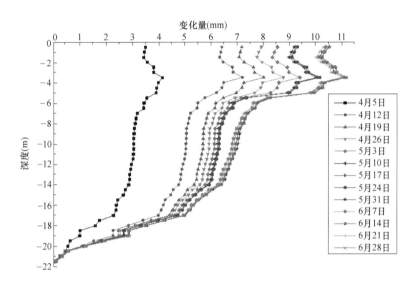

图13-38 R24孔测斜位移累计变化量曲线图

R26测点位于基坑南侧，自西向东起第26个测斜孔。此处基坑开挖深度20m左右，测斜管深度22.5m。4月5日为不计算初值测量在内的首次测值，而7月26日，随着基坑的回填使得测斜管被土体掩埋，无法继续测值，故测斜中止时间为7月26日。

通过图13-39可知：R26测点最大位移累计值为62.61mm，发生在深度为-6.5m附近，时间为7月26日，在测量过程中位移持续增大，虽未趋于稳定，但增大幅度并不大。最大变化速率为3.26mm/d，发生时间为刚开挖时，并且无任何支护。从整体来看，曲线底部水平位移很小，但变化速率较快，而上部水平位移较大，但变化速率较慢，中间没有较明显的波峰和波谷（滑动面），表明此处基坑边坡没有形成明显的滑动面，处于剪切蠕变阶段，边坡安全性较高。测量期间，整个变化情况在控制范围内，未达到相应预警值，保证了基坑施工期间的安全。

R28测点位于基坑南侧，自西向东起第28个测斜孔。此处基坑开挖深度18m左右，测斜管深度24m。4月5日为不计算初值测量在内的首次测值，在撰写本次分析报告之前，测量最后一次时间为10月25日，故将测斜数值取到10月25日结束。

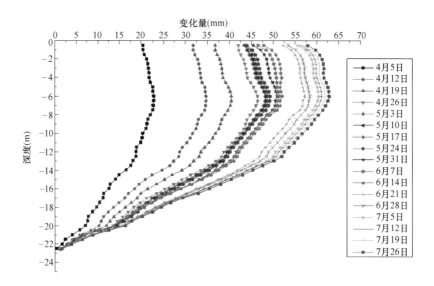

图 13-36　R26孔测斜位移累计变化量曲线图

　　通过图13-40可知：R28测点最大位移累计值为29.31mm，发生在土体表面，时间为7月26日，在4月26日测量过后，变化趋于稳定。最大变化速率为1.911mm/d，发生时间为刚开挖时，并且无任何支护。从整体来看，曲线底部水平位移很小，但变化速率较快，而上部水平位移较大，但变化速率较慢，中间没有较明显的波峰和波谷（滑动面）。表明此处基坑边坡没有形成明显的滑动面，处于剪切蠕变阶段，边坡安全性较高。测量期间，整个变化情况在控制范围内，未达到相应预警值，但是我们也不能放松警惕，应继续对其进行定时测量，保证施工安全。

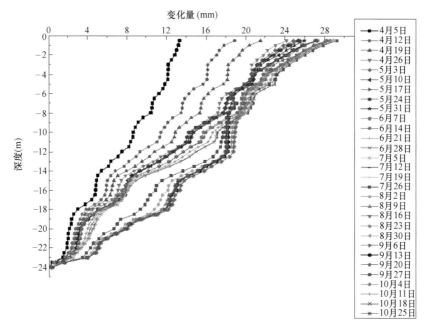

图 13-40　R28孔测斜位移累计变化量曲线图

综上所述，通过对深孔测斜数据进行分析可得：从曲线随深度变化的角度上来看，各条曲线的整体变化趋势基本一致，从底部开始，随着深度的减小，土体水平位移累计变化量不断增大，最大值均发生在土体表面。从各个图可以看出，大多数曲线都没有明显的速率变化，曲线也未产生大的波动；仅有少数的曲线有明显的速率变化，但整体的水平位移偏小。在土体水平位移随深度变化的过程中，某些位置可能由于施工的扰动等因素出现较小的波动，但从绘制的测斜位移累计变化量曲线图可以看出：各条曲线的趋势并未受到实质性的影响，相对较为平滑。

从测量结果可以判断出，起初随着开挖的进行，土体应力重分布，破坏了原有土体的受力平衡，未开挖一侧土体产生土压力，其土压力方向指向开挖基坑方向，使得土体向基坑内的水平位移变化十分明显。在经历了一段时间的变形之后，土体指向开挖基坑方向的土压力逐渐减弱，同时，在开挖过程中会导致基坑底部形成坑底隆起，由坑底隆起对整个土体的变形影响可知，坑底隆起会使土体产生背离开挖基坑方向的土压力，从而使土体有向背离开挖基坑方向移动的趋势。通常情况下，指向开挖基坑方向的土压力会大于背离开挖基坑方向的土压力，使得土体产生向开挖基坑方向的水平位移。随后在基坑边坡表面施作了钢筋网加喷射混凝土锚杆支护，这使得未开挖土体受到进一步约束，土体无法进一步发生显著的水平位移。甚至在某些特殊情况下，土体水平位移值会在一定程度上有所减小，即向着背离开挖基坑方向发生少量的水平位移。随着时间的推移，土体受力会逐渐趋于平衡，水平位移值会基本趋于稳定。再回填后，水平位移值应该会发生进一步的变化，但是由于回填将测斜孔掩埋，因此无法进一步跟踪监测，未得到基坑回填后的测值。从整体来看，底部水平位移很小，但变化速率较快，而上部水平位移较大，但变化速率较慢，中间没有较明显的波峰和波谷（滑动面），表明此处基坑边坡没有形成明显的滑动面，处于剪切蠕变阶段，边坡安全性较高。测量期间，整个变化情况在控制范围内，未达到相应预警值，但应继续对其进行实时测量，保证施工安全。

第 14 章 ▸▸

北京K11新景商务楼深大基坑工程实例分析

14.1 工程概况

新景商务楼项目位于北京市东城区磁器口东北侧，南邻广渠门内大街，西邻崇外大街，项目建筑总体建场位置如图 14-1 所示。本项目占地面积约 4882m²，规划总建筑面积约 3.4 万 m²，地上共 10 层，采用框架结构，建筑面积 20000m²，1~4 层为商业、影院、展览中心等，5~10 层为办公用房，建筑高度为 45m；地下共 3 层，地下总建筑面积约 14000m²，地下一层主要功能为自行车库及商业，地下二层主要功能为汽车库及设备用房，地下三层战时为核六级人防物资库，平时为汽车库和设备用房（图 14-2、图 14-3）。地下室基础采用筏板基础形式，筏板普遍厚度为 1m，部分结构柱下设置厚承台，基础东侧区域设置抗浮锚杆。

图 14-1　北京市 K11 新景商务楼工程位置平面示意图

新景基坑南北方向平面最大尺寸约 45m，东西方向平面最大尺寸约 135m，基坑开挖深度为 16~18m，地块自然地面标高为 42.7m（图 14-4）。基坑支护结构根据周边环境情

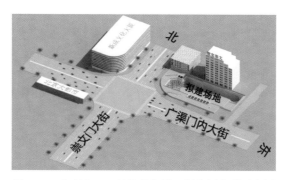

图14-2　北京市K11新景商务楼工程位置鸟瞰示意图

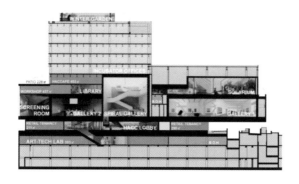

图14-3　北京市K11新景商务楼剖面图

况采用了围护桩+内支撑、围护桩+锚索、围护桩+钢斜撑相结合的布置形式，各支护方式位置如图14-5所示。

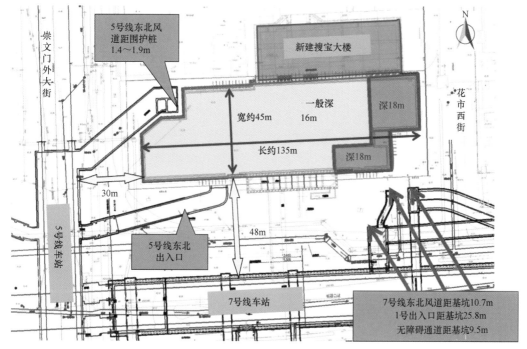

图14-4　基坑工程周边建（构）筑物平面图

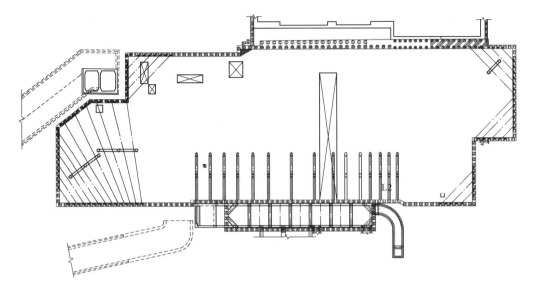

图 14-5　基坑支护平面布置图

14.2　工程地质及水文地质概况

14.2.1　工程地质

根据对现场钻探与原位测试的综合分析，勘探深度范围内（最深 40.00m）的地层按成因类型、沉积年代可划分为人堆积层和第四纪沉积层两大类，并按其岩性及工程特性进一步划分为 9 个大层及亚层。

表层为人工堆积层，厚度为 1.70~7.60m 的黏质粉土填土①层及房渣土①₁层。

标高 38.10~40.61m 以下为粉砂、细砂②层，黏质粉土、砂质粉土②₁层，粉质黏②₂层及黏土②₃层。

标高 34.24~37.10m 以下为粉质黏土、黏质粉土③层，黏质粉土、砂质粉土③₁层，黏土、重粉质黏土③₂层及细砂、粉砂③₃层。

标高 29.17~34.08m 以下为细砂、粉砂④层，圆砾、卵石④₁层，粉质黏土、黏质粉土④₂层及黏土④₃层。

标高 24.08~26.55m 以下为黏土、重粉质黏土⑤层，粉质黏土、黏质粉土⑤₁层及黏质粉土、砂质粉土⑤₂层。

标高 17.59~22.65m 以下为卵石、圆砾⑥层及细砂、中砂⑥₁层。

标高 12.78~14.97m 以下为粉质黏土、黏质粉土⑦层及黏土、重粉质黏土⑦₁层。

标高 8.85~10.60m 以下为卵石、圆砾⑧层及细砂、中砂⑧₁层。

标高 4.55~6.05m 以下为粉质黏土、黏质粉土⑨层及重粉质黏土、黏土⑨₁层。

根据岩土勘察报告，本项目地基持力层位于同一地貌单元，工程特性及地基土的压缩性差异不大，判定场地为均匀地基。

14.2.2 水文地质

现场勘察实测的各层地下水水位情况及类型参见表14-1。本次岩土工程勘察期间（2014年3月上旬）于钻孔中实测到3层地下水，各土层相对位置关系如图14-6所示。

地下水水位量测情况一览表 表14-1

序号	地下水类型	地下水静止水位	
		埋深（m）	标高（m）
1	层间潜水	18.50~18.60	23.68~23.71
2	潜水	23.50~25.20	16.98~18.93
3	承压水	31.50~31.80	10.51~10.68

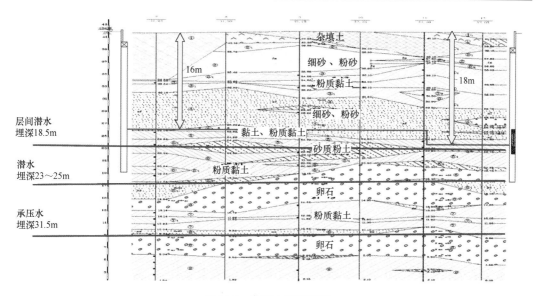

图14-6 典型土层剖面图

1. 层间潜水

第一层地下水类型为层间潜水，含水层岩性为黏土、重粉质黏土⑤层，粉质黏土、黏质粉土⑤$_1$层及黏质粉土、砂质粉土⑤$_2$层，水位埋深18.50~18.60m（静止水位标高为23.68~23.71m），本层地下水在拟建场区连续分布，平均年变幅可达1~2m。

2. 潜水

第二层地下水类型为潜水，含水层岩性为卵石、圆砾⑥层及细砂、中砂⑥$_1$层，水位埋深23.50~25.20m（静止水位标高为16.98~18.93m），本层地下水在拟建场区连续分布。

3. 承压水

第三层地下水类型为承压水，含水层岩性为粉质黏土、黏质粉土⑦层，黏土、重粉质黏土⑦$_1$层，水位埋深31.50~31.80m（静止水位标高为10.51~10.68m），本层地下水在拟建场区连续分布。本次勘探未揭露上层滞水，但因大气降水及管道渗漏等原因，拟建场地不排除存在上层滞水的可能性。

14.2.3 土层物理力学性质

根据勘察报告，主要土层的物理力学性质指标见表14-2。

主要土层物理力学性质指标一览表　　　　表14-2

土层编号	土层名称	重度γ (kN/m³)	直剪(固快)		压缩模量 $E_{s0.1\ 0.2}$(MPa)
			c(kPa)	φ(°)	
①	素填土	15.5	1.0	10.0	3.7
②	黏土	19.1	30.0	8.0	3.7
③	黏土、重粉质黏土	19.8	36.0	11.0	6.4
④	黏土	19.9	30.0	12.0	14.5
⑤	黏土、重粉质黏土	19.9	44.0	14.8	11.9
⑥	细砂、中砂	20.5	0.0	31.0	45
⑦	黏土、重粉质黏土	19.5	38.0	19.0	15.2
⑧	细砂、中砂	20.5	0.0	32.0	50

14.3 工程重难点分析

该项目的周边建（构）物环境复杂：基坑西侧临近地铁5号线磁器口站东北风道及风井，风道为双层曲墙拱形结构，原采用暗挖CRD法施工，结构总高12.75m，总宽11.6m，风井为矩形断面结构，采用格栅倒挂井壁法施工，总宽5.6m，总长12m。其西南侧临近既有5号线磁器口站东北出入口结构，出入口分明挖及暗挖两部分，暗挖段为平底直墙圆拱结构，暗挖段结构总高8.4m，总宽7.6m，明挖段为矩形断面结构，总宽8m，总高4.4~6.3m。其东南侧临近新建7号线无障碍通道、东北风井结构、1号出入口结构，无障碍电梯结构明挖段结构总宽3m，总长2.6~4.4m，风井结构总宽4.8m，总长11.5m，均采用格栅倒井壁法施工。基坑西北侧临近1座三层民房及2座平房，距基坑边约5.5m。基坑北侧临近新建搜宝大楼，搜宝大楼为地上12层、地下两层结构，筏板基础，距基坑边约0.8~5.6m，与既有搜宝大楼共用22根围护单排桩、20组围护双排桩。基坑西侧临近1050污水、600上水、400燃气等管线，东侧临近400上水管线。基坑南侧中部临近新裕商务楼项目（K11-AM）及新景商务楼项目（K11-XJ）地下连接通道及行车通道的北出入口，与北出入口共用36根围护单排桩。基坑与周边建（构）物位置关系如图14-7、图14-8所示。

工程建设风险大：基坑临近建（构）物较多，基坑宽度较大，均为大跨度明挖施工，并且深基坑断面形式复杂多变，施工难度和风险大。

设计难点及创新点较多：如与搜宝大楼共用桩设计、与南北通道北出入口斜支撑设计、临近地铁5号线的异形基坑支撑体系布置及控制标准等。

施工技术难度极高：地层地质的适应性和施工环境的特殊性，决定了需要对临近地铁结构的保护、围护桩及旋喷桩施工措施的选择等；狭小的施工空间的深大基坑施工总体部署及分区划分；共用桩的施工保护措施；针对砂层不良地质坍塌、变形指标超限等应急预案等。

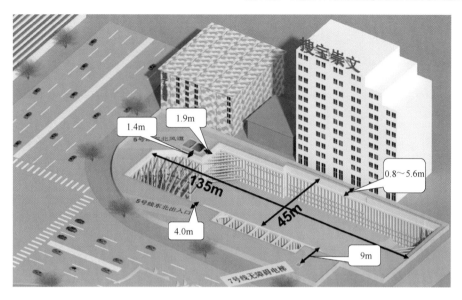

图14-7 基坑周边建（构）物关系俯瞰图一

图14-8 基坑周边建（构）物关系俯瞰图二

14.4 基坑支护设计

14.4.1 共用桩+斜支撑体系

基坑南侧由于地下连通道及其附属结构已实施完成，锚索体系无法实施，该侧采用了两道钢斜支撑的支护形式，典型基坑支护剖面如图14-9所示。通过设置坑边留土，普遍区域先行开挖至基底，普遍基础底板完成后，施工斜支撑，进而开挖坑边留土，分两次完成留土开挖，并浇筑形成基础底板，具体的施工流程如图14-10所示。钢筋混凝土基座详图如图14-11所示。

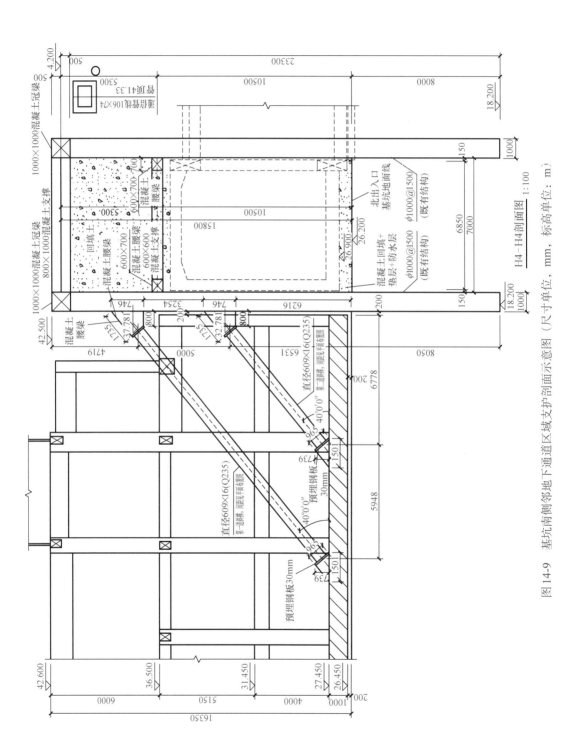

图14-9　基坑南侧邻地下通道区域支护剖面示意图（尺寸单位：mm，标高单位：m）

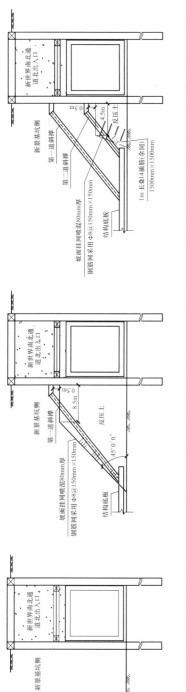

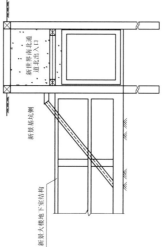

1.H段围护桩已经由新世界通道施工单位施工完成，出入口结构施工完成并进行了全部覆土回填。

2.待上一步完成后，开挖新景基坑，施工新景基坑时需预留反压土，反压土设置位置见上图，待新景基坑部分位置开挖到底后，施作部分底板和侧墙，支撑节点处预埋件，待底板混凝土强度达到设计强度的90%进行第一道混凝土腰梁、斜撑的施作。

3.待上一步完成后，进行斜撑下土方开挖，开挖到第二道斜撑下方0.5m时需预留反压土，反压土设置位置见上图，继续施作底板，待底板预埋件，支撑节点处预埋件，待第二道混凝土强度达到设计强度90%进行第二道混凝土腰梁、斜撑的施作。

4.分段开挖剩余土方，开挖时需加强围护结构及斜撑的监测，施工新景大厦底板、柱、地下三层中板及侧墙结构，并施作相应防水层。

5.待上一步新景主体结构强度达到设计强度90%后，拆除第二道斜撑，施作新景地下二层柱、中板结构、侧墙及相应防水层。待新景地下室结构达到设计强度90%后，方可进行第一道支撑的拆除及施工新景地下室结构余下至结构，拆除过程应加强新景基坑支撑及围护桩的监测。

图14-10　基坑南侧开挖工序示意图

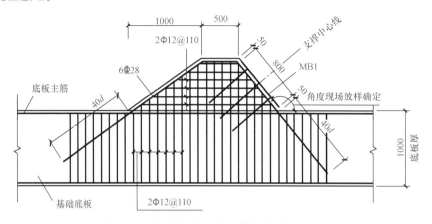

图14-11　钢筋混凝土基座详图（单位：mm）

各道钢管斜撑的轴力设计标准值见表14-3，表中数据乘以斜支撑间距即为每根斜支撑的轴力。

钢管斜撑轴力设计标准值　　　　　　　　　　　　　　　　表14-3

剖面	第一道撑				第二道撑			
	角度 (°)	轴力标准值 (kN/m)	水平力 (kN/m)	垂直力 (kN/m)	角度 (°)	轴力标准值 (kN/m)	水平力 (kN/m)	垂直力 (kN/m)
H1	40	300	230	193	40	600	460	386
H2	40	300	230	193	40	600	460	386
H3	40	300	230	193	40	690	529	444
H4	40	230	176	148	40	480	368	309
H5	40	300	230	193	40	600	460	386
L1	40	300	230	193	40	820	628	527
L2	40	345	264	222	40	1050	804	675

本项目采用排桩结合斜支撑的支护形式，基坑开挖实施过程中坑外土压力通过斜支撑传递至基础底板。基础采用了筏板的形式，底板下未设置桩基础，而钢斜撑的设计荷载较大，钢斜撑传递的最大设计荷载达到4200kN（H5-H5剖面），基础底板在水平方向和竖向能否有效承担斜支撑的荷载是本报告分析的主要内容，这不仅涉及对结构本身的分析，还涉及结构与地基土体的相互作用。

业主组织了相关咨询单位，针对基坑斜支撑施加过程对基础底板的影响进行分析，进而提出相应的控制措施，为本项目的顺利实施提供参考和指导。总体技术路线如图14-12所示，主要分析内容包括：基坑斜支撑施工全过程底板受力分析；斜支撑荷载作用下底板受力三维分析；底板安全性复核及斜支撑安全性分析。

通过基坑斜支撑施工全过程分析和斜支撑设计荷载作用下底板的三维分析，有限元模型如图14-13、图14-14所示。计算底板的位移和内力分布，并对底板和节点安全性进行复核验算，计算结果见表14-4、表14-5，可知各项指标均满足要求，所做支护设计安全可靠。

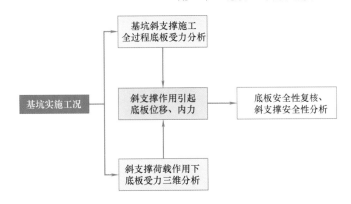

图 14-12　总体技术路线

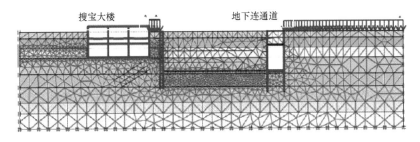

图 14-13　剖面结构模型的有限元网格图

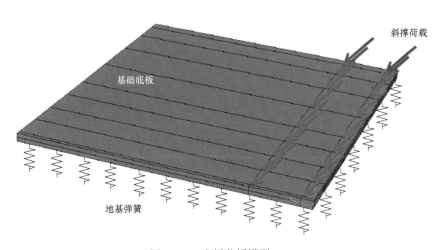

图 14-14　底板分析模型

各计算剖面底板弯矩及斜支撑轴力　　　　　　　　　　表 14-4

剖面	底板厚度 (m)	底板弯矩 (kN)	第一道斜撑(kN/m)		第二道斜撑(kN/m)	
			计算值	设计值	计算值	设计值
C2-H4	1	183.8	147.6	230	128.6	480
C2-H3	3.5	1150.0	222.6	300	255.2	690
C2-L2	1	348.2	381.1	345	470.0	1050
B-L1	1	241.2	258.7	300	415.6	820

斜支撑设计荷载作用下 A、B 区底板计算结果 表 14-5

区域	弹簧刚度	底板自重		斜支撑加载工况				内力设计值	
		U_{max} (mm)	U_{min} (mm)	U_{max} (mm)	U_{min} (mm)	SM1 (kN)	SM2 (kN)	SM1 (kN)	SM2 (kN)
A 区	20000	1.257	1.081	6.378	1.021	533.6	630.8	667	789
	40000	0.6293	0.5266	3.382	0.5145	537.6	619.2	672	774
B 区	40000	0.6206	0.5592	5.057	0.4448	461.7	564.8	577	706

14.4.2 临近 5 号线支撑体系

本基坑安全等级为一级，并按相应等级对基坑稳定性和变形进行验算。基坑侧壁的重要性系数为 1.1。一级基坑施工期间引起的地表沉降控制在 0.15%H 以内，钻孔桩水平位移控制在基坑深度 0.2%H 以内，且≤30mm，H 为基坑深度。

基坑与 5 号线附属结构平面位置关系及支撑布置情况如图 14-15～图 14-17 所示，根据安评单位评估提出的标准，临近 5 号线磁器口站东北风道及风亭、东北出入口（A1～A4 段）围护桩水平位移≤15mm；临近 7 号线东北风道、1 号出入口、1 号无障碍通道（G1～G2 段）围护桩水平位移≤15mm。施工期间加强监测，围护桩水平位移预警值为 11mm，报警值为 12mm，控制值为 15mm。

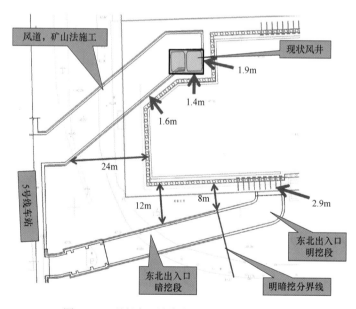

图 14-15　基坑与 5 号线附属结构平面位置关系

为保证基坑与地铁结构间土体稳定，需采取保护措施如下：

（1）在围护桩施工完成后进行深孔注浆，注浆管从地面垂直打设，注浆管直径 60mm。

（2）深孔注浆压力控制在 0.3MPa 以内，浆液扩散半径为 0.75～1m，注浆材料采用水泥浆，水灰比 1:1，注浆水泥采用 42.5 级普通硅酸盐水泥。

（3）加固后的地基应具有良好的均匀性和自立性，其无侧限抗压强度为 0.5MPa。加

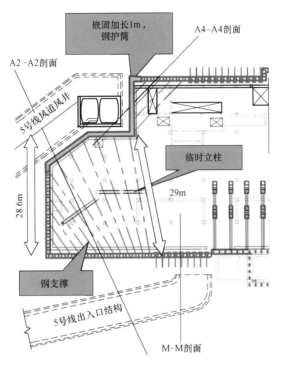

图14-16 临近5号线附属结构支撑平面布置图

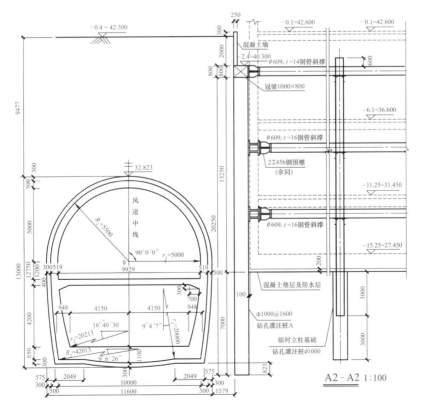

图14-17 基坑围护结构A2-A2剖面图（标高单位：m；尺寸单位：mm）

固完成后应进行施工质量检测。

（4）施工前应结合工程情况进行现场试验性施工，现场动态调整相关注浆参数，保证注浆质量，从而达到注浆的目的与注浆效果。

14.5 基坑开挖及支护技术

14.5.1 施工总体部署

施工总体部署如图14-18所示，按照平面分区、竖向分阶段的原则，划分为6个施工区。

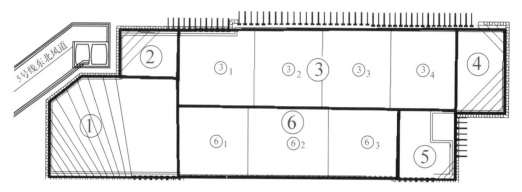

图14-18 施工总体部署

平面施工区的顺序为先施工①区、④区，然后施工②区、⑤区，其次施工③区，最后施工⑥区。竖向施工原则为每步土方开挖至相应支撑下50cm，进行支撑施工，严禁超挖。因为整个③区、⑥区开挖范围较大，③区东西方向长约80m，⑥区东西方向长约65m，因此在土方开挖过程中采用分区、分块、抽条开挖方法，拟将③区从平面上分为4个小区域，⑥区分为3个小区域。③区先进行③₁区和③₃区土方开挖，再进行③₂区和③₄区土方开挖。⑥区先进行⑥₁区和⑥₃区土方开挖，再进行⑥₂区土方开挖。

14.5.2 临近5号线支撑体系施工

围护桩和旋喷桩施工阶段，存在两个方面危险因素：第一方面就是距离5号线东北风井较近的围护桩施工过程中孔壁坍塌问题；另一个就是钻机、吊车的倾覆（这个钻机包括围护桩施工用的旋挖钻机和止水帷幕施工用的二重管旋喷桩机以及钢筋笼吊装用的吊车）。因此，根据这些危险因素，采取了防塌孔、防倾覆措施。

围护桩施工工艺：邻近5号线东北风道围护桩采用旋挖钻机全套管施工工艺，采用隔一打一的跳打方式。进行临近地铁出入口和风道的土方开挖作业时，平面分区域、竖向分阶段。支撑体系施工方案如图14-19所示，平面上分成两个区域，先开挖①区，将土方开挖至第一道钢支撑下50cm，进行①区第一道钢支撑安装，待施工完成后，暂停①区土方开挖，进行②区土方开挖，开挖至②区第一道钢支撑下50cm，进行②区第一道钢支撑安装，待安装完成后，暂停②区土方开挖，进行①区第二步土方开挖，如此循环，直至开挖到基底，使得地铁侧开挖面无支撑暴露的长度不大于20m，能尽快形成内支撑和预应力锚杆作业区域，以确保基坑、地铁出入口及风道的安全。

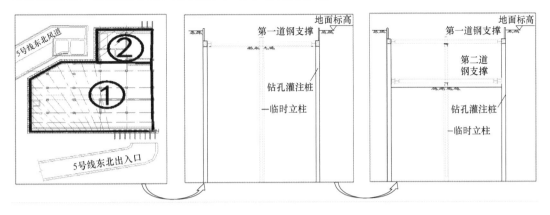

图14-19　邻近5号线支撑体系施工方案

第 15 章 ▶▶
北京樊羊路站深大基坑工程实例分析

15.1　工程概况

樊羊路站为北京轨道交通房山线北延工程第一座车站，沿六圈路呈东西走向跨路口布置。车站为地下二层双柱三跨侧式站台车站，侧式站台宽度 7.5m。车站标准段净宽 29.4m，总净长 297.26m，平均覆土约为 3.9m。基坑开挖深度约 18.9m。车站地下一层为站厅层，中部为公共区，两端均设置设备用房，地下二层为站台层，由南北两个侧站台和中部轨行区组成，轨行区包含两条正线及一条故障车停车线，车站大里程端为樊羊路站~四环路站区间盾构始发井。本站共设置 3 个出入口和 2 个风亭：A 出入口位于樊羊路西侧车站主体北端，B 出入口和 2 号风亭（兼安全疏散口）位于车站主体北端樊羊路东侧，C 出入口自车站南侧引出，下穿马草河后接入樊羊路西侧人行道，1 号风亭位于车站主体西南角。

樊羊路站采用明挖法（跨路口处采用盖挖法）施工，在里程 SK24+945.150~SK24+968.850 设置盖挖顶板，一是为南北向管线改移提供路由，二是保证樊羊路交通畅通。同时由于樊羊路站管线较为复杂，改移周期较长，为保证满足盾构区间的工期要求，在盖挖顶板东侧里程 SK24+999.350 处设置隔离桩，将车站分为东西两个部分。

樊羊路站前区间从既有线终点接出，左右线线间距自起点至终点逐渐加大，为 5~7.15m，左右线中间设置停车线及停车线与正线间渡线，区间长度 62.52m。采用明挖法施工，区间结构形式为矩形单层双跨结构。区间未设置联络通道及泵站等附属结构。

车站南侧为马草河，马草河上开口宽 30m，下开口宽 16m，河底埋深 5.7m，为季节性排洪河道，枯水期河水深 0.5m 左右；樊羊路站东南象限为花乡水厂，距离车站约为 40m；西南象限为郭公庄幸福家园小区，居民楼距离车站结构约为 60m；西北象限为亿城天筑小区，居民楼与车站最近距离为 30m；东北象限为华润地产在建商品房，距离车站最近约为 40m。樊羊路站和站前区间平面位置如图 15-1 所示。

图 15-1　樊羊路站平面位置示意图

15.2　工程地质概况

勘察揭露地层最大深度为62m，根据钻探资料及室内土工试验结果，按地层沉积年代、成因类型，将本工程场地勘探范围内的土层划分为人工堆积层（Q_4^{ml}）、一般第四纪新近沉积层（Q_4^{al+pl}）及一般第四纪冲洪积层（Q_4^{al+pl}）三大类，并按地层岩性及其物理力学性质指标进一步划分为七个大层，各土层基本岩性特征及分布情况简述如下。

1. 人工堆积层（Q_4^{ml}）

①层素填土：黄褐色，稍湿，稍密，以黏质粉土为主，含少量砖渣、灰渣及水泥渣，局部区域含少量树根及卵石、碎石。

①$_1$层杂填土：杂色，稍湿，松散，由建筑垃圾及生活垃圾等组成。建筑垃圾主要成分为砖块、水泥块、卵石及碎石等，偶见木屑及铁丝，生活垃圾主要成分为塑料袋、编织袋等，均以黏性土、灰渣、细中砂等充填。

2. 一般第四纪新近沉积层（Q_4^{al+pl}）

②层黏质粉土-砂质粉土：褐黄色，湿，密实，切面稍有粗糙，摇振反应中等，含云母片、氧化铁斑点、碳渣等。

②$_1$层粉质黏土-黏土：褐黄色，可塑，切面光滑，无摇振反应，含云母片、氧化铁斑点。

②$_2$层细砂：褐黄色，稍湿，中密，其成分以石英、长石为主，含云母片及少量卵石。仅在FX-FL01、FX-FL13、FX-FL21等钻孔揭露。

③层粉细砂：褐黄色，稍湿，中密，其成分以石英、长石为主，含云母片及少量卵石、碳渣等。

④层圆砾：杂色，稍湿，中密，呈亚圆形，母岩成分以石英岩、砂岩及花岗岩为主，含量约占55%~60%，一般粒径为2~20mm，最大粒径约为140mm，级配较好，以含10%~20%的细中砂充填及少量黏性土充填。

④$_2$层细砂：褐黄色，稍湿，密实，其成分以石英、长石为主，含云母片及少量卵石。

3. 一般第四纪冲洪积层（Q_4^{al+pl}）

⑤层卵石：杂色，稍湿，中密~密实，呈亚圆形，母岩成分以石英岩、砂岩及花岗岩为主，含量约占55%~60%，一般粒径为20~190mm，最大粒径约为220mm，级配较好，以含10%~20%的细中砂及少量黏性土充填。

⑤$_3$层圆砾：杂色，稍湿，中密，呈亚圆形，母岩成分以石英岩、砂岩及花岗岩为主，含量约占55%~60%，一般粒径为2~20mm，最大粒径约为150mm，级配较好，以含10%~15%的细中砂充填。

⑥层卵石：杂色，稍湿~饱和，密实，呈亚圆形，母岩成分以石英岩、砂岩及花岗岩为主，含量约占55%~60%，一般粒径为20~180mm，最大粒径约为210mm，级配较好，以含10%~15%的细中砂充填及少量黏性土充填。

⑥$_3$层圆砾：杂色，湿~饱和，密实，呈亚圆形，母岩成分以石英岩、砂岩及花岗岩

为主，含量约占55%~60%，一般粒径为2~20mm，最大粒径约为160mm，级配较好，以含10%~15%的细中砂充填及少量黏性土充填。

樊羊路站深基坑施工主要涉及地层：①层素填土（厚度约为3.2m）、②层黏质粉土（厚度约为3.0m）、③层粉细砂（厚度约为2.7m）、④层圆砾（厚度约为3.0m）、⑤层卵石（厚度约为8.0m）、⑥层卵石（以下均为⑥层卵石）。车站主体基坑开挖主要为砂卵石地层，地质剖面如图15-2所示。

站前区间主要涉及地层：①₁层杂填土（厚度约为0.2m）、①层素填土（厚度约为0.8m）、②₂层细砂（厚度约为1.6m）、②层黏质粉土（厚度约为1.7m）、②₁层粉质黏土（厚度约为3.4m）③层粉细砂（厚度约为3.0m）、④层圆砾（厚度约为2.1m）、⑤层卵石（厚度约为6.5m）、⑥层卵石（以下均为⑥层卵石）。区间基坑开挖主要为砂卵石地层。

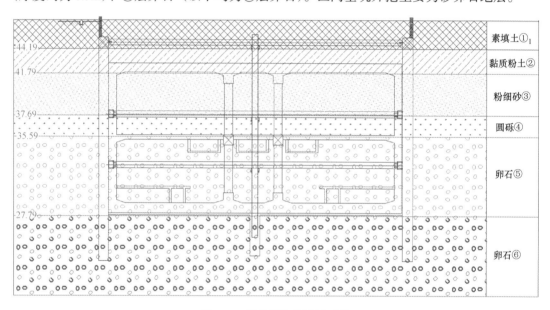

图15-2 樊羊路站地质剖面图

15.3 水文地质概况

1. 地下水的分布

樊羊路站及站前区间深基坑所处位置的地下水主要为潜水，水位埋深23.50~33.20m，相应水位标高为14.46~21.10m，在钻孔桩桩底以下约14m，含水层主要为卵石层，由于潜水受大气降水影响较大，水位有一定的变化，变化幅度一般为2~3m。车站主体深基坑施工过程中不需要降水。

2. 地下水、地表水的腐蚀性评价

根据水质分析报告按照《岩土工程勘察规范》（2009年版）GB 50021—2001相关条款判定地下水的腐蚀性等级及利用"北京轨道交通房山线北延工程初步勘察"地表水（马草河内取）FC-07的水质分析成果按照《岩土工程勘察规范》（2009年版）GB 50021—

2001相关条款综合判定附近地表水的腐蚀性等级。场地内的地下水腐蚀性等级为：地下水对混凝土结构的腐蚀性等级为微，干湿交替条件下对钢筋混凝土结构中的钢筋的腐蚀性等级为弱1。场地附近地表水腐蚀性等级为：地表水对混凝土结构的腐蚀性等级为微，干湿交替条件下对钢筋混凝土结构中的钢筋的腐蚀性等级为弱。

3. 土的腐蚀性评价

根据试验分析成果并按照《岩土工程勘察规范》（2009年版）GB 50021—2001相关条款进行土的腐蚀性判定、综合分析，场地内浅层土的腐蚀性判定结果为：土对混凝土结构的腐蚀性等级为微，对钢筋混凝土结构中的钢筋腐蚀性等级为微。

15.4　基坑开挖及支护施工技术

15.4.1　基坑支护施工规划

1. 基坑划分

樊羊路站跨樊羊路与六圈路路口设置，为满足樊羊路交通通行，及为南北向管线提供改移条件，在里程SK24+945.150~SK24+968.850处设置盖挖顶板。车站盖挖顶板及南北向管线改移施工周期较长，为满足节点工期，保证东侧基坑按时给樊羊路站~四环路站盾构区间提供始发条件，故在樊羊路站盖挖顶板东侧里程SK24+999.035处设置隔离桩，将车站主体基坑一分为二，致使樊羊路车站主体基坑开挖共分四期进行开挖。

樊羊路车站主体基坑共分为四部分进行开挖：

①号基坑为隔离桩东侧基坑，其为明挖法施工，长度约为93.87m，标准段宽度29.6m，深度约为18.9m，支护形式为ϕ1000mm钻孔灌注桩+ϕ800mm（t=16mm）钢管内支撑体系。

②号基坑为盖挖顶板上部明挖基坑，其平面尺寸为36.2m×28.7m，深度约为6m，为放坡（1：0.3)+土钉墙支护形式。

③号基坑为樊羊路站站前区间及樊羊路车站西侧主体基坑部分。樊羊路站西侧主体基坑与明挖区间主体基坑结合设置，深度约为19.1m，支护形式为ϕ1000mm钻孔灌注桩+ϕ609mm（t=16mm）钢管内支撑体系。

④号基坑为车站主体基坑施工剩余部分，其包含盖挖顶板下部盖挖基坑。明挖部分总长约为65m，盖挖基坑长度为23.7m，基坑宽度均为29.6m，深度为18.9m，支护形式为ϕ1000mm钻孔灌注桩+ϕ800mm（t=16mm）钢管内支撑体系。

2. 基坑施工顺序

根据时间安排先行施工①号基坑，为樊羊路站~四环路站盾构区间提供施工条件，基坑开挖方向自西向东进行；根据现场具体情况，适时对樊羊路与六圈路交叉路口进行交通导改，围蔽②号基坑施工场地，分层进行开挖；由于明挖区间邻近郭公庄站后折返线，且明挖区间与车站接头部位未设置隔离桩，故③号基坑包含明挖区间及车站西侧主体基坑，其开挖方向自西向东；待②号基坑盖挖顶板施工结束，并完成管线改移及基坑回填后，才能进行④号基坑开挖，其基坑东侧自东向西进行倒退开挖，西侧自西向东向基坑中间部位收拢。基坑划分及施工顺序如图15-3所示。

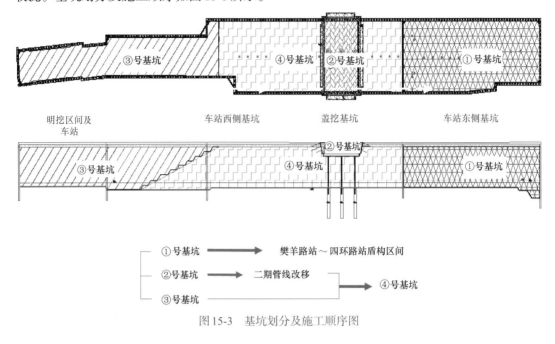

明挖区间及　　　　　　　车站西侧基坑　　　　盖挖基坑　　　　　　车站东侧基坑
车站

图15-3　基坑划分及施工顺序图

15.4.2　施工准备

（1）严格按照方案施工，对开挖中可能遇到的渗水、边坡失稳、卵石层塌方等现象进行讨论，提出应急措施预案并提前进行相关的物资储备，准备好地面排水及基坑内抽排水系统。

（2）按设计要求加工、购置（租赁）满足现场施工的钢支撑及钢围檩。

（3）对基坑周边30m范围内的建筑物进行调查，探明周围建筑物、地面及地下管线的实际情况，并编制详细的监控和保护方案，预先做好监测点的布设、初始数据的测试和检测仪器的调试工作，检测工作准备就绪。

（4）配备足够的开挖及运输机械设备，做好机械的检测、维修和保养等工作，确保机械正常作业。

（5）施工期间需加强地表沉降监测、控制地表沉降范围，并采取相应保护措施确保安全。

（6）在开挖过程中为了防止基坑渗水或突然下雨的影响，要提前做好基坑内排水的准备工作，以规避施工风险。

（7）落实好出土设备、运输道路和弃土场地，办理有关渣土外运证件。保证基坑开挖中连续高效率出土，加快开挖速度，减少地层扰动，确保围护结构水平位移量在规定指标内。

15.4.3　土方开挖

1. 土方开挖技术要求

（1）土方开挖时，围护结构强度应达到设计强度，地下水控制满足开挖要求。

（2）遵循"纵向分段、竖向分层、由上至下、先支后挖"的施工原则，严禁超挖。

（3）为了保证基坑安全，主体结构施工完成前，基坑边的地面超载须等效为20kPa的均布荷载进行控制。

（4）发生异常情况时，应立即停止挖土，并应立即查清原因，待采取相应措施后，方可继续开挖施工。

（5）对基坑周边地表、槽底应采取有效的盲沟集水井排水措施，防止漏水、渗水流入坑内。对渗漏水应及时排出，避免在基坑内长期堆聚。

（6）樊羊路站主体基坑采用中拉槽进行土方开挖，开挖前需进行试验性施工，试验段选取于樊羊路站东侧㉑轴处，试验开挖段纵向开挖长度为4m，放坡坡度为1:1；中间拉槽，其开挖深度4m，横向预留2m操作平台，边坡坡度为1:1.5。然后观察其土体的稳定性，当其满足要求后，需上报监理验收后再进行大面积土方开挖。

（7）纵向分段长度不宜超过8m，段间土坡坡比不宜大于1:1；竖向分层高度不得超过6m，两侧土台宽度不得小于2m，放坡坡比不得小于1:1。

2. ①号基坑开挖

樊羊路站隔离桩东侧主体基坑（长度93.97m）采取自西向东的方向放坡分层倒退开挖，中间拉槽，拉槽深度为4m，纵向分段长度不超过8m，分层深度为2m。其开挖步骤具体如图15-4、图15-5所示。

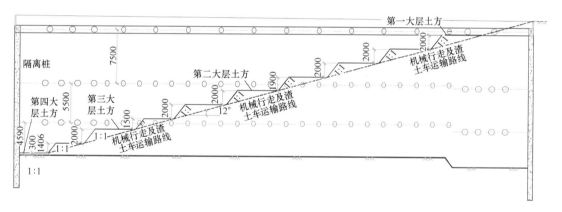

图15-4　①号基坑土方开挖纵断面示意图（单位：mm）

①号基坑随着土方开挖进度适时组织主体结构施工，由于基坑西侧为隔离桩，需要②号基坑全部回填完成后才能施工。故①号基坑主体结构施工时，其底板、中板、顶板及侧墙直接顶紧隔离桩，以保证西侧基坑稳定、安全。主体结构在隔离桩处隔离桩施工缝具体做法在主体结构施工方案中具体明确。

3. 特殊部位开挖方法

樊羊路站隔离桩东侧基坑及中间部位基坑开挖至最后不能进行放坡开挖时，采用挖掘机自下而上"接力开挖"，进行倒土作业将土方倒至基坑顶部，然后装车外运。当台阶法作业无法倒土时，换用小挖掘机挖土，装入料斗，用门式起重机或吊车吊出基坑，施工过程具体如图15-6和图15-7所示。

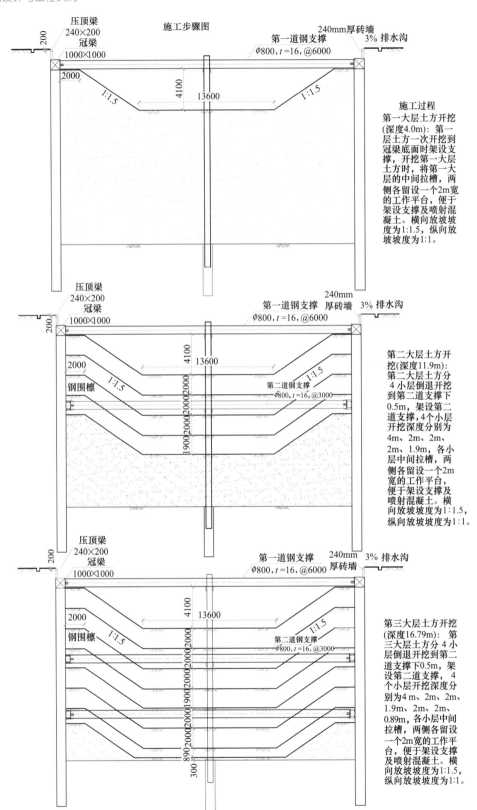

图15-5 ①号基坑土方开挖横剖面示意图（单位：mm）（一）

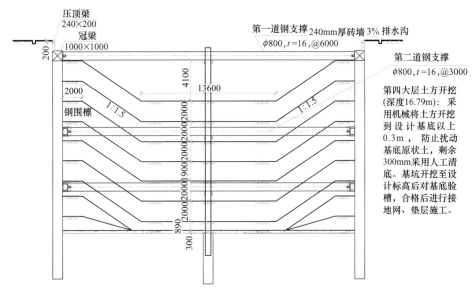

图15-5 ①号基坑土方开挖横剖面示意图（单位：mm）（二）

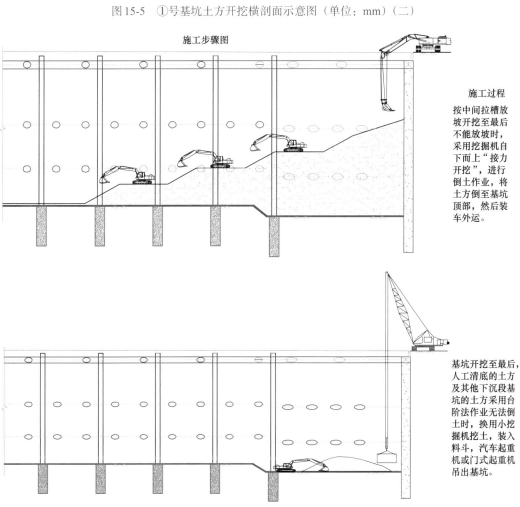

图15-6 ①号基坑最后阶段台阶倒土开挖示意图一（一）

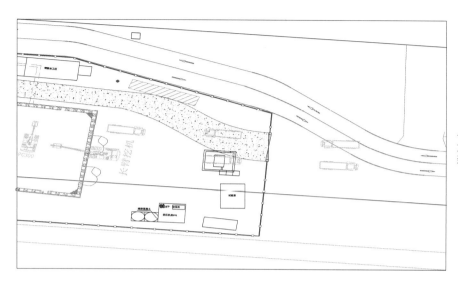

长臂挖机在车站东端头进行倒土装车。

图15-6　①号基坑最后阶段台阶倒土开挖示意图一（二）

施工步骤图

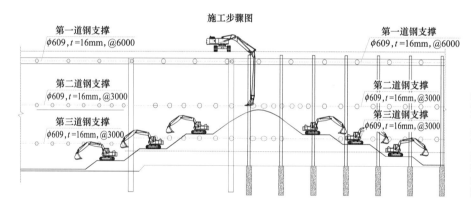

第一道钢支撑
φ609,t=16mm,@6000

第二道钢支撑
φ609,t=16mm,@3000

第三道钢支撑
φ609,t=16mm,@3000

第一道钢支撑
φ609,t=16mm,@6000

第二道钢支撑
φ609,t=16mm,@3000

第三道钢支撑
φ609,t=16mm,@3000

施工过程
中间基坑按中间拉槽放坡开挖至最后不能放坡时，东西两侧均采用挖掘机自下而上"接力开挖"，进行倒土作业将土方倒至基坑顶部，然后装车外运。

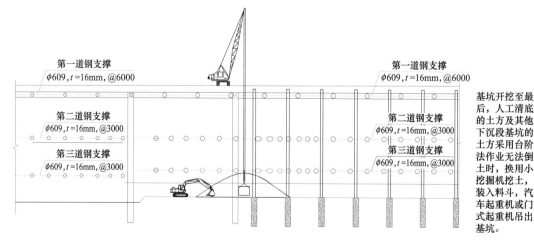

第一道钢支撑
φ609,t=16mm,@6000

第二道钢支撑
φ609,t=16mm,@3000

第三道钢支撑
φ609,t=16mm,@3000

第一道钢支撑
φ609,t=16mm,@6000

第二道钢支撑
φ609,t=16mm,@3000

第三道钢支撑
φ609,t=16mm,@3000

基坑开挖至最后，人工清底的土方及其他下沉段基坑的土方采用台阶法作业无法倒土时，换用小挖掘机挖土，装入料斗，汽车起重机或门式起重机吊出基坑。

图15-7　①号基坑最后阶段台阶倒土开挖示意图二（一）

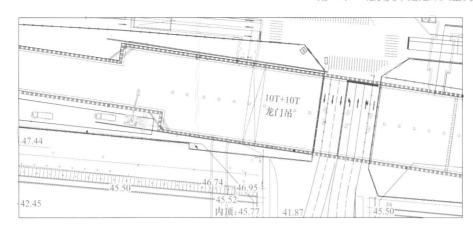

基坑土方开挖最后阶段长臂挖机倒土平面图。

图15-7 ①号基坑最后阶段台阶倒土开挖示意图二（二）

区间及车站基坑底部存在废水池、扶梯基坑、下翻梁以及变断面下沉段，均位于卵石层中，为防止机械开挖扰动地层，其均采用人工开挖土方，按1：1进行放坡，土方开挖完毕后及时进行喷射混凝土，防止开挖面暴露施工过长，增加施工风险。

4. 隔离桩位置防护

在基坑土方开挖过程中，东侧隔离桩破除高度比开挖面高度高出1200mm，兼作基坑边防护，以保证支撑、桩间喷射混凝土等作业人员的安全。在④号基坑土方开挖时，其隔离桩东侧主体结构均已施工完成，为保证土方开挖及桩体破除时废渣遗落至主体结构内而造成人员伤亡，在主体结构施工完成后设置安全密目网。同时为保证土方开挖及桩体破除时不伤及主体结构预留钢筋及结构，主体结构施工时在施工缝位置设置75mm厚聚乙烯泡沫板保护钢筋，且在靠近桩体一侧设置10mm厚木板，对结构进行保护。

15.4.4 土钉墙施工

土钉施工前首先探明土钉墙区域管线路径、埋深、走向及深度，绘出管线埋设分布图与土钉的位置关系，必要情况下调整土钉的打设角度，预留安全距离，保证管线安全（图15-8）。

土钉墙施工是关键环节，其特点表现为作业时间长、施工难度大、受土体影响大。

1. 工艺流程

边坡修整→初喷混凝土→成孔→安装土钉钢筋→安装钢筋网片→喷射混凝土→注浆。

2. 主要技术参数

（1）土钉孔径100mm，孔内注浆体强度等级M20。

（2）钻孔深度：不小于土钉设计长度。

（3）钻孔间距：第1~3层间水平间距与竖向间距均为1.5m。

（4）土钉钢筋：HRB400级热轧带肋钢筋直径22mm。

（5）土钉布置形式：上下呈梅花形布置。

（6）网片钢筋：HPB300，Φ8@200mm×200mm网格。

（7）喷射混凝土强度等级：C20。

（8）喷射混凝土厚度：100mm。

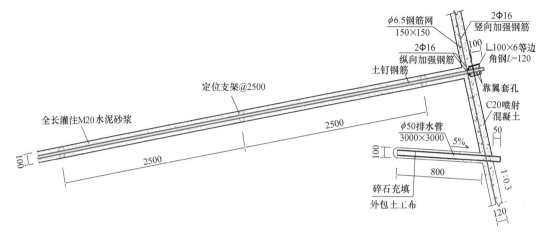

图 15-8　土钉大样图（单位：mm）

3. 土钉施工工艺

（1）施工准备

① 坡面开挖成形并经验收合格后，应尽快布置土钉施工作业，待土钉工程施工完毕，钻孔内砂浆及面层混凝土达到设计强度的80%，并在对应的土钉抗拉拔力检测合格后，方可进行下级边坡开挖和防护。

② 根据设计要求进行土钉抗拉拔破坏试验。

（2）边坡修整及初喷混凝土

土方开挖完成后，人工对边坡进行修整，清除虚土及杂物，清理完成后，为尽量缩短边坡土体的暴露时间，首喷30mm厚混凝土后再进行土钉施工，初喷之前在垂直土体方向打设直径8mm、长度为100mm的钢筋头，按2m×2m布置，插入土体内长度为60mm，外露40mm，并做好初喷厚度30mm的标记。待安装土钉、钢花管、钢筋网，设置加强筋完成后，再第二次喷射至设计厚度。按北京市相关要求，现场喷射混凝土采用预拌混凝土。

（3）钻孔施工

① 孔眼测放：根据施工设计蓝图要求，将孔眼位置准确测放在坡面上，孔位在坡面上纵横误差不超过100mm。

② 钻机严格按照设计孔位、倾角和方位准确就位，采用量角器控制角度，钻机导轨倾角允许误差不大于3°。

③ 由于盖挖顶板东侧靠近1200mm上水管及300mm中水管，存在较大施工风险，采用洛阳铲人工成孔，以保证管线安全。

④ 成孔方式为套管成孔，每节套管与钻杆长度相同，均为1.5m，外直径100mm，每钻进1.5m，跟进套管1.5m，直达设计孔深。禁止采用水钻，以避免土钉钻孔施工恶化坡体的地质条件，保证孔壁的粘结性能。钻孔速度根据所使用钻机性能和锚固地层严格控制，防止钻孔扭曲和变径。钻孔完毕后，应采用高压空气清孔。

⑤ 钻进过程中，对每个孔的地层变化、钻进状态（钻压、钻速）等一些特殊情况做好现场施工记录。

⑥ 钻孔孔径、孔深要求不得小于设计值。要求实际使用钻头直径不得小于设计孔径；实际钻孔深度误差不大于50mm。孔眼的孔轴应与土钉设计角度一致。

⑦ 钻孔清理：钻进达到设计深度后，不能立即停钻，要求稳钻1~2min，防止孔底尖灭、达不到设计孔径。钻孔孔壁不得有沉渣及水体粘滞，必须清理干净，在钻孔完成后，使用高压空气（风压0.2~0.4MPa）将孔内残渣全部清除出孔外，以免降低水泥砂浆与孔壁土体的粘结强度。在土钉下方设置泄水孔，其规格为直径100mm、深度800mm，按3m×3m梅花形布置，其成孔方式为潜孔钻直接成孔，为保证水体自然流出，成孔时向外成5%的坡度。泄水孔内设置直径50mmPVC管作为排水管并外包土工布，最后采用碎石填充紧密，以便于土钉成孔过程中及注浆后滞留的水体流出，从而使土钉与土体间的抗拔力满足设计要求。土钉及泄水孔布置图如图15-9所示，泄水管大样图如图15-10所示。

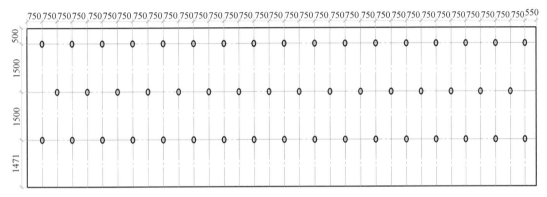

图15-9　土钉及泄水孔布置图（单位：mm）

⑧ 钻孔结束后，须经现场监理检验合格后，方可进行下道工序。孔径、孔深检查一般采用设计孔径钻头和标准钻杆，在现场监理旁站的条件下进行，要求验孔过程中钻头平顺推进，不产生冲击或抖动，钻具验送长度满足设计长度，退钻要求顺畅，高压风吹验无明显飞溅尘渣现

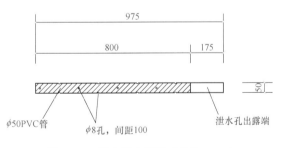

图15-10　泄水管大样图（单位：mm）

象。同时要求复查孔位、倾角和方位，全部土钉钻孔施工分项工作合格后，即可认为孔眼钻造检验合格。

⑨ 钻孔质量控制标准

钻孔前应定出孔位并做出标记和编号，孔位的偏差≤100mm；成孔的倾角误差≤3°；孔深误差≤50mm；孔径误差≤5mm；成孔过程中遇到障碍物需调整孔径时，不得影响支护安全。

（4）土钉制作及安装

土钉钢筋为HRB400ϕ22，土钉杆体长度不应小于设计长度。土钉安设前设置定位支架，保证钢筋处于孔眼的中心部位。支架沿钉长的间距为2.5m，支架采用ϕ6钢筋，其形状如图15-11所示。土钉插入孔中长度满足设计要求，孔口外露统一为100mm，土钉外露段严禁悬挂重物。

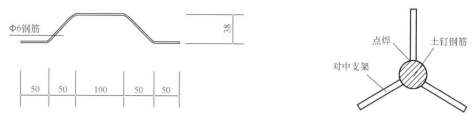

图 15-11　定位支架大样图（单位：mm）

（5）锚固注浆

① 土钉注浆采用 M20 水泥砂浆，其材料采用 42.5 级普通硅酸盐水泥，水灰比为 0.4~0.45，灰砂比取 0.5~1.0，为防止水泥砂浆凝固收缩时土钉与孔壁锚固力的损失，砂浆拌制时按配合比掺入水泥用量 10% 的膨胀剂。按北京市相关规定，现场拟采用预拌砂浆，现场按配合比加水搅拌，随拌随用。

② 钻孔并清孔完毕后，应立即放置土钉钢筋，挂设网片并喷射混凝土，在喷射混凝土之前，安装直径为 25mm、壁厚为 2.5mm 的钢花管，钢花管前端 300mm 范围内沿钢管四周按间距 60~80mm 呈梅花形布设出浆孔。钢花管插入长度距离孔底 300mm 处，在注浆时将钢花管匀速缓慢地撤出，过程中钢花管始终埋在浆体表面下；同时在孔口安装长度为 300mm 的带阀门的钢管，注浆时用作排气孔。

③ 孔口采用快干水泥拌制的砂浆进行封堵，灌浆压力控制在 0.5~0.8MPa 之间，应保证孔内灌满水泥砂浆。

④ 待喷射混凝土施工完成 3h 后（2.5MPa）再进行注浆，以排气孔不再排气且孔口浆液溢出浓浆作为注浆结束的标准，然后连接带压力表的氧气瓶，保持 0.5~0.8MPa 的压力 3~5min。

⑤ 如一次注不满或注浆后产生沉降，要补充注浆，直至注满为止。注浆结束后，将注浆设备清洗干净，同时做好注浆记录。

⑥ 用于注浆的砂浆强度用 70mm×70mm×70mm 立方试件经标准养护后测定，每批至少留取 3 组（每组 3 块）试件，测定 3d 及 28d 的强度。

15.4.5　挂网喷射混凝土

1. 钢筋网铺设

现场使用钢筋网片为工厂加工的成品网片，网片规格为 3m×1.5m，每一片网片筋按 HPB300φ8@200mm×200mm 进行加工，钢筋搭接处点焊连接牢固。在每一层土钉墙上的网片筋上应预留与下一层土钉墙网片筋的搭接长度。钢筋网片应与土钉连接牢固，网片铺设完成后在坡面土钉端头处两侧设置 HRB400Φ20 的竖向钢筋与横向钢筋，其间距与土钉横竖向间距一致，竖向、横向加强钢筋与土钉钢筋相互点焊连接，网片钢筋与竖向和横向钢筋点焊连接。最后安装规格为 100mm×6mm、长度为 120mm 的等边角钢，并与土钉钢筋焊接牢固。

2. 喷射混凝土

在继续进行混凝土喷射作业前，应仔细清除预留在施工缝结合面上的浮浆层，并喷水湿润。施工时应分段进行，同一分段内喷射顺序应自下而上，喷头运动一般按螺旋式轨迹一圈压半圈均匀缓慢移动；在土钉部位，应先喷钢花管下方，再喷其上方；为使回弹率减少到最低限度，喷头与受喷面应保持垂直，喷头与作业面间距宜为0.6~1.0m。喷射时应控制用水量，使喷射面层无干斑和移流现象；混凝土上下层及相邻搭接结合处，搭接长度一般为厚度的2倍以上。喷射混凝土终凝2h后，应喷水养护，养护时间根据气温确定，宜为5d。以此类推，下一个工作面重复上述工序，循环直至支护到基坑底标高。

喷射混凝土强度可用边长100mm立方试块进行测定，制作试块时应将试模底面紧贴边壁，从侧向喷入混凝土，每批至少留取3组试件。

15.4.6　土钉墙质量检测

（1）采用抗拉试验检测土钉承载力，同一条件下试验数量不宜少于土钉总数的1%，且同一土层中的土钉检测数量不应少于3根，土钉抗拉极限承载力平均值应不小于设计值，最小值应大于设计值的0.9倍。

（2）按喷射混凝土面积每500m²不应小于1组来检测墙面喷射混凝土厚度，检测数量：每组试块不应少于3个。全部检测点的面层厚度平均值不应小于厚度设计值，最小厚度不应小于厚度设计值的80%，并不应小于50mm。

15.5　钢支撑支护体系施工技术

15.5.1　施工准备

（1）钢支撑构件加工完毕后，先除锈后涂两道红丹，一道面漆，并涂喷施工单位名称字样。

（2）进入施工现场的钢支撑、腰梁、连系梁等其他辅助材料，应按照物资进场报验程序进行材料报验，安装施工前必须经监理单位验收合格。

（3）钢支撑及其构件应按使用计划规定的先后顺序、形状、大小进行堆放，构件堆放时下方必须垫稳，分类码放整齐，标识明确、记录完整，并应设置明显的警戒标识。

（4）在装卸、运输钢支撑构件过程中，应注意保护钢管管口、法兰盘接口，避免发生碰撞、坠落。

15.5.2　支撑施工部署

樊羊路站基坑内支撑体系共涉及两种类型，西侧基坑1-1断面所在区段采用ϕ609mm×16mm钢支撑，对应钢围檩由双拼普通热轧I45C工字钢与12mm厚的通长钢板焊接而成，截面高度为700mm，背后与围护结构间的空隙采用C25素混凝土进行填充密实；其他基坑位置均采用ϕ800mm×16mm钢支撑，对应钢围檩由双拼普通热轧I45C工字钢与12mm厚的通长钢板焊接而成，高度为900mm，背后与围护结构间预留不小于50mm的间隙，并采用C30素混凝土进行填充密实。起点~樊羊路站明挖区间只涉及一种类型钢支撑体系，即ϕ609mm×16mm钢支撑，其对应钢围檩由双拼普通热轧I45C工字钢与12mm厚的通长钢板焊接而成，截面高度为700mm，背后与围护结构间的空隙采用C30细石混凝土进行填充密实。

樊羊路站前明挖区间采用ϕ609mm×16mm钢支撑，对应钢围檩由双拼普通热轧

I45C工字钢与12mm厚的通长钢板焊接而成，截面高度为700mm，背后与围护结构间的空隙采用C25素混凝土进行填充密实。

樊羊路站第一及第二、三道钢支撑平面布置分别如图15-12、图15-13所示。

樊羊路站站前明挖区间第一及第二、三道钢支撑平面布置如图15-14、图15-15所示。

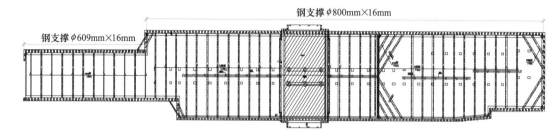

图15-12　樊羊路站第一道钢支撑平面图

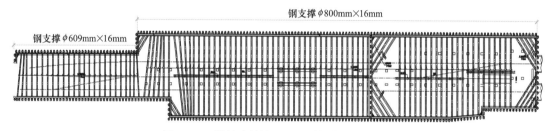

图15-13　樊羊路站第二、三道钢支撑平面图

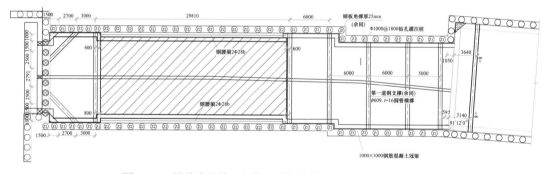

图15-14　樊羊路站前区间第一道钢支撑平面图（单位：mm）

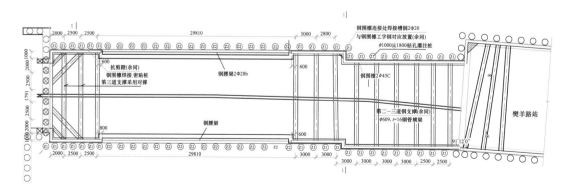

图15-15　樊羊路站前区间第二、三道钢支撑平面图（单位：mm）

钢管支撑安装施工工艺流程如图15-16所示。

现场需用50t汽车起重机配合门式起重机进行钢支撑吊装。整个支撑系统的安装应密切与土方开挖进度配合，严格按照土方开挖顺序组织安装施工。

樊羊路站基坑标准段土方开挖过程中，在格构柱及钢管桩位置适时留出工作平台，其平台宽度不得小于2m，便于安装钢牛腿及连系梁。当土方开挖完成，支撑工作面出来以后，及时架设钢支撑，每道支撑需在土方开挖完成后24h以内安装完毕。

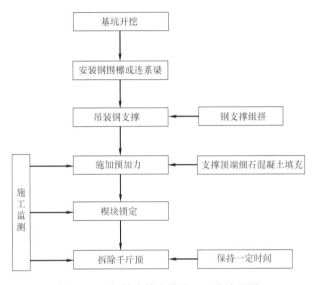

图15-16 钢管支撑安装施工工艺流程图

15.5.3 三角支撑托架安装

樊羊路站和站前区间的第二、三道钢支撑安装前均需先安装钢围檩，三角支撑架横杆及竖杆采用L100mm×80mm×8mm角钢，斜撑采用L80mm×80mm×8mm，各角钢之间采用焊接进行固定，焊缝高度均为6mm。先采用长度285mm的M20胀管螺栓将三角支撑架固定在围护桩上，然后采用L100mm×80mm×8mm角钢反扣焊接，使三角支撑架连成整体。焊接需满焊，焊缝高度均为6mm，在钢围檩上部每隔3m设置防坠落措施，具体构造和结构尺寸如图15-17和图15-18所示。

15.5.4 钢围檩的安装

（1）钢围檩由钢支撑租赁厂家提供，钢支撑厂家按照设计图纸预加工，然后根据现场施工进度提前进场，钢围檩在运输和吊装过程中不得扭曲、碰撞，严格保护钢围檩不受损伤。钢围檩采用2根I45C 工字钢加缀板焊接而成，由门式起重机吊装入位。

（2）本工程钢围檩共涉及两种类型，ϕ609mm 钢支撑对应围檩高度为700mm，ϕ800mm钢支撑对应围檩高度为650mm。钢围檩进场后全面检查验收，特别要加强钢围檩接头焊缝质量检查，报监理验收合格后方能使用。采用门式起重机或吊车进行钢围檩安装。钢围檩安装时，由专人负责安装位置的放样，围檩背后预留50mm间隙，待安装完成后用素混凝土进行填充，具体如图15-19所示。

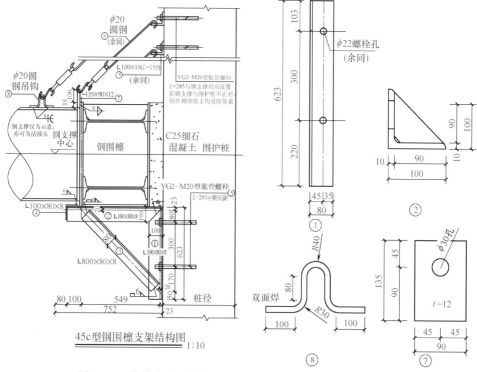

图 15-17　樊羊路站三角支撑架及防坠落措施节点图（单位：mm）

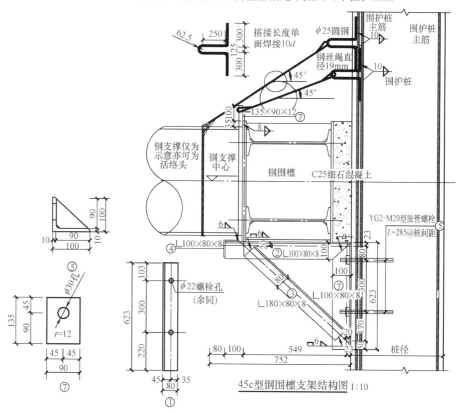

图 15-18　樊羊路站站前区间三角支撑架及防坠落措施节点图（单位：mm）

（3）安装围檩时，根据测量调整围檩角度，保证其与钢支撑作用力方向垂直，钢围檩与围护结构之间尽量密贴。明挖区间及西侧1-1断面所在基坑区段处钢围檩与围护结构间的空隙采用C25素混凝土填充密实；其他基坑区段钢围檩与围护结构间应预留不小于50mm的间隙，并采用C30素混凝土填充密实，使钢围檩受力均匀，标高允许误差±30mm。细石混凝土强度达到70%后方可架设钢支撑、施加轴力。钢围檩采用等强度连接，具体如图15-20所示。

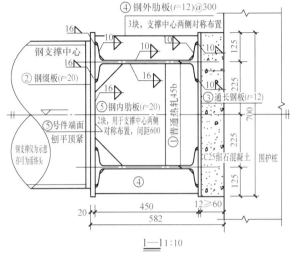
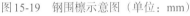

图15-19　钢围檩示意图（单位：mm）

图15-20　钢围檩等强度连接

（4）通过门式起重机或吊车采用两点起吊法将钢围檩吊至设计标高处，紧靠桩身，放置在已安装好的三角支撑托架上并固定，钢围檩与围护结构连接牢固后方可进行钢管支撑安装。

（5）在所有阴角部位设置角撑，且在斜支撑部位钢围檩背后设置与围檩大小相对应的剪力蹬，每根桩体与钢围檩间均需设置剪力蹬，剪力蹬如图15-21所示。

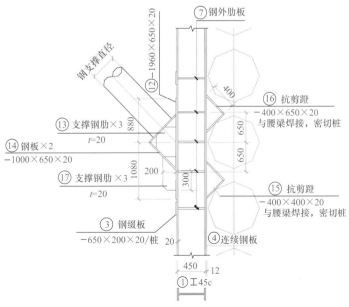

图15-21　剪力蹬布置图（单位：mm）

（6）钢围檩在阴阳角部位采用宽度不小于760mm、厚度为20mm的钢板进行围焊连接，阴角焊接在迎土侧，其转角围檩在地面加工成型后再安装至设计位置，并在内侧设置钢板（厚度20mm）角撑，角撑高度为450mm，如图15-22所示。阳角部位可将转角处围檩安装完成后，再采用钢板进行等强度连接，如图15-23所示。

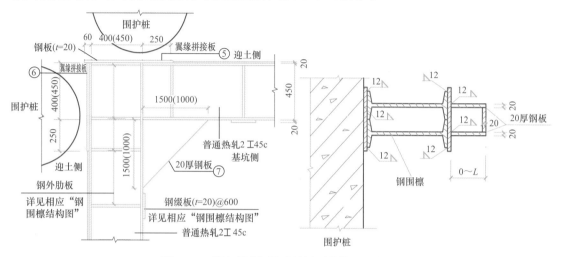

图15-22 阴角部位围檩连接图（单位：mm）

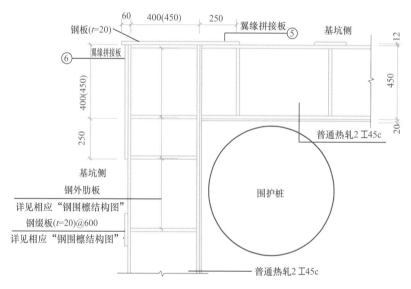

图15-23 阳角部位围檩连接图（单位：mm）

15.5.5 钢管支撑的安装

樊羊路站主体基坑内支撑体系涉及两种类型的钢支撑，分别为ϕ609mm×16mm及ϕ800mm×16mm。起点—樊羊路站明挖区间只涉及一种类型钢支撑体系，即ϕ609mm×16mm钢支撑。钢管支撑在基坑内拼装，开挖到钢管支撑设计标高时，安设钢围檩与钢管横撑。根据现场测量结果分节拼装制作钢支撑，在平整地方进行拼装，每根钢支撑由活络端、固定端、标准节及调整节拼装而成，标准节长度为6m，管节间采用法兰盘螺栓连接，螺母连接方向相互错开，采用对角、分级、分序的方式将螺母扳紧。经检查合格的支撑按部位进行编号以免错用。钢支撑拼装时，计算长度等于设计长度加上围护桩外放长度，并与提前现场测量长度核对。

1. $\phi 609mm$ 钢管支撑的安装

（1）安装前根据有关计算，将标准管节先在基坑内进行预拼接并检查支撑的平整度，其水平轴线偏差在20mm以内。

（2）基坑竖向平面内需分层开挖，并遵循先支撑、后开挖的原则，支撑的安装应与土方施工紧密结合，在土方挖到设计标高的区段内，及时安装并发挥支撑作用，设置好的内支撑受力状况必须和设计计算工况一致。

（3）钢支撑架设应采用两点吊装，吊点一般在离端部 $0.2L$ 左右为宜，吊点之间的间距应小于23m。采用门式起重机或吊车一次性吊装到位；钢支撑两端钢围檩在安装时应保持在同一水平位置。

（4）钢支撑固定完成后，采用2台100t液压千斤顶对钢支撑活动端逐级施加预加力。预加压力达到设计支撑轴力的规定倍数时，采用钢楔锁定支撑。在安装钢支撑时应检查横、竖向钢支撑的轴力是否满足设计要求，以确保钢支撑受力稳定。钢支撑活络端和千斤顶结构示意图如图15-24所示。

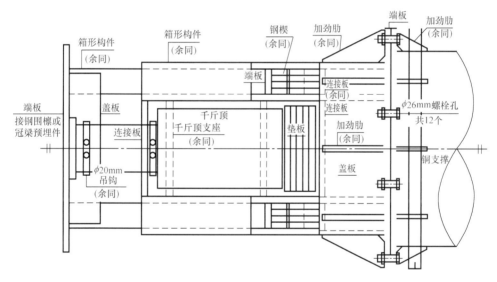

图15-24　活络端与千斤顶结构示意图

（5）端部斜支撑区的架设方法与标准段相同，但必须在围檩上焊好与斜支撑轴线垂直的斜托架，并保证其牢固可靠；同时，应注意短边对称施作斜撑。

（6）钢支撑的施工与使用过程中均应考虑气温的变化对支撑工作状态的影响，应对支撑内力进行监控，随时调整钢楔或支撑头，使支撑与围檩保持紧密接触状态，并防止升温引起的附加应力对钢支撑造成破坏。

（7）钢支撑安装允许偏差应满足：支撑中心标高及同层支撑顶面的标高差为±30mm；支撑两端的标高差不大于20mm及支撑长度1/600中的较小者；支撑挠度应不大于支撑长度的1/1000；支撑水平轴线偏差应不大于20mm。

2. φ800mm 钢管支撑的安装

由于 φ800mm×16mm 钢支撑架设断面处基坑跨度较大，在车站基坑中部设置临时立柱及纵向连系梁，以减小钢支撑长细比，保证其稳定性。

（1）格构柱钢牛腿安装

在土方开挖至连系梁安装设计标高下 0.5m 处时，在中间临时立柱周围留置 2m 宽操作平台，以便于连系梁下钢牛腿安装，同时便于钢支撑安装。

钢牛腿采用等边角钢，型号为 L125×125×10，其与格构柱搭接部位水平方向进行焊接，焊缝高度为 8mm。

（2）连系梁安装

支撑钢支撑的纵向连系梁采用双拼 [40a 槽钢+580mm×280mm×10mm 缀板进行组装，需在缀板上下两面分别进行焊接，缀板间距控制为 600mm，焊缝高度 8mm。连系梁中部与格构柱间隙控制为 20mm，便于对因格构柱安装所造成的误差进行调整。连系梁支撑钢支撑的正下方设置一块肋板，其构造如图 15-25 所示。

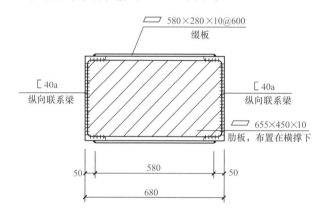

图 15-25　纵向连系梁构造图（单位：mm）

同时格构柱之间隔跨设置剪刀撑，竖向连续设置，以增强格构柱、连系梁中间支撑体系的整体性。剪刀撑采用 L125×125×14 的等边角钢，其与纵向连系梁槽钢采用焊接形式进行连接。剪刀撑在中间交叉部位设置连接板，便于剪刀撑安装，采用焊接形式进行连接。

（3）钢支撑安装

① 明挖基坑 φ800mm 钢管支撑的安装

车站标准断面钢支撑安装受格构柱、连系梁及剪刀撑影响，同时第二道钢支撑受第一道钢支撑影响，第三道钢支撑受第一道及第二道钢支撑影响，施工环境较为复杂。安装过程与其他支撑要进行区别对待。在进行钢支撑配置时，需要考虑到中部连系梁的影响，连接节点设置需要避开，以免影响施工质量。

可在地面先行拼装第一道钢支撑，然后采用 50t 吊车配合门式起重机向坑内吊装，其施工过程同 φ609mm×16mm 支撑安装。第二、三道钢支撑拼装均需在基坑内完成。其安装过程如图 15-26 所示。

钢支撑安装完成后，在中部纵向连系梁位置安装定位装置，将钢支撑固定于连系梁上

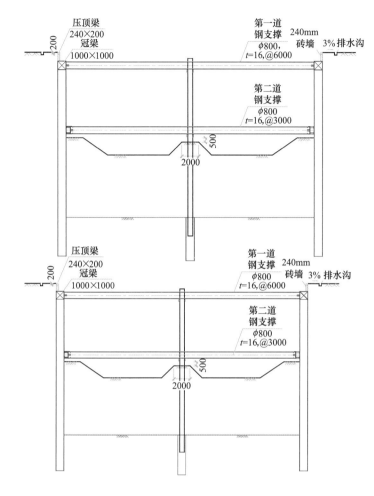

第一步：在土方开挖至连系梁安装设计标高下0.5m处时，在中间临时立柱周围留置2m宽操作平台，以便于连系梁下钢牛腿安装，同时便于钢支撑安装。

第二步：在基坑内拼装支撑，首先将活络端安放于支座上，人工牵引配合门式起重机将钢支撑调整水平，钢支撑架设应采用两点吊装，吊点一般在离端部0.2L左右为宜，且吊点之间的间距应小于23m。采用门式起重机或吊车一次性吊装到位；钢支撑两端钢围檩在安装时应保持在同一水平位置。

图15-26　ϕ800mm钢支撑安装步骤图（单位：mm）

部，定位装置主要采用L80×80×10等边角钢，且在钢支撑下部两边加塞L45×45×5等边角钢，在下部角钢与支撑间空隙部位塞垫方木，防止支撑滚动。

②　盖挖下方ϕ800mm钢管支撑的安装

盖挖顶板下方主要为永久结构钢管柱，同时设置连系梁，连系梁采用I45c工字钢。车站盖挖结构顶板施工时，在顶板底部、钢支撑正上方预留Q235B ϕ28钢筋弯钩，在进行盖挖顶板下部钢支撑及钢围檩安装时，采用10t电动葫芦进行围檩及支撑架设，并采用挖掘机进行辅助操作。由于钢支撑长度过长、障碍物较多，故需分节进行架设。

15.5.6　防坠落装置安装

钢支撑及钢围檩防坠落结构如图15-27所示，在钢支撑端部和钢围檩上部1.5m处设置钢丝绳，固定于钻孔灌注桩上打设的M25（长度285mm）膨胀螺栓，实现防坠落功能。工人在钢围檩上作业时把安全带悬挂其上，以加强施工安全。设置钢支撑托板，对钢支撑起到完全的撑托作用，防止钢支撑由于自重向下滑落。

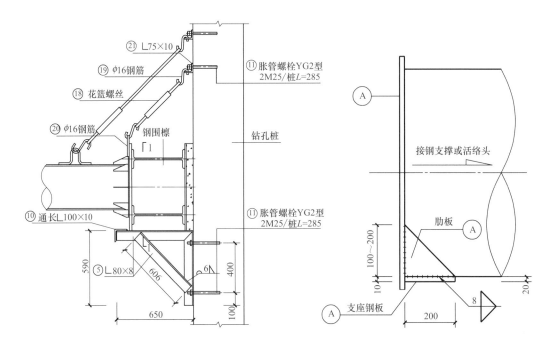

图15-27 钢支撑及钢围檩防坠落示意图

15.5.7 预应力的施加

钢支撑预应力的施加步骤如下：校核计量器具→安装千斤顶与油泵→校正千斤顶作用点是否与支撑同心→施加预加轴力→静停→安放支撑钢楔→回顶。

采用2台100t千斤顶为钢支撑施加轴力，通过压力表对千斤顶进行鉴定，检验合格并通过试验标定后才能使用。

钢支撑安装完毕后，及时检查各节点的连接情况，承压面应平整并与围檩轴线方向垂直，经确认符合要求后方可施加预应力。

使用千斤顶对钢支撑施加轴力时，必须确保千斤顶轴线与钢支撑轴线重合，避免支撑偏心受压，出现变形、移位等情况。

预应力应分级、重复进行施加。加至设计值时应再次检查各连接点的连接情况，必要时应对节点进行加固，预应力施加完成后，活络头用铁楔打紧锁定。

千斤顶的压力应分级施加，施加每级压力后应保持压力稳定10min后方可施加下一级压力。

支撑施加压力过程中，当出现焊点开裂、局部压曲等异常情况时应卸除压力，在对支撑的薄弱处进行加固后，方可继续施加压力。

钢支撑锁定后，若发现有明显的预压力损失时，应进行补偿加压。

围护结构水平位移速率超过警戒值时，可适量增加支撑轴力以控制变形，但复加后的支撑轴力必须满足设计安全要求。

15.5.8　钢支撑体系的拆除

钢支撑体系拆除与主体结构施工进度要相匹配，按设计要求待结构达到一定强度要求后方可进行拆除。

结构底板、中板以及顶板施工前对剪刀撑、连系梁进行切割拆除，切割前采用钢丝绳先将待拆除剪刀撑部分栓牢，待其稳定后进行切割作业。切割作业时配置专人采用牵引绳进行牵引，防止切割完成后失去稳定而碰撞周围支撑或撞伤施工人员。

拆除钢支撑前，先用钢丝绳绑住待拆的钢支撑，然后用汽车起重机吊住，每段钢支撑至少要有两个吊点，并保证待拆除的钢支撑平衡。然后松开螺栓或用气焊将支撑割断，缓慢放下。

将围檩分两至三段割断拆除，每段要焊接上两个吊耳，以便作钢丝绳吊点之用。车站盖挖结构顶板下的钢支撑及围檩拆除，则利用顶板底部预留的Q235B φ28钢筋弯钩，配合10t电动葫芦进行操作。

15.6　区间轨排井锚索支护体系施工技术

15.6.1　施工工艺

预应力锚索主要工艺流程：锚孔测放→钻孔→清孔→锚索制作→锚索安装→注浆→养护→钢腰梁安装→锚索张拉→补张拉及锁定→锚头封闭，如图15-28所示。

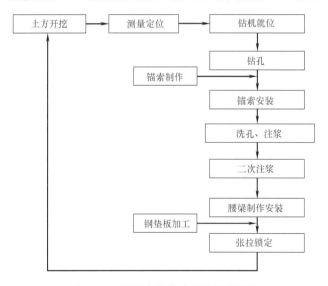

图15-28　预应力锚索施工工艺流程图

15.6.2　施工要求

（1）锚孔测放：按设计要求，将锚孔位置准确测放在护壁上，孔位误差不得超过±50mm。

（2）钻孔：准确安装固定潜孔钻机，并严格认真进行机位调整，确保锚索钻孔时不得扰动周围地层，钻杆水平、垂直方向孔距误差不应大于50mm，钻孔底部偏离轴线的允许偏差为锚杆长度的3%，钻孔角度允许偏差为±3°，锚孔深度应超过设计500~1000mm。成孔后清孔要彻底，并应立即插入锚索灌浆。

（3）锚孔清理：钻进达到设计深度后，不能立即停钻，要求稳钻1~2min，防止孔底尖灭、达不到设计孔径。钻孔孔壁不得有沉渣及水体粘滞，必须清理干净，在钻孔完成后，使用高压空气（风压0.2~0.4MPa）将孔内粉体及水体全部清除出孔外，以免降低水泥砂浆与孔壁土体的粘结强度。

（4）锚孔检验：孔径、孔深检查一般采用设计孔径钻头和标准钻杆，在现场监理旁站的条件下验孔，要求验孔过程中钻头平顺推进，不产生冲击或抖动，钻具输送长度满足设计锚孔深度，退钻要求顺畅，用高压风吹孔无明显飞溅尘渣及水体现象。同时要求复查锚孔孔位、倾角和方位，全部锚孔施工分项工作合格后，即可认为锚孔钻造检验合格。

（5）锚索体制作及安装：锚索自由段钢绞线采用PVC软管套住，保证自由段锚索自由伸缩。锚索选用强度标准值为1860MPa的钢绞线，其规格为$\phi^s17.8$mm。钢绞线应严格按设计尺寸下斜，每股长度误差不大于50mm，将自由段和锚固段分别做出标记，在锚固段范围内的锚索每隔2m穿一个架线环，两架线环之间扎一道箍筋环，自由端的钢绞线应放入塑料管内并涂上黄油，两端用胶带密封，防止注浆液渗入自由端。

（6）锚固注浆：注浆管宜与锚索杆体绑扎在一起，一次注浆管距孔底宜为50~100mm，二次注浆管的出浆孔应进行可灌密封处理。注浆压力为0.4~0.6MPa，水泥浆的水灰比为0.45~0.5，水泥标号42.5级，灰砂比为1∶1~1∶1.2。待一次注浆初凝后终凝前，再进行二次高压注浆，二次注浆压力为2.5~3.0MPa，要稳压2min。二次注浆采用纯水泥浆，水泥浆水灰比为0.50~0.55。

（7）钢腰梁制作安装：锚索张拉前，将I32b双拼工字钢腰梁安放在钢支架及锚索自由端（应保证锚索自由端不受力），钢围檩间等强度连接，在基坑一侧及围檩顶部采用厚度20mm的钢板进行围焊。钢围檩垂直方向架设误差不得大于50mm。钢围檩安装前安装三脚架进行固定，三脚架间距不大于8m。钢围檩与桩身间留设50mm的空隙，应用C30细石混凝土填充，并振捣密实，达到70%强度后方可打设、张拉锚索。将钢垫块固定于工字钢腰梁上，并保证钢垫块的上表面与锚索垂直。

轨排井锚索支护区域为五道锚索，其中第三道、第五道锚索分别与第二道、第三道钢支撑中心线同标高，由于其受力形式正好相反，故锚索钢腰梁与支撑钢围檩断开处理，不进行等强度连接。其他三道与钢支撑中心不同标高的锚索钢腰梁分别向内钢支撑区域延伸0.5m形成搭接。

15.6.3 锚索张拉

锚索灌浆后，在锚固体混凝土强度达75%以上时进行张拉锁定。若发现锚杆有明显的预应力损失，应进行补偿张拉。张拉锚索采用整体式张拉，锚索张拉前，应对张拉设备进行标定。正式张拉前应取设计值的0.1~0.2倍，预张拉1~2次，使其各部分接触紧密，锚索杆体完全平直，锚索张拉应按50%*N*、75%*N*、110%*N*三级进行张拉（*N*为锚索预加轴力设计值）。

锚索张拉顺序考虑邻近锚索的相互影响；锚索张拉至其极限抗拔承载力的0.8倍后，再按设计要求锁定；锚杆张拉时的锚索索体应力不应超过锚索索体强度标准值的0.75倍。对于钢绞线的松弛、地层的徐变等因素造成的预应力损失，在张拉后可进行补张拉，然后锁定。

锚索张拉与锁定顺序应符合下列要求：

（1）对于相同条件的锚索，应首先张拉有轴力计的锚索。

（2）应按工作锚索的张拉步骤及要求，对比千斤顶油泵压力值和轴力计显示值，确定张拉和锁定控制标准。

15.6.4　拉拔试验

在进行锚索施工前，应根据实际情况，选择数量不少于锚杆总数的5%且同一土层选取至少3根锚索，进行钻孔、注浆、张拉及锁定的试验性作业，检验设计的合理性及施工工艺及设备的适应性。当锚索拉拔试验实测值不能达到设计值时，应及时通知设计方，在加强基坑支护设计后方可施工。

（1）根据具体地层，第一层~第四层锚索均需进行拉拔试验，地层依次为②₁层粉质黏土（3.4m）、③层细中砂（3.0m）、④层圆砾（2.1m）、⑤层卵石（6.5m）。每层土钉南侧选取1根、北侧选取两根进行拉拔试验，试验锚索的间距应大于4.0m。

（2）锚索拉拔试验加荷装置的定额压力必须大于试验拉力。

（3）锚索拉拔试验的检测装置必须满足设计精度要求。

（4）试验时最大加荷不应超过钢绞线标准强度的0.8倍。

（5）进行拉拔试验时应分级施加荷载，每级荷载的大小为钢绞线标准强度的0.1倍，每级加荷等级应每隔5min观测一次，当相邻两次观测的锚头位移量小于0.1mm或2h小于2mm，方可施加下一级荷载。

（6）本试验为破坏性试验，达到下列情况之一者即可终止试验：

① 加荷量已超过设计拉力值的3倍。

② 后一级荷载产生的锚头位移增量达到或超过前一级荷载产生的位移增量的3倍。

③ 锚头位移不收敛。

15.6.5　控制难点

1. 砂卵石地层锚索施工成孔

本区间覆土约12.1m，埋深19.12m，主要处在砂层中，由此锚索施工期间锚索成孔成为施工中难点，根据以往施工经验，传统螺旋钻施工工艺适用于黏土底层施工，在全砂层钻孔施工时经常出现塌孔现象，成孔困难，严重者可能造成地面沉降。

传统锚索成孔流程：锚孔测放→钻孔→清孔→锚索制作→锚索安装→注浆→养护→钢腰梁安装→锚索张拉→补张拉及锁定→锚头封闭。

2. 注浆控制及张拉控制

注浆和张拉工序是锚索施工的重要环节，注浆控制质量直接影响锚索抗拉拔的能力，决定基坑的稳定性是否可靠。为保证注浆控制质量需采取以下措施：

（1）锚索编束时，每根钢绞线或高强钢丝需顺直、不扭不叉、排列均匀，严格依据设计尺寸下料，每股长度误差不大于±50mm。要求采用机械切割钢绞线，严禁采用电弧切割，并经除油和除锈处理，对有死弯、机械损伤及锈坑的材料应剔除。钢绞线或高强钢丝应按设计要求平直编排，锚固段每2m设置一个隔离支架，并在锚固段两隔离支架之间中部设一道紧箍环，采用2号铅丝绕制，不得少于四道，保证锚索体保护层厚度不小于20mm。锚索编束（包括注浆管）应捆扎牢固，捆扎材料不宜用镀锌材料。锚索体自由段应按设计要求采用塑料套管，与锚固段相交处的塑料管管口应密封并用铅丝绑架。同时，按设计要求进行防腐处理。锚索应严格按照设计相关要求下料和编制。

（2）采用二次补充注浆的锚筋体组装时，应同时装放二次注浆管和止浆密封装置。止浆装置应设在自由段和锚固段的分界处，并具有良好可靠的密封性能。宜用密封袋作为止浆密封装置，密封袋两端应牢固地绑扎在锚筋体上。

（3）锚筋体自由段的防腐与隔离应严格按照设计要求施作。

（4）注浆管：注浆管需满足设计要求，具有足够强度，保证在注浆施工过程中注浆顺利，不堵塞、爆管或破损拉断。一次注浆管捆扎在锚筋体中轴部位，注浆管头部距锚筋体末端宜为50~100mm。采用二次注浆，须另置注浆管。二次补充注浆管捆扎在防腐塑料套管外侧，二次高压注浆管与一次注浆管一起捆扎，管口要求用胶布封堵严实，并按设计要求预留花管孔眼和安放止浆装置。

15.7 钢管柱施工技术

15.7.1 工程概况

樊羊路站于樊羊路与六圈路交叉口处，设置宽度为23.7m的盖挖段，为南北向管线提供改移条件，同时兼作樊羊路南北连通的交通要道。盖挖部分采用盖挖顺作法施工，盖挖顶板下部设计6根φ800mm钢管混凝土柱作为基坑开挖及结构回筑阶段的主要受力构件，其长度为16.33m。钢管柱底部为φ2m桩基础，桩长为25m，钢管柱锚入桩基础长度为3.5m。采用泥浆护壁成孔灌注桩进行施工，桩基础混凝土为C35P10混凝土，钢管柱内为C50微膨胀混凝土。钢管柱设计详图如图15-29所示。

15.7.2 工程重难点分析

（1）钢管柱及其桩基础成孔深度达到45m，成孔直径达到2m，同时钢管柱施工程序繁琐，周期较长，且钢管柱及其桩基础主要穿透砂卵石地层，塌孔风险极高。因此保证超长、超大直径泥浆护壁成孔稳定性是关键。

（2）钢管柱原设计安装方案为采用HPE液压垂直插入机进行安装，但HPE液压垂直插入机受市场供应限制，且本工程钢管柱数量较少，故报价较高，远远超出钢管柱自身造价，综合分析，HPE液压垂直插入机方案可行性不强。

（3）钢管柱设计为永久结构，其坐标位置及垂直度的精度要求极高，如何解决钢管柱定位及垂直度控制的问题是本工程的重难点。

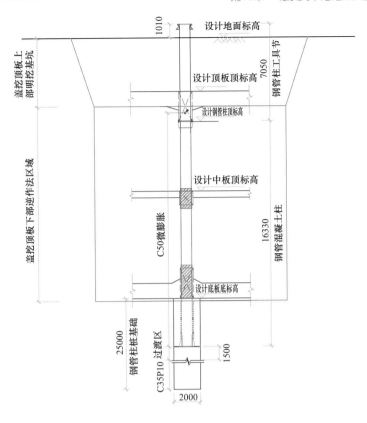

图15-29　钢管柱设计图（单位：mm）

15.7.3　方案探讨及可行性分析

1. 方案探讨

在方案确定之前，施工单位组织桩基施工队伍对在建项目进行大量的调研，并根据项目工程自身特点进行了方案探讨。

首先，对北京轨道交通两个在建暗挖车站钢管柱成孔及其定位施工进行观摩调研，大直径桩孔泥浆护壁成孔采用水化性能较好、造浆率高、成浆快的钠基膨润土。

其次，对原设计HPE液压垂直插入机安装定位的方案进行经济性、适用性、合理性等方面的剖析，并对相关公司进行调研，明确其HPE施工定位的优点，但是其昂贵的进出场及施工费用造成可行性较差。

最后，同桩基施工队伍针对钢管柱定位技术进行了探讨，从本工程既有格构柱施工定位的方法进行演变，在对格构柱垂直度控制的基础上引入了倾角传感器（图15-30），对在其满足垂直度要求时的数据进行记录，然后在地面通过定位器进行标高、垂直度调整，当传感器显示的数据与前面记录的数据相符时，其垂直度即能满足要求，并在此将钢管柱定位法定义为"数据记忆法"。

2. 可行性分析

根据调研情况，基本确立了钠基膨润土进行造浆的方案，现场只需设置足够容量的泥浆池即可，浆液拌制后做好参数测试，满足要求后方可进行成孔施工。

(a) 倾角传感器

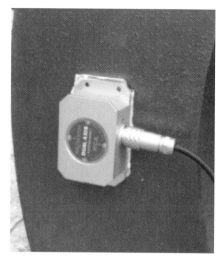

(b) 数据显示屏

图15-30　倾角传感器

钢管柱采用"数据记忆法"进行定位控制，设备简单。现场仅需吊车、定位器、千斤顶、经纬仪及倾角传感器即可。且钢管柱+工具节总长为23m，该施工方案能满足定位精度及垂直度的要求，现场可操作性强。

但在进行施工前需对原设计方案进行变更，由于原设计方案采用HPE液压垂直插入机进行安装定位，钢管柱底端进行封底，与其桩基础进行隔离。若按原设计方案采用"数据记忆法"进行施工，钢管柱吊装就位亟需解决孔内泥浆对钢管柱浮力大于钢管柱自重的问题。经过与建设单位、设计单位、监理单位多次研讨，对原设计方案进行调整，将钢管柱底端封闭式变更为开口式，从而解决了浮力对定位产生影响的问题。

钢管柱顶与车站主体结构顶纵梁底面平齐，位于地面以下，钢管柱施工若在盖挖顶板上部基坑开挖后进行，现场无法满足施工条件，同时成孔机械设备需二次进场，施工组织较差。故钢管柱施工在原始地面进行，在钢管柱顶至地面一段增加工具节，便于在地面进行定位。钢管柱顶面距离地面高度为6.04m，同时加上钢管柱定位器的高度及其标高调整空间，经分析研究确定工具节长度为7.05m，其材质与钢管柱保持一致，便于倒运、吊装。

15.7.4　施工方案及措施

施工流程：桩基泥浆护壁成孔→桩基础钢筋笼安装→钢管柱安装定位→钢管柱内钢筋笼安装→桩基础混凝土灌注→钢管柱内混凝土灌注（伴随钢管柱外填砂）。

桩基础钢筋笼、柱内钢筋笼的安装方法与泥浆护壁成孔灌注桩钢筋笼安装方法相同，故在此不再赘述，主要对超大直径桩孔进行泥浆护壁成孔、钢管柱安装定位以及混凝土灌注进行阐述。

1. 泥浆护壁成孔灌注桩施工

钢管柱成孔之前进行管线探挖，因钢管柱定位对地基承载力的要求，只破除埋设护筒范围内的混凝土路面。探明无地下管线后进行护筒埋设，根据桩径以及泥浆护壁的要求，

工厂定制 ϕ2.2m护筒，护筒长6m，钢板厚度为10mm，埋设护筒时其顶面超出地面高度不小于300mm。

钢管柱及桩基础相对普通泥浆护壁成孔灌注桩施工增加较多工序，从成孔至混凝土灌注过程中，因增加安装钢管柱及钢管柱内钢筋笼、钢管柱定位器就位、钢管柱定位等工序，导致时间过长，加大了塌孔的概率。因此在钻进过程中应及时添加新鲜泥浆，使其高于孔外水位，配制泥浆选取水化性能较好、造浆率高、成浆快的膨润土（钠基土）；在圆砾、卵石等地层浆液渗漏较快时，适当加大泥浆密度，再掺入纤维素和纯碱等外加剂，使用钻机钻头在孔内搅浆，充分发挥泥浆护壁效果，宜用中低速钻进，严格控制进尺；下钢筋笼和钢管柱时应做到精确定位，严禁下放过程中对孔壁的扰动；成孔后缩短下钢筋笼、钢管柱等各工序的施工时间，在整个施工过程中应时刻保持孔内泥浆水头高度，并及时浇筑混凝土。

2. 钢管柱定位

主要配套设备：1台75t汽车起重机、钢管柱工具节、1套钢管柱定位器、4台千斤顶、1套倾角传感器、2台经纬仪（全站仪）。

（1）钢管柱定位器及配套设备

钢管柱定位器原理：钢管柱定位器分为上下两个架体，两个架体在四个角部相同位置分别设置剪力蹬。定位器工作时，在上下两个架体的剪力蹬之间分别放置20t的千斤顶，并将其行程收缩至最小。然后吊装钢管柱并就位，利用钢管柱工具节上的剪力蹬与担杠支撑于上层架体上，通过千斤顶来调节上层架体，从而带动调节钢管柱的标高及垂直度（图15-31）。

图15-31 钢管柱定位器

钢管柱自身重量大，单根钢管柱+工具节将达到10t，为保证地基承载力达到要求，安装定位器前需在硬化地面铺设厚度20mm的钢板，以防止地面局部失稳。在标高及垂直度调节过程中，钢管柱定位器也需承受钢管柱的荷载，经过验算，钢管柱定位器的上下两个架体及担杠均采用双拼 I18 工字钢与10mm厚钢板焊接而成，剪力蹬采用厚度20mm的钢板进行焊接。

（2）钢管柱"数据记忆法"定位

第一步：测取满足设计要求垂直度时的初始数据。预先在地面完成钢管柱与其工具节的拼装，钢管柱及其工具节在加工过程中需保证其端面平整度，并在钢管柱顶面安装倾角传感器，钢管柱定位器及其配套设备在桩基础钢筋笼安装完成后立即就位，并及时进行钢管柱起重吊装。待钢管柱空中姿态稳定后，采用经纬仪在钢管柱任意两个垂直方向进行垂直度监测，经过不断调整，使其达到最佳状态，然后读取倾角传感器显示的数据并进行记录。

第二步：调整钢管柱平面坐标位置。钢管柱入孔就位，在其达到设计位置附近时，通过安装在钢管柱中心的棱镜头测量其坐标位置，经过人工配合吊车进行调整，直至达到设计要求时，下放钢管柱并支撑于定位器上。

第三步：调整钢管柱标高及垂直度。通过控制钢管柱定位器四个角部千斤顶的行程来调节柱顶标高及其垂直度，并观测倾角传感器显示屏的数据，当显示数据与其初始数据相符时，便可对钢管柱进行就位固定。

（3）混凝土灌注

由于对钢管柱原设计方案进行了变更，柱底开口以后造成混凝土灌注困难。主要为钢管柱内混凝土与其桩基础混凝土型号不同，容易造成钢管柱内掺入低标号混凝土，影响结构强度。同时在桩基础混凝土灌注完成后进行柱内混凝土灌注时，需要保证钢管柱内混凝土与钢管柱外侧桩孔内泥浆的压力平衡，防止钢管柱内因漏浆造成断桩的质量事故。

在方案变更时与设计单位确定了钢管柱底端以下1.5m作为C35P10混凝土与C50微膨胀混凝土过渡区，有效解决了钢管柱内混凝土掺杂的问题。经过验算，确定了钢管柱内混凝土灌注与钢管柱外填砂交替进行的方案，钢管柱内外高差不得大于3m，从而解决了混凝土灌注过程控制的难题。

15.8 监控量测技术

15.8.1 施工监测的目的

地下工程按信息化设计，现场监控量测是监视基坑稳定、判断基坑支护、车站设计是否合理安全、施工方法是否正确的重要手段，通过监控量测，达到以下目的：

（1）将监测数据与预测值相比较，判断前一步施工方法是否符合预期要求，以确定和调整下一步施工，确保施工安全、地表建筑物、既有线、地下管线的安全。

（2）将现场测量的数据、信息及时反馈，以修改和完善设计，使设计达到优质安全、经济合理。

（3）将现场测量的数据与理论预测值比较，用反分析法进行分析计算，使设计更符合实际，以便指导今后的工程建设。

（4）监控量测管理：监控量测管理基准值根据有关规范、规程、计算资料及类似工程经验制定。监控量测必须建立及时的信息管理系统，监测数据必须及时反映给设计代表、监理、施工总工等，及时分析，确保施工安全。

本工程场地周围地理位置复杂，场区北侧管线较多，邻近既有线，为有效保护周围建筑物和地下管线，以及结构自身的安全。施工期间必须加强监控量测，根据设计说明要求和工程的实际情况确定监测内容。

15.8.2 监测项目及控制标准

樊羊路站及樊羊路站站前明挖区间基坑开挖主要监测项目及控制标准见表15-1和表15-2。

樊羊路站深基坑施工监控量测表 表15-1

序号	监测项目	方法及工具	测点距离	量测频率	控制值	速率值	备注
1	地质及支护观察	现场观察及地质描述	每个施工周期	开挖及支护后立即进行	—	—	全过程,1次/d,情况异常时,加密监测频率
2	地表沉降	地表桩、精密水准仪	纵向间距20m	基坑开挖期间:基坑开挖深度$h \leq 5m$,1次/3d;基坑开挖深度$5m < h \leq 10m$,1次/2d;基坑开挖深度$10m < h \leq 15m$,1次/d;基坑开挖深度$h > 15m$,2次/d。主体施工阶段:底板浇筑后1~7d,1次/2d;$d > 7d$,1次/1~3d;支撑拆除时间1~3d,1次/1d;中板浇筑后$d \geq 7d$,1次/7d;顶板浇筑后$d > 7d$,1次/15d;待监测数据稳定后,停测。出现情况异常时,增大监测频率	30mm	3mm	拆撑时频率适当加密
3	地下水位观测	打水位观测孔、水位管、地下水位仪	按设计要求位置布置		基底以下1m	基底以下1m	出现异常情况时,增大监测频率
4	桩顶竖向位移	全站仪	纵向间距20m		25mm	3mm	—
5	桩顶水平位移	全站仪	纵向间距20m		25mm	3mm	—
6	桩体水平位移	测斜仪	纵向间距20m		30mm	3mm	—
7	钢支撑轴力	钢弦式表面应变计	每层纵向间距20m		最大值:$(60\% \sim 70\%)f_y$ f最小值:$(80\% \sim 100\%)f_y$	—	在结构断面宽度相差较大断面均需布设
8	周边建筑物变形	裂缝观察仪	建筑物四角		30mm	3mm	—
9	桥梁墩柱沉降	精密水准仪	8.5m		30mm	2mm	—
10	地下管线沉降	精密水准仪	管线接头		30mm	2mm	—
11	临时立柱沉降	全站仪	按设计要求布设		25mm	2mm	—
12	土钉拉力	读数仪	基坑各边中间部位、阳角部位、深度变化部位		最大值$(60\% \sim 70\%)f$ f最小值$(80\% \sim 100\%)f_y$	—	每层数量不少于各层总量的1%,且不少于3根

注:f为构件的承载能力设计值;f_y为支撑、土钉的预应力设计值。

樊羊路站站前明挖区间深基坑施工监控量测表　　　　　表 15-2

序号	监测项目	方法及工具	测点距离	量测频率	控制值	速率值	备注
1	地质及支护观察	现场观察及地质描述	每个施工周期	开挖及支护后立即进行	—	—	长期观测
2	地表沉降	地表桩、精密水准仪	纵向间距 10m	基坑开挖期间：基坑开挖深度 $h \leqslant 5m$，1 次/3d；基坑开挖深度 $5m < h \leqslant 10m$，1 次/2d；基坑开挖深度 $10m < h \leqslant 15m$，1 次/d；基坑开挖深度 $h > 15m$，2 次/d。基坑开挖完成以后：1～7d，1 次/d；7～15d，1 次/2d；15～30d，1 次/3d；30d 以后，1 次/周。	25mm	17mm	拆撑时频率适当加密
3	桩竖向位移	精密水准仪	纵向间距 15m		25mm	17mm	—
4	桩水平位移	精密经纬仪	纵向间距 15m		25mm	17mm	—
5	钢支撑轴力	钢弦式表面应变计	每层纵向间距 30m				在结构断面宽度相差较大断面均需布设
6	锚索拉力	锚索应力计	每层设置两个测点	经数据分析确认达到基本稳定后，1 次/月；出现情况异常时，增大监测频率			在结构断面宽度相差较大断面均需布设
7	既有线结构变形	裂缝观察仪	既有结构四角		不出现裂缝	不出现裂缝	—

　　同时根据邻近既有线安全评估报告并结合运营安全要求及变形预测结果，将控制值的 70% 作为预警值，80% 作为报警值。既有线变形控制值见表 15-3 及表 15-4。

既有区间主体结构最终累计变形控制指标（单位：mm）　　　　　表 15-3

控制指标	预警值	报警值	控制值
竖向位移（上浮）	0.70	0.80	1.00
竖向位移（下沉）	−0.70	−0.80	−1.00
水平位移	±0.70	±0.80	±1.00

注：水平位移包括"X 方向"和"Y 方向"；区间轨道结构控制指标按此表执行。

既有区间结构变形速率控制指标（单位：d/mm）　　　　　表 15-4

控制指标	预警值	报警值	控制值
竖向位移	0.35	0.40	0.50
水平位移	0.35	0.40	0.50

　　各监测项目按照"分区、分级、分阶段"的原则制定监控量测的控制标准，并按黄色、橙色和红色三级预警进行反馈和控制。当实测数据出现任何一种预警状态时，监测组应立即向施工主管、监理、建设、设计和其他相关单位报告，获得确认后立即提交预警报告。

15.8.3　监测数据的整理和分析

　　每次监测工作结束后，均须提供监测资料、简报及处理意见。监测资料整理要及时，以便发现数据有误时，及时改正和补测，当发现测值有明显异常时，迅速通知施工主管和监理单位，以便采取相应措施。

原始数据经过审核、消除错误和取舍之后，可供计算分析。根据计算结果，绘出各观测项目观测值与施工工序、施工进度及开挖过程的关系曲线。列出的图表力求格式统一，以便装订成册。

观测资料经整理校核后，列出阶段或最终成果表，并绘制有关过程曲线和关系曲线，在此基础上，对各观测资料进行综合分析，以说明围护结构支撑体系和建筑物在观测期间的工作状态与其变化规律和发展趋势，判断其工作状态是否正常。或找出问题的原因，并提出处理措施的建议，供研究解决问题时参考。

当变形超过控制值时，启动预警，必要时停止基坑开挖施工，及时通知监理、设计、建设单位和产权单位，采取措施控制变形后再行施工。